Ciudad Romero: Dos Comunidades en el Istmo

Marisín Isabel Dixon Silvera

Enero 2021

DEDICATORIA

A la población del Atlántico Centro Occidental, en especial a la que fuera la comunidad de Ciudad Romero; al poblado de Belén y aquellos amigos en los poblados del litoral de la Costa Abajo y Coclesito, en la República de Panamá.

A la memoria de dos amigos, líderes e informantes en este libro: el señor Neftalí Velásquez García de La Unión, El Salvador; y al señor Arturo Sanders quien fuese poblador y líder de la comunidad de Belén, Costa Abajo quien siempre me proporcionó ayuda incondicional.

A los hermanos del Sr. Nefatlí: Jorge Villatoro, Leoncia Carmen (Carmencita) García e Ismael García quienes me alojaron en su casa cuando trabajé en Ciudad Romero.

A la memoria de dos líderes de Centroamérica: Monseñor Oscar Arnulfo Romero, asesinado por los escuadrones de la muerte en El Salvador mientras realizaba una misa católica en San Salvador, y el General Omar Torrijos Herrera, quien sufrió un accidente de avión mientras se dirigía a visitar a los campesinos de la región del Atlántico Centro Occidental de Panamá para los preparativos del aniversario de la fundación de la comunidad en Coclesito.

A la memoria del Obispo Emérito Carlos María Ariz Bolea C.M.F., quien con su Misión Claretiana en Panamá se preocupó por muchos pobres del campo como los salvadoreños de Ciudad Romero, Belén y otros pueblos olvidados de la República de Panamá.

A mis padres Raimundo y Norma quienes me apoyaron con su cariño y sus esfuerzos para que pudiese mis estudios de Antropología en los Estados Unidos de América y en toda mi formación en Ciudad de Panamá. A mis hermanas Drena y Dalys quienes siempre compartieron vida y enseñanzas como fabulosas hermanas y profesionales con éxito y mucha ética.

A mi esposo Bruce, arqueólogo náutico, a quien conocí cuando viajó a Belén en marzo de 1987 como investigador principal del Instituto de Arqueología Náutica (INA) de la Universidad de Texas A & M, buscando la carabela *"La Gallega"*, dejada por Cristóbal Colón en la desembocadura del río Belén su cuarto viaje por el continente americano.

A mis sobrinos Javier, Adriana y mi cuñado Lakhbir Singh por su sabiduría, análisis acertados y sensibilidad social y ecológica, que siempre apoyaron mis esfuerzos intelectuales, a pesar de la distancia creada por mi partida de Panamá desde 1987.

AGRADECIMIENTOS

Al profesor Hugo Guiraud G. ex director de PROESA, ex diputado de la asamblea Nacional de Panamá, expresidente miembro del Parlamento Centroamericano (PARLACEN), y ex director de la Fundación Omar Torrijos hasta su retiro de la vida pública activa.

A mi amiga y compañera de trabajo la economista agrícola, Ingeniera Magali de Pacheco quien me dio la oportunidad de ser contratada en PROESA en 1981 y quien escribió el prefacio.

A mi amiga Consuelo Tomás Fitzgerald, trabajadora social y escritora, por editar el libro.

PREFACIO

En el año 1980 el General Omar Torrijos Herrera decidió en un gesto humanitario, poner un avión a disposición para la traída de un grupo de salvadoreños, que habían sufrido el bombardeo de su aldea, en medio de la guerra de El Salvador.

Eran alrededor de 400 campesinos aterrados, gran parte de ellos niños, cuyas humildes casitas habían sido destruidas, y tenían un evidente terror por lo militar. Ellos llegaron a Fuerte Cimarrón, donde fueron recibidos, en un campamento provisional, por personal asignado para ello de la Guardia Panameña, como la joven teniente Carmen Castillero, médicos de la guardia Nacional, y personal civil de PROESA (Proyectos Especiales del Atlántico), dirigido por el Profesor Hugo Guiraud, con gran conocimiento del medio rural y selvático del Atlántico Panameño, quien designó a Marisín Dixon, joven socióloga, como coordinadora de acciones con la Guardia Panameña, y otras instancias a nivel nacional para acoger al grupo, así como al Lic. Guillermo Castro, sociólogo y politólogo, la Licenciada Lesly Pujol, quienes tenían un gran sentido de humanidad para con estos pobladores, que presentaban grandes problemas de salud, además de las perturbaciones producidas por haber estado en medio de la guerra.

Durante el primer tiempo, en el Fuerte Cimarrón, el trabajo con estas personas fue principalmente de tipo humanitario, asistencia médica y asistencia psicológica, siempre seguido muy de cerca por el General Torrijos y el Sargento José de Jesús Martínez, quienes mantenían permanente seguimiento a través del Profesor Hugo Guiraud y su equipo de trabajo.

Poco a poco, se fueron definiendo posibles áreas para la creación de un asentamiento humano, en medio de la selva, del Atlántico Panameño, donde hubiese recursos naturales libres de ocupación y por tanto no se generara ningún conflicto con pobladores panameños. Así surgió, en las márgenes del Rio Belén, cerca de la desembocadura de este majestuoso rio, la pequeña aldea que ellos mismos fueron construyendo con mucho esfuerzo y su condición de campesinos sumamente trabajadores y esforzados. Un primer grupo de hombres trabajó a pico y pala, en la creación y reforzamiento con piedras, para evitar el hundimiento o empantanamiento de las naves, de una pista de aterrizaje para aviones pequeños, donde el Islander de PROESA, piloteado a veces por el mismo Profesor Hugo traía enseres básicos, herramientas y comida, mientras se iban haciendo los primeros sembradíos de malanga, boniato, plátano, y se iniciaban pequeños gallineros. En todas estas aventuras participó Marisin Dixon, tomando el grupo bajo su coordinación, con mucho esmero, mucho cariño y gran sentido de solidaridad.

En poco tiempo, ya había casitas rústicas construidas, como palafitos elevados, típicos de un sector con niveles de lluvia muy altos, de más de 4,000 milímetros de agua por año, con pequeños huertos y semilleros en tabanco, y los niños que no conocían el rio o el mar, resultaron en grandes nadadores que a poco andar pescaban parte de los alimentos, que las familias necesitaban. La vida les cambió. Ya no eran las criaturas atemorizadas, sino que poco a poco fueron haciendo un nuevo camino y desarrollando confianza en sus semejantes, en este país tan generoso, del que siempre han estado muy agradecidos. La selva les enseñó, que, con la naturaleza, se puede convivir, sin destruirla, y que ella te brinda todo lo necesario para la subsistencia.

El grupo fue siempre muy agradecido, veneraron la memoria de Monseñor Romero, al que, en su aldea, hicieron un pequeño y sencillo altar con su imagen. Posteriormente se agregaron fotos del General Omar Torrijos, cuando cayó su avión en Cerro Marta, con la terrible pérdida del amigo y protector, al que llegaron a querer entrañablemente como su salvador. Cuando llegaba Omar a visitarlos, en su patrullaje doméstico, ya no se escondían como al principio, sino que le salían al encuentro con cariño, especialmente los niños que vinieron de El Salvador y los pequeñitos que nacieron en Panamá.

Marisin Dixon fue una profesional que dio mucho más que su trabajo como coordinadora del proyecto Ciudad Romero, entregó su mejor esfuerzo y sin duda su corazón. Siempre siguió en contacto con los que regresaron y se reasentaron en El Salvador, así como con unos pocos que se quedaron en Panamá, por haber formado familia con panameños.

Su cariño y su lealtad con los pobladores de Ciudad Romero, fue creciendo con el tiempo y la distancia, y hoy se materializa en este libro que recoge tantas y tan valiosas experiencias. Ojalá sirva de inspiración a otras personas, que aquí se demostró, que como dijo el poeta, se hace camino al andar…

Magali Rojas de Pacheco *Panamá, mayo de 2018*

ÍNDICE DE MAPAS, CUADROS, GRÁFICOS, ILUSTRACIONES, FOTOS

ÍNDICE DE SIGLAS Y ACRÓNIMOS

ACNUR	Alto Comisionado de Naciones Unidad Para los Refugiados.
ANAM	Autoridad Nacional del Ambiente (hoy Ministerio del Ambiente)
BDA	Banco de Desarrollo Agropecuario
ENASEM	Empresa Nacional de Semillas
ENDEMA	Empresa Nacional de Maquinarias Agrícolas
GECU	Grupo Experimental de Cine Universitario.
IFARHU	Instituto para la Formación y Aprovechamiento de los Recursos Humanos.
PARLACEN	Parlamento Centroamericano.
IMA	Instituto de Mercadeo Agropecuario
INRENARE	Instituto Nacional de Recursos Renovables
INSAMI	Instituto Salvadoreño del Migrante
IPACOOP	Instituto Panameño Autónomo Cooperativo
IVU	Instituto de Vivienda y Urbanismo
MIDA	Ministerio de Desarrollo Agropecuario
MISEREOR	Miembro de CIDSE, una alianza europea y norteamericana de 16 organizaciones.
CIDSE	Cooperación Internacional para el desarrollo y la solidaridad.
PROESA	Proyectos Especiales del Atlántico
INA-TAMU	Institute of Nautical Archaeology- University of Texas A&M
UEP-PROESA	Unidad de Estudios y Planeamiento- Proyectos Especiales del Atlántico
UNHCR	United Nations High Commissioner for Refugees.
UNHCR-SSU	United Nations High Commissioner for Refugees- Special Support Unit
AID US	U.S. Agency for International Development

INTRODUCCIÓN

Este libro tomó varias décadas en ser escrito. Comencé en 1983 y me ilusionó retomar este proyecto olvidado por muchos años luego de hacer mi tesis de Sociología en la Universidad Santa María la Antigua (USMA) en 1986, año en el que obtuve el título de grado.

En 2012 al reencontrar personas de la comunidad de Ciudad Romero localizada en el Bajo Río Lempa en El Salvador a través de las redes sociales, me entusiasmé a recontar y publicar esa experiencia. Pensé que era importante brindarles, a ellos y a los moradores del Atlántico Centro Occidental, un libro que relatara su historia y luchas de los tiempos en que vivieron en las selvas del Atlántico panameño adicionado información de otras fuentes secundarias.

Otra motivación, obedece a la discusión generada sobre la política llamada *"Conquista del Atlántico"* impulsada por el General Omar Torrijos, entre profesionales de las Ciencias Sociales en Panamá y ambientalistas, algunos vinculados, a los proyectos gubernamentales que fueron la pieza central de dicha política en algunas áreas geográficas del Atlántico panameño. Diversas personas en Panamá se referían a la *"Conquista del Darién"* y la *"Conquista del Atlántico"* desde la década de 1970 sin conocer realmente los programas realizados en nombre de esas políticas en la voz de sus mismos actores. Los libros que las describían no se citaban en los estudios. Sorprendió a PROESA en la década de 1980 que muchos intelectuales panameños se oponían a dichas "conquistas" cuando irónicamente gran parte de la población de la región reivindicaba esta política y la consideraba ecológicamente progresista al tener un impacto en su nivel socioeconómico, político, sanitario, de nutrición y sobre todo de infraestructura y servicios a la comunidad.

Las teorías sociales ecológicas tienen un sustrato ideológico y responden a corrientes específicas que provienen de la antropología y la sociología. Del mismo modo los nuevos mitos modernos de la naturaleza intocada que son centrales al desarrollo del trópico selvático, lo que constituye una gran parte del territorio panameño y latinoamericano.

La concepción del Atlántico Centro-Occidental como un área intocada y sujeta a una colonización desordenada de interioranos, culpa solo a las políticas del Estado Panameño de los años 1970 y 1980, lo que se corresponde con los neo-mitos que se han desarrollado en toda Latinoamérica acerca de la selva en estado prístino. Como lo afirma el escrito del Mito Moderno de la Naturaleza Intocada: "*La naturaleza en estado puro no existe, y las regiones naturales anotadas por los biógrafos usualmente corresponden a áreas ampliamente manipuladas por los hombres."* (Diegues, "El Mito Moderno de la Naturaleza Intocada" 14)[1]

El ambientalista, politólogo y sociólogo Dr. Guillermo Castro, quien fuese coordinador del proyecto de Ciudad Romero en los años de 1980 y 1981, reivindica la *"Conquista del Atlántico"* como un esfuerzo que fue necesario para apoyar poblaciones abandonadas por casi todos los gobiernos de la República de Panamá. El trabajo del Doctor Castro fue vital en la conceptualización de la política, su interpretación y sus análisis por la comunidad académica en Panamá al igual que otros participantes como el Profesor Hugo Guiraud, la Ingeniera Magali de Pacheco, el veterinario Franklin Clavel y profesionales involucrados en el Proyecto Coclesito y de PROESA.

Castro rescató la verdadera esencia de la *"Conquista del Atlántico"*. Planteaba que no había que confundirla con colonialismo interno y otras teorías similares, sino como una política que tuvo en esencia el desarrollar y ayudar a los propios habitantes de la región e inmigrantes recientes; la idea era prepararla económica, cultural y organizativamente en el orden de enfrentar las políticas que vendrían después, originadas en el mercado internacional y nacional; políticas de capital privado u otros proyectos desarrollistas. Todo ello, para que pudieran entenderse con las distorsiones del mercado panameño cuya tendencia era el abandono del campo.

Varios antropólogos responsabilizaron a la *"Conquista del Atlántico"* de la destrucción ambiental de zonas de colonización producto de la expansión de ganado vacuno y, principalmente con evidencia, estudios de migración extra-regional al Atlántico Centro Occidental panameño. Asimismo, cómo las facilidades de crédito se ampliaron para la región y todo el país durante ese periodo. Los trabajos de Heckadon-Moreno durante la política de *"Conquista del Atlántico"* fueron derivando la experiencia Azuereña desde un punto de vista cultural, específicamente en el estudio de la población santeña. Heckadon-Moreno, expandió el concepto de *potrerización* como fenómeno antropológico con consecuencias al ecosistema, a otras áreas del país donde hubo migración Azuereña y vinculándola a políticas de crédito y expansión de la frontera agrícola de gobierno panameño durante el período de poder político de la entonces Guardia Nacional posteriormente llamada Fuerzas de Defensa en Panamá. Pareciera que algunos de los análisis en publicaciones de PROESA tienen validez en cuanto al impacto de la transformación del bosque en

---

[1] Diegues, Antonio Carlos. "El Mito Moderno de la Naturaleza Intocada." *Hombre y Ambiente* 57/58. Abya-Yala 1999. Pág. 14.

el que la población de Azuero ha tenido asiento, pero sus estudios no involucraron el análisis de la colonización dirigida de Ciudad Romero y la experiencia de Coclesito y tampoco del área de influencia de PROESA.

De manera similar el antropólogo Dr. Francisco Herrera consideró que la expansión de la *"Conquista del Atlántico"* y *la Conquista del Darién* eran aplicables a muchas de las fronteras agrícolas de Panamá.

Entre otras referencias antropológicas, la doctora Luz Graciela Joly, concentró varios de sus estudios en contrastar las estrategias de *"desarrollo desde abajo"* con las políticas generales del Ministerio de Desarrollo Agropecuario (MIDA) en conceptos de facilitar préstamos para desarrollo de ganadería a áreas geográficas de la Costa Atlántica durante los años de gobierno militar en Panamá. Su análisis antropológico hizo énfasis en lo que ella denominó *formas nativas de desarrollo,* es decir relativas al concepto de *"desarrollo desde abajo"* versus el *"desarrollo desde arriba"*; en el que el desarrollo desde abajo corresponde a una armonía con la naturaleza que es también una especie de neo-mito eco-céntrico desde el punto de vista de la Ecología Social representada por teóricos como Bookchin. (Diegues, "El Mito Moderno de la Naturaleza Intocada" 46).[2]

Estuvo centrado en las cuencas orientales de la Costa Abajo como lo es el río Indio (Colón) en la que no hubo mucha influencia de PROESA, más bien de los misioneros Claretianos en Panamá. Los colaboradores y consultores de PROESA como Guillermo Castro, Carmen Miró, Ligia Herrera, Magali de Pacheco y otros como Frankin Clavel, Horacio Maltez y Luis C. Roquebert tenían una concepción distinta de la *"Conquista del Atlántico"* que se reflejó en algunas publicaciones de la Unidad de Estudios y Planeamiento (UEP-PROESA) en la que fui asistente de sociología y encargada de edición en algunas de las publicaciones con la Impresora Panamá. Estas se circunscribieron a los principales programas que incluían Coclesito y su área de influencia; así mismo otros pueblos costeños en los que PROESA y el proyecto Coclesito influenciaban. PROESA como institución no desacreditó el problema real de la migración Azuereña y sus consecuencias devastadoras del ambiente.

---

[2] Ver, Diegues, Antonio Carlos. *El Mito Moderno de la Naturaleza Intocada.* Hombre y Ambiente 57/58. Abya-Yala, 1999. Pág. 46.

Se consideraba responsable de llevar a cabo acciones que conservaran el medio ambiente y de prevenir la migración desordenada extra-regional; aportando actividades ecológicamente más adecuadas para la región y una preparación para la futura migración de otros grupos extra-regionales y otros mega proyectos que iban a incluir la explotación minera, turística, agropecuaria y de otros recursos.

El debate de PROESA no entraba en la confrontación de ambientalistas versus desarrollistas, sino en función de necesidades de la población y los recursos de la región cubriendo principalmente servicios sociales, promoviendo la organización de los pobladores y proporcionando asistencia a programas de índole social, económica y agropecuaria.

La oficina contó en un principio con la Unidad de Estudios y Planeamiento (UEP-PROESA), dirigida por el Dr. Guillermo Castro Herrera. Semanalmente, el equipo en Ciudad de Panamá se reunía y examinaba capítulos del libro de Michael Nelson "El Aprovechamiento de las Tierras Tropicales en América Latina." [3] Se discutían artículos relativos a otras experiencias de colonización en América Latina para analizar qué enseñanzas podían aplicarse a los proyectos de PROESA. Sin embargo, esa unidad funcionó en debates teóricos hasta la partida de Guillermo Castro en 1983.

La *"Conquista del Atlántico"* como política de desarrollo, finalizó con la invasión de los Estados Unidos a Panamá; acabó como política de Estado en las últimas décadas post-invasión, luego de que la zona de influencia del Canal de Panamá y el desarrollo del agro de la vertiente Pacífica y las multinacionales en el oriente panameño agudizaron la dependencia del istmo en la zona de tránsito una vez más, y dejaron un grave impacto y despoblamiento en la región. La parte de la vertiente Centro Occidental del Atlántico fue incluida a la zona de la Región Occidental de la Cuenca del Canal (ROCC) bajo la administración de la ACP. Un estudio detallado puede apreciarse en el escrito de Guillermo Castro "La Cuenca que no fue." [4] y en la tesis doctoral titulada *Acción Colectiva, Comunidad Campesina y Territorio en Donoso, Colón, República de Panamá*, presentada por Manuel Jiménez Montero en el Colegio de Postgraduados (Puebla, México)[5] junto

---

[3] Nelson Michael. *El Aprovechamiento de las Tierras Tropicales en América Latina.* Siglo XXI, 1977.
[4] Castro, Guillermo Herrera. "La Cuenca Que no Fue: una Aproximación a la Historia Ambiental de la Región Centro-Occidental del Atlántico Panameño." *El Agua Entre los Mares.* Guillermo Castro. Ciudad del Saber, 2007. Pags. 82- 104.
[5] Jiménez Montero, Manuel. *Acción Colectiva, Comunidad Campesina y Territorio en Donoso, Colón, República de Panamá.* Tesis de doctorado. Fecha de terminación de estudios, marzo 1, 2007.

a otros de sus artículos.[6] En los textos de Castro y también Jiménez Montero, con el despoblamiento de la región Centro-Occidental del Atlántico[7], el campesinado fue dejado a merced e influencia de la actividad de zona de tránsito una vez más luego del desmantelamiento de las políticas de la era de Omar Torrijos y las extintas Fuerzas de Defensa. El campesinado, los pueblos indígenas y los colonos de la Costa Abajo de Panamá y del Norte de la Provincia de Veraguas fueron dejados a merced de otras actividades de intereses transnacionales como las que Jiménez Montero, Ramírez Valverde and Martínez Dávila señalaban en sus escritos:

"...[E]n Panamá se viene dando una serie de transformaciones en el nivel de la estructura económica y territorial, que están incidiendo en una nueva diferenciación regional. El énfasis se ha puesto en la zona de tránsito con la ampliación del canal interoceánico, proyecto que tiene previsto cinco años para su ejecución y que inició en septiembre de 2007. No obstante, las propuestas que se implementan incluyen también la potenciación y el establecimiento de nuevas actividades económicas en el medio rural, entre ellas el turismo, la generación de energía a partir de hidroeléctricas y la minería, en las que confluyen intereses nacionales e internacionales de diversos tipos."[8]

El Atlántico Centro Occidental, al menos en parte de sus cuencas como la de Coclé de Norte, estaba en ese periodo (post invasión) en una fase de expulsión de una población que sufrió graves consecuencias ambientales y socioeconómicas, así como cambios fundamentales de carácter político en el rol internacional de Panamá en la división del trabajo.

El presente libro pretende ser un aporte para entender una época que se fue, en la que el Estado panameño todavía pensaba que podía influir en una política de desarrollo agropecuario para sectores rurales de los más olvidados. Una vez aceptada la globalización como fenómeno socioeconómico en la era post invasión, las políticas en el Gobierno panameño tendieron a omitir la planificación para el desarrollo del país para dejarlo a merced de las economías y políticas

---

[6] Jiménez Montero, Manuel, Benito Ramírez Valverde y Juan Pablo Martínez Dávila. "Construcción de los Territorios en Donoso, Panamá, 1990-2008." *Historia Crítica.* No. 48, Septiembre-diciembre 2012: 252. doi: 10.7440/histcrit48.2012.06. historiacritica.uniandes.edu.co/view.php/798/index.php?id=798

[7] Jiménez Montero, Manuel, Benito Ramírez Valverde y Juan Pablo Martínez Dávila. "Construcción de los Territorios en Donoso, Panamá, 1990-2008." *Historia Crítica.* No. 48. Septiembre-diciembre 2012: 252. doi: 10.7440/histcrit48.2012.06 Pag: 113.

[8] Jiménez Montero, Manuel, Benito Ramírez Valverde y Juan Pablo Martínez Dávila. "Construcción de los Territorios en Donoso, Panamá, 1990-2008." *Historia Crítica.* No. 48. Septiembre-diciembre de 2012: 252. doi: 10.7440/histcrit48.2012.06 Pág.: 113.

internacionales, sin considerar el mérito de la planificación para el desarrollo de las fronteras agrícolas que una vez más se convirtieron en subalternas de la economía de las necesidades del Canal de Panamá.

La región del Atlántico Central y el área de influencia de PROESA, así como otras, se plegaron a los intereses de la vía de tránsito metropolitano y a las transnacionales de minería, puertos de gran envergadura, y turismo. Sería apropiado y correcto proteger las comunidades de la región y a su población para evitar desastres ecológicos, sociales, económicos y considerar necesidad de una política estatal que actúe en su favor y no continúe el abandono del cual han sido víctimas: una política de desarrollo integral en la que ambientalistas, científicos sociales y sobre las comunidades de la región puedan obtener ventajas mediante consenso. Para esta necesaria política existe ya investigación nativa acerca de rubros apropiados para el área selvática desarrollados por científicos locales y extranjeros que permitirían un desarrollo agropecuario (principalmente de carácter bufalino), turístico, minero, económico y social de esta área periférica del Istmo de Panamá sin la existencia y permanencia de desastres ecológicos.

Muchos estudios se han concentrado desde que empecé a escribir este libro en alternativas socioeconómicas en áreas selváticas. Sin embargo, la antropología y sociología panameñas continúan sumidas en el pasado y en la concepción de que la expansión de la potrerización es la única alternativa de la transformación del ecosistema del trópico húmedo selvático. Este fenómeno sufrió como neo-mito colectivo al considerarlo una simplificación cultural/ecológica de respuesta a la transformación ambiental desde el punto de vista antropológico de la Ecología Cultural y también el análisis de la población panameña como se detalla en estudios de culturas tradicionales y modelos de vida importados de desarrollo de la vertiente Pacífica de Panamá.

La complejidad del desarrollo económico en un enfoque de necesidades humanas debe ir aunado al desarrollo tecnológico y científico y el concierto de profesionales de distintas disciplinas: biólogos, veterinarios, agrónomos, antropólogos, sociólogos; y políticos panameños del presente que no necesariamente ven zonas selváticas como islas en territorios que, si bien algunos son zona indígenas comarcales, han sido confrontados recientemente con proyectos extra-regionales con impacto ecológico como lo ha sido la minería y las hidroeléctricas.

Muchos pobladores de regiones periféricas a la zona de tránsito panameña se ven sumidos en el abandono en pleno siglo XXI por el Estado Panameño debido a su rol en un desarrollo desigual en época de globalización. Muchos proyectos fallidos hay en el país, en una era de explosión informativa. Lo tradicional en el desarrollo económico del campo selvático, es visto con fatalismo antropológico/ambiental y nuevas alternativas de especies ecológicamente apropiadas al ecosistema selvático son vistas con recelo. Las alternativas biológicas a enfermedades y la manipulación genética como soluciones tropicales a enfermedades, alimentación, granos, ganado y especies en general, incluyendo plagas, causan desconfianza aún sin una amplia comprensión efectiva producto de la investigación, para solucionar los problemas propios de la selva tropical desde el punto de vista de las limitaciones de la antropología ecológica y la ecología cultural.

En general, la población panameña es consciente de que la desaparición del bosque tiene consecuencias devastadoras para el cambio climático. Alternativas de aprovechamiento del bosque tropical con cultivos es adversada por muchos desarrollistas y también ambientalistas sobre todo si se usan productos nativos o no tradicionales que gozan de buenos precios internacionales de mercado. Pareciera que toda propuesta de modificar el bosque es interpretada como desaparición/substitución de éste por una futura potrerización vacuna. Alimentos tradicionales usados como subsistencia de la periferia tropical no gozan de buenos precios en el mercado nacional e internacional. Sería justo para científicos sociales el aislamiento y continuidad de niveles de subsistencia para esas comunidades, argumentando fatalismos de colapso ecológico inevitable y hasta una supuesta confrontación hombre versus naturaleza, desarrollando neo- mitos de etnogénesis ecológica y una supuesta *"pérdida de la cultura"* en el caso de grupos indígenas o nativos que viene expandiéndose a la percepción del modo de vida del criollo, habitantes en las costas y campesinado que vive en la selva, incluyendo a la población de "cholos coclesanos".

El aparente colapso de escuelas como las de Antropología y Sociología evidencian graves problemas para el desarrollo científico panameño. Es notable, no obstante, una acción colectiva preocupada más en la ecología que en las décadas anteriores y una mayor crisis ecológica en la sabana Pacífica panameña, así como más dependencia de los recursos del Atlántico Centro-Occidental para las economías del Canal de Panamá en lo que respecta al abastecimiento y manejo de la selva en función del recurso agua. Toca entonces conocer acciones del pasado para presentar y estudiar alternativas al desarrollo de la selva cuando en una época de información presenta grandes posibilidades de investigación, necesaria solidaridad con pobladores panameños y del resto del mundo como lo fueron los salvadoreños en Coclesito. Es necesario revisitar estudios de la selva y de migraciones en esta región si se pretende resolver la pobreza de la región Caribe de Panamá y entender también el complejo fenómeno de las migraciones de manera científica.

Los salvadoreños de este estudio decidieron regresar a su país y viajar a otras regiones del mundo, principalmente Estados Unidos y Canadá. El debate de su inserción en otras economías como la norteamericana es meramente político, racial y de estructura económica. En el Salvador los habitantes de Ciudad Romero gozan hoy de una próspera comunidad; pero cada día está acechada por el fenómeno del crimen organizado que es particular a toda la región Centroamericana. Sin embargo, optar por su Nación es el sueño de repatriación de todo refugiado.

Las complejidades de una comunidad varias veces migrante resultan interesantes y muestran el afán de estos campesinos de llevar el concepto de comunidad más allá de las vías tradicionales e incluir comunidades en tiempos de globalización mediante la internet y otros medios tecnológicos. Se destaca que la experiencia panameña sirvió principalmente en el aspecto humanitario, de organización, atención sanitaria y educación. Muchos de los niños de Ciudad Romero en Panamá rebasaron las expectativas de la generación de sus padres en materia social, económica e intelectual. Para la autora de este libro fue un orgullo conocerles a todos y participar de esta experiencia de solidaridad humanitaria y de desarrollo socio-económico del Atlántico Centro Occidental.

Los problemas de los habitantes de Ciudad Romero en sus varias comunidades alrededor del planeta son complejos y muchos tienen intención de regresar a Panamá, huyendo al riesgo de las pandillas en El Salvador. Por su parte el Atlántico Centro Occidental Panameño está sumido en el abandono, víctima del narcotráfico. Los esfuerzos de servicios a las comunidades que proporcionara PROESA y del General Torrijos con las extintas Fuerzas de Defensa no existen más. Merece debatirse si el Estado Panameño necesita una política coherente de servicios y organización con rubros apropiados para la selva tropical en que tanto ambientalistas como desarrollistas coincidan, y que permita los pobladores sean beneficiados para salir de su condición de pobreza actual y sobre todo recibir más servicios públicos de calidad preservando la selva tropical. La experiencia de PROESA y los pobladores que reivindicaron *"La Conquista del Atlántico"* también merece conocerse.

MAPA NO. 1 LOCALIZACIÓN EL SALVADOR [9]

UBICACIÓN: 13°9′ to 14°26′ N; 87°41′ to 90°08′ O. FRONTERAS: Honduras, 342 kilómetros (212 millas); Costa del Océano Pacifico, 307 kilómetros (191 millas); Guatemala, 203 kilómetros (126 millas). MAR TERRITORIAL: 200 millas.

MAPA 2. EL SALVADOR [10]

---

[9] Stelita. Localización El Salvador. *Wikimedia Commons.* N.d.

[10] Carmurob. Zonas Geográficas de El Salvador. *Wikimedia Commons*. 30 julio 2019.

MAPA NO 3 REPÚBLICA DE PANAMÁ[11]

UBICACIÓN: 7°12′9″ to 9°37′ 57″ N; 77°9′24″ to 83°3′17″ O. FRONTERAS: Costa Caribe, 963 kilómetros (596 millas); Colombia, 225 kilómetros (140 millas); Costa Pacífico, 1,527 kilómetros (950 millas); Costa Rica, 330 kilómetros (206 millas). LÍMITE DE MAR TERRITORIAL: 200 millas.

[11] Milenioscuro. "Mapa de Panamá en 2015." *Wikimedia Commons.* 23 febrero, 2018.

ANTECEDENTES

Los orígenes y la formación de una comunidad salvadoreña en Donoso, Panamá, es el tema de este libro. En las décadas de 1970 y 1980, el tema de la migración campesina a nuevos territorios en Panamá era un fenómeno interesante y relativamente nuevo en las ciencias sociales. Provocaron discusiones teóricas debido a sus consecuencias socio económicas y ambientales.

Posterior a la década de 1970, la migración de la población de las comunidades campesinas a nuevos territorios fue incrementado en Panamá por la costa del Caribe, debido a las políticas del Gobierno de apertura de nuevas fronteras agrícolas selváticas y la integración de sus habitantes con el resto del país. Las consecuencias, los logros y las limitaciones de estas políticas de colonización no han sido exhaustivamente estudiadas en Panamá. Todavía quedan dudas en la comunidad científica panameña, si la llamada *"Conquista del Atlántico"* como política hizo más mal que bien o empeoró las condiciones ecológicas de las regiones. En términos generales, fue una de las pocas políticas de Estado encargada de proporcionar ayuda para el desarrollo de comunidades apartadas en la vertiente Centro Occidental del Atlántico con una oficina de proyecto especial como PROESA. Sin embargo, lo que no se ha discutido, salvo sus modestas publicaciones y algunas personas como Manuel de Jesús Jiménez Montero, Benito Ramiro Valverde y Juan Pablo Martínez Dávila, es el hecho de cómo esa política contribuyó con el desarrollo humano y social de las empobrecidas poblaciones selváticas. Muchos otros científicos sociales panameños argumentan que esta política se orientaba a una substitución de la población originaria por población migrante extra regional de manera desordenada; o considerar la selva como espacio vacío como lo ratifican varios escritos anónimos y artículos de varios antropólogos acerca de la Conquista de Darién y del Atlántico. Los antropólogos Joly y Heckadon-Moreno señalan esta política de *"Conquista del Atlántico",* sin incluir los esfuerzos de PROESA y el proyecto Coclesito que da nombre y apoyo a este slogan. En escritos de estos antropólogos la apertura de crédito ganadero en el área por parte del MIDA con el aval de instituciones financieras de crédito internacional, sin requerir la adjudicación de título de propiedad, es uno de los mayores argumentos que se oponen a la política de *"Conquista del Atlántico"*. Un artículo de la redacción de *La Estrella de Panamá*, sin autor, hace un análisis general en el panorama latinoamericano de carácter político y ambientalista de la *"Conquista del Atlántico"* [12]. Mientras tanto los escritos de

[12] "Conquista del Atlántico como Proyecto Político." *La Estrella de Panamá.* 9 de junio, 2013.

PROESA respecto a la conceptualización de dicha política, son dejados por fuera o ignorados. Una aproximación a ello han sido los escritos del Dr. Guillermo Castro Herrera en sus análisis sociales del Atlántico Centro-Occidental Panameño.[13] El artículo anónimo del citado periódico presenta la política hacia el Atlántico como una confrontación entre ambientalistas y desarrollistas sin ser preciso en sus aseveraciones acerca de cuál es la población involucrada. [14] Lastimosamente ese escrito es anónimo y no posee referencias en estudios para sustentar las aseveraciones hechas.

El artículo anónimo en cuestión asevera acerca de la política de la *"Conquista del Atlántico"* que *"En esta zona, la incorporación de campesinos salvadoreños, establecidos en Ciudad Romero, a orillas del Río Belén, con características culturales semejantes a las de los santeños, fue concebida como una punta de lanza en el bosque de esa región, donde se esperaba que desarrollaran la ganadería y la producción de granos a gran escala."* [15] Comete un error al aseverar la similitud cultural de los habitantes de Ciudad Romero con la de los Santeños y adicional a eso, que la producción de ganadera y de granos sería en gran escala. Otros programas con cultivos permanentes eran los más importantes. En Latinoamérica mucho se ha argumentado acerca de los conceptos mitológicos de la selva también en las últimas décadas. Se los considera, de manera oficial, espacios vacíos, zonas no productivas y también mitologías de ser especie de 'islas' en el imaginario colectivo, por ser comunidades igualitarias y simples. La concepción de la selva como espacio vacío está ligada también a la concepción occidental de producción para el mercado, visión que comparten economías occidentales y organismos. Muchos Estados latinoamericanos están de acuerdo con el concepto de reservas inhabitadas a pesar de que existe población en esas regiones consideradas históricamente como de reserva[16] [17]. Sin embargo, en el Atlántico, muchos de los beneficiados del proyecto fueron pobladores costeños coclesanos y el único caso de población migrante de otro país fue el de los salvadoreños de Ciudad Romero. No se puede dudar de que otro grupo de migrantes extra regionales de las sabanas pacíficas, y quizás hasta el componente de la península de Azuero, quienes han sido identificados por antropólogos ecologistas con tendencia a la ganadería extensiva vacuna y con una inclinación cultural hacia la ganadería extensiva. Los

---

[13] Castro, Guillermo. "Sociedad, Política y Desarrollo en el Atlántico Central de Panamá". En Guillermo Castro, Ligia Herrera y Carmen Miró. Medio Ambiente y Sociedad en el Atlántico Centro-Occidental de Panamá. BNP-PROESA. Págs. 93-109

[14] "Conquista del Atlántico como Proyecto Político." *La Estrella de Panamá.* 9 de junio, 2013.

[15] "Conquista del Atlántico como Proyecto Político." *La Estrella de Panamá.* 9 de junio, 2013.

[16] Diegues, Antonio Carlos. *The Myth of Untamed Nature in the Brazilian Rainforest.* NUPAUB- Research Center on Human Population and Wetlands, 1998. Pág vi.

[17] Diegues, Antonio Carlos. *El Mito Moderno de la Naturaleza Intocada.* Abya-Yala, 1999. Pág. 11.

pobladores de Ciudad Romero no poseían siquiera fincas, eran más bien arrendatarios de micro-parcelas para subsistencia y cosecha de café. Hay azuereños que en el Atlántico centro occidental pero este grupo no lo hacía comparado con población coclesana, afro-panameña de la costa Atlántica y también población indígena nativa, en lo que constituía el área de influencia de PROESA. El grupo de salvadoreños de este libro fue una excepción. Su presencia fue consecuencia de un acto de solidaridad humana, no de una política de migración establecida ni predeterminada tampoco. Su condición de migrantes en un limbo político de seguridad en Honduras y con evidente riesgo de muerte fue la causa de migración al Atlántico Panameño.

Componentes de ese proyecto de *"Conquista del Atlántico"* incluían muchos rubros nativos y no necesariamente la substitución del bosque por ganadería bovina extensiva y granos a gran escala, como se ha publicado en algunos estudios y artículos anónimos en periódicos. El balance necesario de ecología, política internacional de solidaridad hacia naciones vecinas, agronomía, política agropecuaria, política cooperativista, sociología, antropología y muchas otras son abordados en este estudio.

La región del Caribe de Panamá fue objeto de colonización espontánea de los campesinos y también representó un área donde se realizó la primera colonización dirigida y supervisada con los refugiados salvadoreños con la localidad de Ciudad Romero. En 1986 escribí mi tesis de licenciatura en Sociología por la Universidad Católica de Panamá sobre este tema. Aunque no se publicó anteriormente, constituye un intento de contar esa experiencia y evaluar lo que ocurrió con la población de la localidad de Ciudad Romero y los pobladores de la cercanía de la comunidad en el Caribe de Panamá.

Ciudad Romero en el río Caño, distrito de Donoso, Colón no existe más. La comunidad se abandonó y se la tragó la selva. La población de refugiados fue repatriada a El Salvador en 1991. Sin embargo, esta población representa sólo una fracción de la población centroamericana que fue testigo de la Guerra de América Central debido a las condiciones sociopolíticas de esta región en la década de 1980. Regresaron a El Salvador por decisión propia bajo los programas de repatriación del ACNUR y del gobierno de El Salvador luego de esfuerzos de negociación. Unos cuantos de los refugiados de Ciudad Romero se quedaron en la República de Panamá, en localidades como Santiago de Veraguas, Penonomé, Ciudad de Panamá, Ciudad de Colón y hay algunos en Arraiján y en Chiriquí. Otros que se habían ido, retornaron años después a Panamá, considerando que su vida en ese país era mejor que la vivida en pocos años de vuelta a El Salvador luego de su repatriación. Ello creó un limbo jurídico pues ya no eran considerados refugiados. Se les pide $500.00 para entrar a Panamá si quieren reingresar al país a visitar su familia como turistas. Algunos de ellos contactaron al profesor Hugo Guiraud, director de PROESA para ver que se podía acordar con el Departamento de Migración se reconociera su pasado estatus de refugiados, pero no fue posible. Hasta marzo de 2015 a una salvadoreña del grupo enviada por sus hijos a visitar a un familiar en Panamá no se le permitió entrada por no poseer los $500.00 dólares. El boleto había sido un regalo de visita[18]. Solo aquellos que decidieron quedarse en Panamá conservan el estatus de refugiados, aunque es posible que ya tengan estatus de residentes o ciudadanos panameños.

Muchos salvadoreños son todavía refugiados en muchos países del mundo y otros tantos son indocumentados especialmente en los Estados Unidos de América. Están esparcidos por el mundo luego de la Guerra Civil de los años ochenta. En la actualidad aproximadamente el 20% de la población de el Salvador vive fuera de su país. [19] A pesar de varios asentamientos permanentes en Centroamérica con salvadoreños, Ciudad Romero tenía características muy distintas a otros llamados campamentos de refugiados centroamericanos; fue el primer caso en Panamá de colonización rural dirigida controlado con campesinos refugiados con una opción de desarrollo agropecuario y solidaridad. En las oficinas gubernamentales durante el periodo de Ciudad Romero en Panamá, no les trataban como refugiados por el estigma social y político que conlleva, sino como campesinos. Usualmente se les llamaba solo *los salvadoreños*. La historia de esa década en Panamá es el tópico de este libro. Espero que sea útil y revelador para entender, motivarse a estudiar y también, por qué no, ayudar a aquellos que intentan este tipo de proyectos en el bosque tropical y con la variable de la migración como fenómeno social.

La metodología utilizada en este estudio se relaciona con el resto de los documentos encontrados sobre trabajos teóricos, de análisis y evaluación de los procesos migratorios de campesinos en América Latina y Panamá, especialmente los de la adaptación humana a los diferentes ecosistemas y la promoción de instituciones que participan en las colonizaciones. Los estudios de adaptación humana y colonización están llenos de contradicciones respecto a las políticas del Estado en regiones de colonización. Se ha atribuido a la *"Conquista del Atlántico"* políticas regionales de áreas y oficinas que no eran centrales, en los proyectos pioneros de

---

[18] Comunicación Personal de su hija María Velásquez a mi persona. Domingo 1ero de Marzo, 2015.
[19] El Salvador. The World Factbook 2010. *CIA's 2009 edition.* Potomac Books, Inc. Poole 2010.

colonización dirigida como es el caso de los préstamos agropecuarios en Colón, Chorrera y otras localidades que no eran parte de esta alternativa de investigación y colonización dirigida en el norte de Veraguas, Coclesito y Costa Abajo del proyecto de PROESA, que buscaron alternativas técnicas y biológicas siempre que fuese posible la adaptación de animales nuevos en el país para enfrentar la escasez de proteína animal, como la acuicultura, el búfalo de agua y otros. *"Conquista del Atlántico"*, nombrado así por el mismo Omar Torrijos, se circunscribió principalmente al Proyecto Coclesito y su área de influencia. Otras políticas generales de materia agropecuaria del MIDA no fueron centrales a la filosofía desarrollada por la unidad de Estudios y Planeamiento. Ni PROESA ni el General Omar Torrijos vieron a la selva Atlántica ni la Darienita como un espacio vacío a colonizar por la ganadería vacuna extensiva sino como una región con potencial humano, social, cultural y agropecuario, incluyendo el componente bufalino y de cultivos semi-permanentes basado en filosofía del cooperativismo. Muchos estudiosos no mencionan sus opiniones acerca de la actividad pecuaria bufalina y sus ventajas para la región en cuestión y su aplicabilidad en otras regiones y provincias de Panamá. Tampoco se refieren a si la transformación del bosque a rubros productivos es perjudicial más allá de actividades de potrerización de ganado vacuno. Es posible que ni desarrollistas ni ambientalistas desean la desaparición del bosque por sus consecuencias climáticas devastadoras. No existe una política de desarrollo selvático en Panamá más allá de imponer multas de tala de árboles de especies en extinción y animales nativos. Los proyectos de impacto ambiental durante muchas décadas han sido cuestionados por ambientalistas, las comunidades y los expertos. Los programas agropecuarios y el rol del sociólogo y antropólogo son marginales y de consultoría cuando los rubros de proyectos ya vienen definidos por los organismos de ayuda internacional la investigación social no va más allá de la implementación que las agencias donantes requieren y especifican. Es una cuestión de implicaciones profundas en el análisis de la sociedad desde el punto de vista científico.[20]

Los objetivos estratégicos de planeamiento desarrollados por el antiguo Ministerio de Planificación y Política Económica se establecieron en torno a la minería por ser aquélla un área rica en yacimientos mineros, riqueza boscosa y el potencial para turismo local. Sin embargo, a principios de los años ochenta había un desconocimiento de los recursos naturales del área. Los primeros intentos de sistematizar el potencial natural, social, económico y político del área fue el

---

[20] Gutiérrez, Verónica. "La Sociedad como Objeto de Estudio. Panamá." *La Prensa*, 29 de junio 2015.

estudio proporcionado por la consultora italiana CERPI al Ministerio de Planificación. Una cosa es lo planeado, otra lo que se implementó y más allá lo que terminó resultando siendo esto política de desarrollo estatal e influencia en esa política del capital transnacional luego de desmontado el proyecto Coclesito.

La realidad y recursos del proyecto Coclesito fueron limitados a pesar de la construcción de un pueblo con características urbanas y modernas en medio de la selva. La filosofía política de la oficina de PROESA fue la de convertirse en mediador de la población nativa y la asentada en la región precisamente para preparar a la de la selva de esa colonización espontánea hacia la zona Atlántica. Mediación cultural, agropecuaria y socio-económica con un gran énfasis en adaptación de especies apropiadas para el trópico húmedo. Se sabía que con la incorporación de la región a la economía del país se atraería explotación de recursos del área, como sucedió con el caso de la minería a 40 años de iniciado el proyecto Coclesito. Ese rol de la oficina de PROESA, similar al del "cultural bróker"[21] asumido por científicos sociales, además de asistencia en necesidades básicas. PROESA y el General Torrijos se valieron de la figura de los líderes principales [22] como los denominó Luz Graciela Joly en sus trabajos antropológicos de Costa Abajo y otros líderes tradicionales y políticos del Atlántico centro occidental[23]. Fueron considerados también los líderes comunitarios naturales y también los locales tradicionales con carisma[24] en su rol de autoridad tradicional, así como los líderes formales, como los de la Asamblea Nacional de Representantes de Corregimientos en la Constitución de 1972[25]. Con un sistema híbrido de Consejos Locales de dirigencia (como el consejo de Coclesito) y su conversión paulatina y paso de responsabilidades a cooperativas agropecuarias. También se convocó a los alcaldes, corregidores. Se consideró el

---

[21] Michie, Michael. "The role of culture brokers in intercultural science education: A research proposal." Centre for Research in Science and Technology Education. University of Waikato. *Paper presented at the 34th annual conference of the Australasian Science Education Research Association held in Melbourne, 10-12 July 2003.* 30 de mayo, 2014.

[22] Ver, Joly, Luz Graciela. "Los Principales: un Sistema Nativo de Desarrollo." En *Situación de la Costa Atlántica.* Castro, Carlos, Marisín Dixon, Luz Graciela Joly y Olga Linares. Universidad de Panamá. Departamento de Sociología,1986.

[23] "Charisma." *Cambridge Dictionary of Sociology.* Ed. Bryan S. Turner. Cambridge UP, 2006. *Credo Reference.*

[24] "Asamblea Nacional de Representantes de Corregimiento. Constitución Política de la República de Panamá (1972)." Nov. 10, 1972. *Gaceta Oficial No. 17210.* Oct. 24,1972. Procuraduría de la Administración. InfoJurídica. 2012.

[25] *Punta Rincón Beach Landing.* Intercoastal Marine Inc. 2012-13. *Caribbean Riviera: Land Investment Panama.* Caribbean Riviera, 2012.

[26] "Adjudican Puente Sobre El Canal De Panamá." *La Prensa.* Oct. 27, 2012.

[27] Caribbean *Riviera: Land Investment Panama.* Caribbean Riviera, 2012.

[28] "Adjudican Puente Sobre El Canal De Panamá." *La Prensa.* Oct. 27, 2012.

nuevo rol de la Guardia Nacional de Panamá luego del golpe de Estado de 1968. Muchos de los uniformados eran profesionales de carrera, maestros o educadores graduados además de ser oficiales de la Guardia Nacional. Se recurrió a enrolar profesionales de diversas especialidades que eran remunerados por la Guardia Nacional en PROESA y otras oficinas del Estado Panameño en labores que no estaban asociadas a inteligencia, crimen, ni seguridad sino especialidades agropecuarias, logística, aviación, ex-sacerdotes misioneros como el Padre José María Morillo; especialistas de economía agropecuaria de la Guardia Nacional y también otras profesionales ubicados en otras instituciones de gobierno como el IRHE, IFARHU, MIDA y ministerios, asignados a trabajar en PROESA debido a que esas instituciones carecían de una efectividad en su presencia en la región por asuntos logísticos y de conocimiento.

La región Centro Occidental de Atlántico tenía también un potencial minero que se desarrolló en centros de desarrollo como Coclesito y se proyectaron en otras áreas de Donoso en metales como oro y cobre. En el área de la Costa de Coclé del Norte se perfila en el área de Punta Rincón un centro de puerto multimodal con capacidad minera con Minera Panamá desde 2012-13 en su primera fase.[26] Aunado a estas actividades se prevé la transnacionalización del área y se encuentra la pre-venta de inversión de compañías como *Caribbean Riviera Land Investment Portfolio*, que planea la urbanización de toda la costa Caribe con fines turísticos para una empresa urbanística hotelera transnacional.[27] Así también la transformación y ampliación del Canal de Panamá tendrán un impacto con proyectos planificados como la carretera intercostal del Atlántico que seguirá al tercer puente para comunicar el Canal de Panamá en la vertiente Atlántica.[28] Las explotaciones mineras de oro y cobre se han llevado a cabo en las cercanías de Coclesito con mucha dificultad hasta la fecha. La fluctuación internacional del precio del cobre y del oro ha causado estragos en la actividad. Asimismo, se ha dado una afectación ecológica y de salud en el área. En nuestra parte final de este libro abordamos esa temática.

En este estudio se consideró también hecho de un gobierno como el del General Torrijos que participó activamente para el logro de la paz en la región centroamericana y se preocupó del factor humano y social de la población del Atlántico. Fue precisamente en una de sus giras a

Coclesito para celebrar el aniversario de una alianza con esa comunidad y su fiesta de fundación, cuando un accidente en el avión en que viajaba él y sus colaboradores más cercanos, le costó la vida al estrellarse en el Cerro Marta, el 31 de Julio 1981.

La década de 1980 constituyó el comienzo de los estudios sobre la colonización de los bosques tropicales de Panamá, aunque algunos estudios pioneros fueron considerados en los años de 1970. La metodología de investigación incluyó narraciones y obras sobre estos fenómenos en Panamá y la comprensión de las dos realidades de los participantes: su vida en El Salvador, país de origen y en el frente de colonización en la costa caribeña de Panamá. He utilizado fuentes primarias como entrevistas abiertas que realicé en los años de 1981, 1982 y 1983 así como y observación participante que corroboró estudios sobre El Salvador y Costa Caribe Centro-Occidental de Panamá. También he utilizado fuentes secundarias de análisis como artículos, libros, publicaciones de Internet. Tuve la oportunidad de vivir con este grupo en giras de campo de 1981 hasta 1987 mientras trabajaba en PROESA y como asistente de investigación a estudios en la región en la Unidad de Planeamiento bajo la supervisión del Doctor Guillermo Castro Herrera. Luego en 1983 empecé la coordinación de las necesidades sociales y la asistencia a Ciudad Romero y otras comunidades vecinas en la costa caribeña de Panamá.

Soy consciente de las limitaciones para repetir una experiencia similar a la Ciudad Romero en Panamá y espero no se repita con refugiados, pues significaría que algún conflicto en la región podría expulsar población vulnerable y ver a al Estado panameño o a Estados hermanos forzados a repetir una colonización selvática con refugiados. Más que referirse al grupo como refugiados muchos en la región se referían a ellos como los salvadoreños o los campesinos de Ciudad Romero. Sin embargo, esta experiencia podría servir para concentrar población dispersa en el área del Atlántico o Darién por ejemplo en donde la dispersión de población no facilita la distribución de servicios básicos de educación, agua, acueducto, escuela, centro de salud, casas y letrinas.

Son importantes las lecciones aprendidas en esta experiencia y el desarrollo futuro de esta comunidad. Asimismo, narrar la historia de un pueblo del Atlántico que ya no existe y la tragedia del pueblo salvadoreño obligado a ser migrantes internacionales producto de la desigualdad histórica y violencia de su patria, El Salvador. Con la repatriación a El Salvador y el nombramiento de su comunidad nuevamente como Ciudad Romero se verifica la continuidad de muchas experiencias de la población realizadas con ellos. Los habitantes de Ciudad Romero en el Bajo Lempa tienen una organización social y espíritu de solidaridad que rebasa fronteras salvadoreñas y sus formas son continuas y significativas más allá de las condiciones y lugares de migración. Se destaca la solidaridad del grupo para con su tierra natal. Luego de estar en Panamá, no sólo retornaron a El Salvador. Estuvieron en otros lugares incluyendo los Estados Unidos (principalmente California, Texas y Atlanta); y en Canadá donde las remesas de ayuda a su comunidad originaria todavía continúan desde muchas comunidades hacia El Salvador especialmente destinada a familiares y a las organizaciones comunitarias. Los salvadoreños en el extranjero donan no solo materiales, dinero y comida a sus familiares sino también apoyo logístico y material a sus organizaciones comunitarias en su país de origen.

El fenómeno migratorio y de la guerra Centroamericana de los 1980s tiene implicaciones sociales, teológicas, ambientalistas políticas y económicas de una gran índole. En el marco económico, un informe de remesas calcula que la guerra civil de la década de 1980 intensificó los flujos migratorios. De acuerdo al *Censo Económico de los Estados Unidos*: "el número de salvadoreños residiendo en Estados Unidos se elevó a 94,444 y siguió creciendo vertiginosamente hasta registrar casi medio millón de personas en los años 90."[29] Se calculaba en 2006 que el pago promedio mensual de remesas era de $300.00 al mes[30][31]. Lo que nos lleva sugerir de que en el caso de Ciudad Romero es un fenómeno inspirado en la memoria de solidaridad de Monseñor Oscar Arnulfo Romero y sus raíces salvadoreñas.

El fenómeno del migrante internacional requiere entender el contexto histórico, social, político y también el ecológico y ambiental. Hasta la década de 1980 en Panamá los que estudiaban colonizaciones previas a Coclesito y Ciudad Romero se limitaban en su mayoría a aquellas de carácter espontáneo y de la extensión ganadera a las selvas. Una colonización dirigida a Darién fue estudiada por la antropóloga Dra. Alaka Wali, quien fuera mi profesora de Antropología en la Universidad de Maryland en College Park. El libro de la doctora Alaka Wali versaba sobre la colonización del río Bayano con población Yugoslava y relocalización de población indígena y otras en Darién en su libro *Kilowatts and Crisis: Hydroelectric Power and Social Dislocation in*

---

[29] García, Xiomara C. de y Morena de Palacios. *Características de los Remitentes de Remesas Familiares desde Estados Unidos.* Departamento de Balanza de Pagos. Gerencia de Estudios y Estadísticas Económicas. Banco Central de la Reserva de El Salvador. PNUD, 2006. Pág. 2.

[30] García Xiomara C. de y Morena Palacios. *Características de los Remitentes de Remesas Familiares desde Estados Unidos.* Departamento de Balanza de Pagos. Gerencia de Estudios y Estadísticas Económicas. Banco Central de la Reserva de El Salvador. PNUD, 2006. Pág. 8.

[31] Wali, Alaka. *Kilowatts and Crisis: Hydroelectric Power and Social Dislocation in Eastern Panama.* Westview, 1989.

Eastern Panama[32]. Otra colonización semi dirigida, fue estudiada en Darién por la socióloga Marta Cecilia Sarmiento en el caso de los orígenes de la comunidad de Metetí.[33] La colonización yugoslava en Bayano incluida en la tesis doctoral de la antropóloga Doctora Alaka Wali fue, hasta terminada la represa de Bayano, la única colonización semi-dirigida en Panamá con extranjeros hasta que Ciudad Romero se desarrolló. La colonización Yugoslava del Bayano no era de carácter permanente. Sin embargo, afectó población nativa y colonizadora de otras regiones de Panamá. Alaka Wali hizo referencias a otros trabajos de colonización y a la política del Estado de la Conquista del Darién en sus escritos.[34] La colonización de Ciudad Romero fue la primera dirigida con refugiados salvadoreños con visos de permanencia, aunque ello siempre dependió de lo que decidieran y su estatus de repatriación voluntaria. Las políticas humanas hacia la población de la Costa Atlántica necesitan ser discutidas como política de Estado. Esperar que la colonización espontánea del Pacífico o proyectos multinacionales turísticos, mineros y de otra naturaleza alcance la Costa Atlántica, no justifica la desidia de gobiernos panameños hacia la población y los tipos de ayuda que las comunidades necesitan y necesitaron históricamente. Llamar a la política de *"Conquista del Atlántico"* un proyecto ecológico de ganadería extensiva, argumentando consecuencias ecológicas a la selva, como lo han hecho antropólogos y ambientalistas panameños, no ayuda mucho a mejorar la calidad de vida de la población en la frontera agrícola. Si no se comprende la complejidad de esa conquista es también tarea fundamental el respeto al carácter humano solidario y la ayuda que necesitaban salvadoreños y beleneños así como otros pobladores en el área que han sido abandonados históricamente por todos los gobiernos panameños. La población de Panamá, aunque más sensibilizada hoy a las luchas medioambientales que décadas atrás, no visita en su mayoría estas regiones ni tampoco tiene información de primera mano los componentes de lo sucedido en el Atlántico Centro Occidental Panameño. En términos generales, las personas no van de vacaciones a estas áreas y muchos de los recursos de ayuda a la población son dejados en manos de las mineras de Coclesito y des-responsabilizando al Estado. La escasez de apoyo a la comunidad como consecuencia del aislamiento y estrangulamiento económico del mercado hacia el Atlántico panameño en general obligó a los salvadoreños de este estudio a

---

[32] Sarmiento Chía, Marta Cecilia. *Metetí: Formación de una Comunidad de Colonos Campesinos en Darién.* Tesis. Universidad Santa María La Antigua, 1984.
[33] Wali, Alaka. *Kilowatts and Crisis: Hydroelectric Power and Social Dislocation in Eastern Panama.* Westview, 1989.

regresar a su país de origen. La invasión de los Estados Unidos a Panamá causó un trauma en la toda la comunidad. Salieron de El Salvador producto de la guerra civil y luego les toca presenciar una invasión a Panamá. La memoria histórica panameña empezaba a etiquetar como dictadura a aquellos que les brindaron refugio durante el período del General Torrijos quien los visitaba frecuentemente, negoció su estatus de refugiados y les salvó la vida. A los pobladores les preocupaba mucho esta visión política de un amigo. También les molestó la visión que se tuvo de la Guardia Nacional de Panamá durante esos tiempos post-invasión. Para ellos la Guardia Nacional les brindó mucho apoyo. La administración durante el periodo del General Noriega los visitó en solo una ocasión y no volvió a la comunidad ni ofreció apoyo suficiente en sus solicitudes de recursos.

El avión de PROESA, que proporcionaba ayuda a toda el área con vuelos varias veces por semana, fue destruido durante la invasión norteamericana en el fenecido aeropuerto Marcos A. Gelabert en lo que hoy es Punta Pacífica, en la ciudad de Panamá, en el pasado como parte del área de Paitilla.[35] La unidad del ejército de los Estados Unidos que participó en la invasión, debía prevenir que cualquier avión en este aeropuerto fuese usado como punto de salida del entonces fugitivo General Noriega. No hubo restitución económica a Panamá post invasión por los Estados Unidos. Una vez finalizada la acción militar, se procedió a investigar el financiamiento del proyecto Coclesito dado por el Gobierno, como producto de la apertura democrática de El Salvador para fechas simultáneas a la invasión norteamericana en Panamá. El grupo prefirió regresar a su país alentados por los esfuerzos de varias mesas de diálogo de países latinoamericanos y los esfuerzos de Paz en El Salvador. El grupo refugiado pasó meses negociando su repatriación en Ciudad de Panamá. Se instalaron en la escuela secundaria *Las Esclavas* (en ese entonces en el inicio de Vía Israel, Ciudad de Panamá), a donde se trasladaron caminando desde la Costa Abajo de Colón. Luego de negociada la repatriación con el ACNUR, se establecieron en el Bajo Lempa, (curso bajo del río Lempa[36]) en otra comunidad creada con el mismo nombre: Comunidad Ciudad Romero. El grupo repatriado dio fecha conmemorativa a Ciudad Romero en el Bajo Lempa, a la misma fecha de fundación que dieron en Panamá a su comunidad en las selvas de Donoso y

---

[35] " Aeropuerto Internacional Marcos A. Gelabert. Wikipedia. 14 de Noviembre 2014.
[36] Río Lempa." *Columbia Gazetteer of the World Online*. 2014. Columbia UP. 22 May. 2014.

también en honor al asesinato de su obispo Mártir Monseñor Oscar Arnulfo Romero, el 24 de marzo, día en que fue masacrado mientras oficiaba una misa católica en El Salvador.

La historia de estos salvadoreños que vivieron en Panamá de 1980 a 1991 es la que describiré en este libro con ayuda de mis entrevistados de Belén y Ciudad Romero, algunas cifras, relatos históricos y discusión sobre la política de *"Conquista del Atlántico",* mostrando la experiencia de una colonización con refugiados salvadoreños en el Panamá de los años 80 del siglo pasado

1. COLONIZACIONES EN PANAMÁ. COMENTARIOS SOBRE ESTUDIOS DE COLONIZACIÓN DE TIERRAS. NUEVAS FRONTERAS TROPICALES DE AMÉRICA LATINA Y PANAMÁ. LA COLONIZACIÓN CAMPESINA COMO UN FENÓMENO MIGRATORIO.

La palabra *'migración'* de acuerdo al *"Diccionario de Raza, Etnicidad y Cultura"* es derivada de la palabra latina *'migratio'* que significa moverse o vagar. [37]

"La migración en su significado más general es ordinariamente definida como el relativo movimiento permanente de personas sobre una distancia significativa." [38] de acuerdo a la *Enciclopedia Internacional de Ciencias Sociales.* Otra definición de migración de la *Enciclopedia de Geografía Humana* y que incluye sus causas económicas de manera general es que corresponde al *"movimiento de personas de un área geográfica a otra. La migración puede ser el resultado de diferentes causas. En algunos casos, oportunidad económica puede motivar a individuos a mudarse."* [39] En el caso de las personas del campo, la migración es una estrategia de adaptación para mejorar su nivel de vida y sus orígenes se deben a la inestabilidad de la fuerza de inserción laboral.

El origen de las colonizaciones está vinculado a los fenómenos migratorios. Es una actividad adaptativa que tiene que ver con las expectativas de la población para mejorar su nivel de vida y que tienen consecuencias geográficas.[40]

Otra definición de los fenómenos migratorios y sus causas, fue desarrollada por Paul Singer, con las siguientes características:

"Un proceso social que tiene causas económicas estructurales que hacen que un determinado grupo en movimiento, las causas son casi siempre de naturaleza económica, con la transferencia de las actividades en el espacio y que afectan a los grupos de la estructura social del lugar de origen específico diferente caminos".[41]

---

[37] Westin, Charles "Migration." *Dictionary of Race, Ethnicity & Culture*. London: Sage UK, 2003. Credo Reference. 30 May 2014.

[38] "Migration." *International Encyclopedia of the Social Sciences*. Ed. David L. Sills. Vol. 10. Macmillan, 1968. 286-300. *Gale Virtual Reference Library*.

[39] Stutz, Christa "Migration." *Encyclopedia of Human Geography*. Sage Publications, 2006. Credo Reference. 30 May 2014. (La traducción es mía).

[40] "Población, Desarrollo Rural y Migraciones Internas en Centroamérica." *Estudios Sociales Centroamericanos,* No. 13: San José, 1976, en Marta Cecilia Sarmiento. *Meteti: Formación de una Comunidad de Colonos Campesinos en el Darién.* Panamá: USMA, 1984. Pág. 40.

[41] Singer, Paul. "Migraciones Internas: Consideraciones Teóricas sobre su Estudio." *Migración Interna.* No. 62. Julio y agosto, 2003.

Los tipos de migración pueden ser clasificados de acuerdo a sus áreas de origen y recepción. En general, de acuerdo con las áreas, los migrantes se clasifican en dos tipos distintos: rural-urbanas y de una zona rural a otra zona rural. El caso de Ciudad Romero es el segundo tipo: desde las zonas rurales de La Unión, El Salvador a las junglas de Panamá en la Costa Caribe. Una característica particular es que esta migración no fue voluntaria. Fue producto de una migración político/ clandestina de refugiados a Honduras seguido por la solicitud de continuar con estatus de refugiados en Panamá.[42]

De acuerdo con nuestra definición, el tipo de migración rural a otras zonas rurales es provocada por la incapacidad de la sociedad para absorber la mano de obra que va aumentando debido a los problemas socioeconómicos relacionados con los sistemas agrícolas arrendatarios y las formas de explotación de los recursos naturales. Esto hace que el desplazamiento de la población rural a nuevas áreas tenga características diferentes. Este fenómeno es evidente si tenemos en cuenta que los migrantes en su objetivo de continuar ligados a su principal medio de producción, la tierra, optan por la migración a la periferia de la sociedad agraria, a menudo con menos ocupación y poca explotación, lo que les convierte en colonizadores de nuevas tierras.

En Panamá muchos científicos sociales y ambientalistas comenzaron a expresar su preocupación por la migración interna, en especial centrados en las colonizaciones desde la década de 1970 y especialmente en la década de 1980. Este fenómeno académico se desarrolla hasta el presente y su material es muy rico. La migración interna genera increíbles transformaciones socio-ecológicas. En los años ochenta se dieron varias publicaciones del tema de las colonizaciones y mucho más con la llamada *"Conquista del Atlántico"* y las diferentes políticas de Estado creadas para fomentar el crédito agropecuario y desarrollar la infraestructura social y económica de muchos pueblos de la selva panameña.

Según Alberto MacKay, colonización implica: *"la implantación de las personas, culturas e instituciones en los territorios vacíos o semi-poblada* ... [y también es] ... *un poderoso agente que transforma las estructuras geográficas".*[43] Los estudios panameños han hecho énfasis en la descripción de comunidades afectadas por procesos de industrialización, construcción de

---

[42] Abella, Manolo I. "Clandestine Migration." *Immigration and Asylum from 1900 to Present*. ABC-CLIO, 2005. Credo Reference. Page 31

[43] MacKay, Alberto. "Colonización de Tierras Nuevas en Panamá." Originalmente publicado en *Revista Panameña de Antropología* No. 1. diciembre 1975. Págs. 35-55. En, Heckadon-Moreno, Stanley y Alberto McKay. *Colonización y Destrucción de Bosques en Panamá.* Asociación Panameña de Antropología, 1984. Pág. 45.

carreteras, estrategias de desarrollo y adaptación al medio ambiente pero no han relacionado el rol dependiente de las teorías antropológicas, ambientales y su dependencia en el mito de la naturaleza intocada en Panamá y las consecuencias que para la población selvática tienen las políticas internacionales de ayuda, crédito y la política del Estado en materia de suplir a la población de modernos servicios sociales.

1.1 TIPOS DE COLONIZACIÓN EN FUNCIÓN DE SU PROMOCIÓN

Según el grado de promoción o de control, este tipo de migración se conoce como semi dirigida y dirigida o controlada. El primer caso corresponde a aquellos en los que la población tiene el libre albedrío para trasladarse y establecerse en nuevas tierras. Mientras tanto, el tipo de colonización semi-dirigida es el caso de los derivados de la atracción hacia nuevas áreas de campesinos como producto de la construcción de infraestructura u otros servicios. Un ejemplo es el caso de las empresas transnacionales, el Estado o los servicios logísticos como carreteras, o servicios sociales públicos tales como escuelas, clínicas de salud y el acceso a los créditos agrícolas.

En el caso de colonizaciones totalmente controladas, como este caso, el proceso es el control total debido a que el caso de un agente externo que define las condiciones de la migración. Sobre este tipo de colonización, Michael Nelson señaló que las colonizaciones con frecuencia tienen:

"Un alto control del gobierno sobre los colonizadores en asuntos tales como el tamaño y la ubicación de los productos, la agricultura, la venta de la tierra, tipo de cultivos, las prácticas administrativas, crédito disponible, elegibilidad, las organizaciones cooperativas y el tiempo que los colonos utilizan para actividades de la comunidad "[44]Debido a estos factores, las colonizaciones totalmente controladas tienen la característica que:

*"[*Se*] definen automáticamente según los términos de su extensión geográfica y la cuantía exacta de las inversiones privadas que prevén"*[45].

---

[44] Nelson Michael. *El Aprovechamiento de las Tierras Tropicales en América Latina.* Siglo XX, 1977. Pág. 92

[45] Nelson, Michael. *El Aprovechamiento de las Tierras Tropicales en América Latina.* Siglo XXI. México, 1977. Pág.92

Respecto al tema de donde se encuentran a las áreas donde las colonizaciones totalmente controladas, añade que éstas: *"sólo se producen en tierras vírgenes, es decir, aquellas tierras en una etapa pionera de desarrollo"*[46]

Nelson aclara que el concepto de fase pionera se refiere a las áreas que tienen las siguientes características:*"...[E]esencialmente economías de subsistencia... en las que no hay mercado de trabajo y tienen un elevado nivel de desempleo. No existe la urbanización ni servicios de utilidad pública o de otra índole... se caracterizan por la colonización reciente y constante, pocas las pocas tierras taladas, la vivienda, la infraestructura y el acceso deficiente y por la colonización inestable, por la falta de mecanismos para otorgar títulos de dominio, por la baja capitalización en la agricultura, la escasa organización tanto de los colonos como de la política hacia ellos"*[47]
Con frecuencia, estos tipos de colonizaciones tienen otras características de la población en relación al medio ambiente una constante como lo es el *" [C]conocimiento insuficiente por parte de los colonos sobre la capacidad del suelo, el clima, los cultivos o prácticas administrativas"*[48] Es ahí que el rol de una agencia colonizadora puede intervenir para propiciar condiciones óptimas de aquella empresa. Ese fue el rol de PROESA, ACNUR y los pobladores vecinos. La definición de Michael Nelson no posee características suficientes que establezcan desde el punto de vista social cómo una colonización dirigida se desarrolla socialmente y cómo se controlan los aspectos espontáneos, dirigidos o semi-dirigidos de las colonizaciones. Sus análisis se concentran principalmente en aspectos económicos y ecológicos de colonizaciones en América Latina desde el punto de vista del aprovechamiento económico.

1.2 ALGUNAS TESIS QUE FAVORECEN Y NO FAVORECEN LAS COLONIZACIONES DE CAMPESINOS EN LOS BOSQUES TROPICALES

Debido a la tendencia histórica de la ocupación de América Latina, a partir de la colonización europea en el siglo XVI, la mayoría de las ocupaciones de baja densidad son las de los bosques tropicales. Este es un aspecto importante para considerar en la colonización de nuevas tierras en Panamá y América Central. Debido al hecho de que las zonas de origen de los migrantes son diferentes en la vida social, económica y ecológicamente diferentes a los ámbitos de la migración de los campesinos ha habido problemas de naturaleza diferente a los ámbitos de la inmigración y de la población que reside en ellas. Estas diferencias provocaron un debate en

---

[46] Nelson, Michael. *El Aprovechamiento de las Tierras Tropicales en América Latina.* Siglo XXI, 1977. Pág. 92.
[47] Nelson, Michael. *El Aprovechamiento de las Tierras Tropicales en América Latina.* Siglo XXI, 1977. Pág. 91
[48] Nelson, Michael. *El Aprovechamiento de las Tierras Tropicales en América Latina.* Siglo XXI, 1977. Pág. 91

Panamá sobre la promoción de la colonización de nuevas tierras. Algunas de estas posiciones tienen base en las teorías de desarrollo económico y ambientalistas desde el punto de vista de conservación ambiental que en nuestra opinión son valiosas e interesantes para acercarse a la historia de una colonización controlada como este libro. En el estudio de Michael Nelson a partir de 1969, es un análisis de veinticuatro proyectos de colonización y nueve estaban a punto bosque tropical en América Latina y recopila la mayor parte de los supuestos de este fenómeno en América Latina con componentes económicos, técnicos y sociales de la colonización de la región.[49]

A.C.S. Wright y J. Benema en 1965 señalaron algunos aspectos negativos acerca de estas migraciones. Entre ellos:

"Que no es casual que la mayoría de la tierra aún no explotada de América Latina se encuentra en los trópicos húmedos, ya que aquí se encuentran los suelos en que el desconocimiento de la naturaleza dinámica del sistema de suelos origina un rápido desastre. Toda la historia de la penetración de estas regiones por el hombre está sembrada de grandes esperanzas seguidas de fracasos...[pues]... *son pocos los ejemplos de industrias agrícolas prósperas, eficientes y permanentes establecidas en los trópicos húmedos...* [debido a que]... *La mayoría de ellas se ocupa de cultivos escogidos en suelos especialmente aptos...* [Para otras zonas]. [Y]... *lamentablemente, la mayoría de los agricultores de los trópicos húmedos no poseen una situación financiera que les permita esperar el lapso de cinco a diez años necesario para obtener... algún rendimiento agrícola significativo... con cultivos adecuados en su producción a medio plazo"*[50]

La mayoría de las tesis que han desestimado la colonización hacia áreas poco pobladas y en especial de bosques tropicales y que han intentado demostrar que ello es una empresa difícil, lo han hecho sustentándose en diversas razones de tipo natural, social y económico entre las que encontramos las sustentadas en varias disciplinas que van desde las que consideran a estas zonas como medios hostiles a la ocupación humana comparativamente a otras de clima más benigno y cuya explotación no agotada de recursos, no justifica la gran empresa de ocupar zonas más insalubres, para actividades productivas. Hay también aquellas que utilizan argumentos socioeconómicos tales como que la condición de aislamiento de las colonizaciones en etapas

---

[49] Nelson, Michael. *El Aprovechamiento de las Tierras Tropicales en América Latina.* Siglo XXI, 1977.
[50] Wright, A.C.S.and J. Benema. "The Soil Resources of Latin America. FAO-UNESCO Project." *World Map of the World.* No. 18. FAO, 1965. Págs. 113-115. En Nelson Michael. *El Aprovechamiento de las Tierras Tropicales en América Latina.* Siglo XXI, 1977. Pág.55.

iniciales lleva consigo elevados costos regionales a las mercancías necesarias en los frentes de colonización y de los productos de éstas hacia los mercados, lo que hace difícil llevar a la población relativamente aislada más allá de la economía de subsistencia. Recordando que este concepto no sólo encierra el fenómeno de producir lo necesario para subsistir por limitantes en la fase de producción por escasez de tierras, fuerza de trabajo y tecnología, sino también el verse obligado a producir de acuerdo a limitantes de comercialización, acceso a capitales, manejo administrativo. Puede existir incluso producción excedente sin que ésta tenga posibilidades de transformarse en mercancía. Si una colonización dirigida se realiza en zonas muy alejadas, la relación entre beneficios e inversión tiende a ser demasiado alta no solo por la falta de inversión anterior y la escasez de infraestructura y servicios, sino también por las dificultades del paisaje natural como grandes áreas de selvas tupidas, pantanos, alta pluviosidad, etc. Se suma el hecho de que existe un desconocimiento generalizado de este medio en América Latina, producto de la escasa información científica sistematizada que se posee sobre bosques tropicales productivos, al haberse concentrado la mayor parte de los estudios y esfuerzos en el área de sabana y de clima más seco en el continente. Esto resta experiencia y da poca certeza en el control de muchos factores naturales típicos de los bosques tropicales como algunas enfermedades que afectan a la población, a muchos cultivos y animales.

Se agrega como factor adicional a las citadas el hecho de que, a nivel cultural y de uso de tecnología, las experiencias de colonización por lo menos de tipo semi dirigido y las llamadas espontáneas en América Latina han indicado que hay que generar una eficaz transferencia tecnológica hacia el campesino, que permita el uso racional de los recursos y que se traduzcan en el mejoramiento de sus condiciones de vida al permanecer en los asentamientos nuevos de forma tal que no se den situaciones que los impulsen a migrar nuevamente.

La falta de recursos financieros en América Latina hace difícil obtener fondos para los estudios de factibilidad, inventarios y proyectos de desarrollo y quienes están en posición de tomar decisiones a veces carecen de la visión para dirigir la ayuda a las regiones selváticas en lugar de otorgarla a proyectos más globales en áreas urbanas. La falta de capacidades de la burocracia para una planificación óptima y la administración es un problema que en las regiones del trópico húmedo requeriría un esfuerzo concertado de los gobiernos, la empresa privada y las organizaciones internacionales de desarrollo para que los proyectos sean exitosos.

Las visiones favorables a la utilización de las regiones tropicales húmedas del continente y que están a favor de las acciones que podrían ejecutarse con colonizadores han vinculado la cuestión con las teorías políticas y económicas que los gobiernos han promovido en Panamá, en las décadas de los años 1970 y 1980. Señalan que los fenómenos de colonización se ven reforzadas por las teorías sociales vinculadas a la industrialización inducida por los gobiernos y por la creación de centros socioeconómicos en el campo. Se reforzó la tesis de la colonización y su desarrollo con algunos supuestos:

En el ámbito económico:

- Habría una relación positiva entre el capital y el bajo producto debido a los recursos naturales que están intactos.
- Una zona rural con una menor inversión de capital en comparación con el mismo ofrecimiento que el empleo en las zonas urbanas.
- Podría ser posible generar capital en el campo de trabajo con los recursos naturales que deben ser invertidos en la creación de industrias sustitutivas, la reducción de la dependencia internacional de los países de América Latina.

Es importante destacar que estas tesis de desarrollo tenían como componente principal la necesidad de promover o crear centros de desarrollo industrial que también fueron llamados polos de desarrollo[51]. Estos centros en el ámbito social serían capaces de satisfacer las demandas cada vez mayores de la población en los asuntos sociales, como la vivienda y la infraestructura productiva. El resultado de estas prácticas sería el aumento de la producción de capital en estas áreas debido al desarrollo industrial generado. Consideraban estas propuestas desarrollistas que luego de cumplirse con el conjunto de las recomendaciones de esta nueva estrategia hacia el desarrollo del campo, se produciría el cese de las migraciones masivas hacia los centros urbanos más importantes. [52] Añadido a este proceso de desarrollo económico, se suponía posible dar continuidad a otros sectores sociales, ya que se supone que:

"El capital, mano de obra y los empresarios espontáneamente seguirían los nuevos sistemas de carreteras en busca de nuevas oportunidades económicas para explotar"[53] Ejemplificando y

---

[51] En lugar del concepto de *'polos de desarrollo'*, en algunas ocasiones ha sido debatido también por su carácter desarrollista. Mientras que el concepto más adecuado a utilizar sería *'centros socioeconómicos de desarrollo'* por su carácter social inclusivo.

[52] Prebish, Raúl. "El Desarrollo Económico de América Latina y Algunos de sus Principales Problemas." En *CEPAL Política Económica para América Latina.* Vol. 7. Núm. 1. Febrero, 1961. Págs. 1-24.

[53] Nelson, Michael. *El Aprovechamiento de las Tierras Tropicales en América Latina.* Siglo XXI, 1977. Pág. 56.

justificando tal fenómeno de la capitalización creciente de los frentes de colonización al que: *"Los pioneros, ya sea en forma individual o colectiva hubiesen aplicado el método ensayo y error rigiéndose por el conocimiento práctico acumulado y hubiesen corrido con los costos y los riesgos del descubrimiento y la habilitación. Porque a pesar de que algunos de ellos fracasarían, el resultado neto sería el desenvolvimiento de un sistema de explotación rentable adaptado al potencial de recursos. En el caso de que el Estado debiera poner en marcha un sistema de colonización dirigida, su intervención obviaría los estrangulamientos sufridos hasta ahora por dichos proyectos. Y si bien es cierto que puede haber destrucción de bosques y resultar dañado el medio, la elevada tasa de descuento que se aplica al postergar el consumo actual dejaría sin valor las objeciones conservacionistas.* [54]Además de que también y con sumo optimismo dichas teorías desarrollistas consideraban que: *En un futuro cercano, la administración pública y la estructura institucional permitirían la regulación de los métodos de aprovechamiento de tierras de modo que garanticen una distribución equitativa del ingreso y un uso racional de los recursos naturales."*[55] Ante lo que como medida de previsión y planificación los países del continente y en especial el Estado deberían entre otras políticas: *"[I]incrementar enormemente la mano de obra técnica y el capital destinado a la investigación científica y a los ensayos en terreno, pues con las bases para alcanzar la eficiencia en la silvicultura, agricultura y en las industrias elaboradas... la tecnología de los productos de consumo interno se conoce en menor grado y poco se sabe de la relacionada con lo que se estima como una amplia gama potencial de productos agrícolas, forestales, pesqueros y de la fauna".*[56]

Por otra parte y ante la situación desventajosa que significaba entonces en la década de 1960 cuando estuvieron en boga las tesis desarrollistas y aún hasta la actualidad, la condición de subdesarrollo de los países en posesión de recursos de áreas nuevas sin explotar y por conocer, a nivel técnico científico habría que :*"Hacer mucho... en el campo de la selección y reproducción de plantas y animales autóctonos...idear innovaciones "vendibles", es decir, en donde la relación entre mejora de ingresos prevista y las posibles pérdidas causadas por su adopción sea lo bastante elevada como para que el agricultor las acepte a un costo que esté dentro de sus posibilidades financieras. Haciéndole desviar su atención puesta en los mercados de exportaciones tropicales*

---

[54] Nelson Michael. *El Aprovechamiento de las Tierras Tropicales en América Latina.* Siglo XXI, 1977. Pág. 56.
[55] Nelson, Michael. *El Aprovechamiento de las Tierras Tropicales en América Latina.* Siglo XXI 1977. Pág. 57
[56] Nelson, Michael. *El Aprovechamiento de las Tierras Tropicales en América Latina.* Siglo XXI, 1977. Pág. 58

tradicionales de gran volumen hacia las múltiples posibilidades que ofrecen los artículos de precio elevado y volumen reducido, tales como chicle, ... naranjilla, palmito, paltas, especies, cítricos elaborados... siendo necesaria además la investigación para mejorar los productos, la administración, como la promoción de mercados de exportación de una gran variedad de frutas, alimentos, fibras y aceites tropicales"[57]

Por el carácter nuevo de las zonas poco pobladas y poco explotadas habría que tener presente la existencia y las ventajas de descubrir y explotar a más largo plazo recursos de estas zonas que se verían facilitados en su atracción al considerar que: *"[E]l aprovechamiento de los trópicos húmedos debería ser concentrado y estar relacionado con la explotación de minerales, la construcción de grandes carreteras y el establecimiento de un complejo integrado por industrias elaboradas forestales y agrícolas ... el establecimiento de industriales elaboradas introducen capital, crean un alto nivel tecnológico y un foco de motivación y organización... suministrando una fuente de capital de explotación y de servicios de divulgación para los pequeños productores. ...[L]a concentración del aprovechamiento crearía muchas más oportunidades de empleo y una densidad demográfica relativamente elevada, con una administración simplificada, menores inversiones en infraestructura por habitante o por unidad de producción, y daría una mayor probabilidad de lograr la especialización del trabajo y un proceso dinámico de crecimiento económico."*[58]

1.3 GLOBALIZACIÓN: FIN DE LA PLANIFICACIÓN

El crecimiento económico es uno de los fines centrales para lograr la salida a la condición de subdesarrollo de América Latina. Es importante aclarar que, a pesar del conjunto de recomendaciones de esta estrategia desarrollista, no se señalaron algunos elementos claves como quiénes asegurarían que el proceso se diese. Y en todo caso, cumplidas las recomendaciones, si éste al contribuir a limitar la brecha entre países desarrollados y subdesarrollados, se traduciría en la creación de formas de participación efectivas de los campesinos beneficiarios y, por tanto, en mayores niveles de justicia social tanto para estos colonos nuevos como para los pocos pobladores locales originarios de estas regiones.

---

[57] Nelson, Michael. *El Aprovechamiento de las Tierras Tropicales en América Latina.* Siglo XXI, 1977. Pág. 58.
[58] Nelson, Michael. *El Aprovechamiento de las Tierras Tropicales en América Latina.* Siglo XXI, 1977. Pag. 59.

Irónicamente, producto de la globalización de finales de la década de 1980 y principios de 1990, hubo una tendencia a la no planificación de los Estados debido a que las agencias financieras internacionales estaban dictando políticas económicas de privatización de la tierra en toda la región. Se destaca entonces el rol de Panamá en el mercado internacional. Este fracaso del desarrollismo como corriente agudizó el impacto ambiental de manera global. Las intervenciones de Estado con políticas especiales de protección de las fronteras agrícolas latinoamericanas decrecieron, dejándola a merced de compañías transnacionales privadas que se presentan en apariencia con una filosofía armónica ambientalista en sus planes privados de explotación. Sin embargo, una cosa es el discurso y otra es la práctica. No solo los campesinos del Atlántico no poseían los recursos suficientes para enfrentar los retos del aislamiento y estrangulamiento de los mercados extra regionales, sino que también la agencia promotora empezó a perder recursos. Los campesinos de la región se han visto enfrentados en una lucha ambientalista. Producto de derrames de tinas mineras, se han visto afectados por la apropiación de tierras comunales en Coclesito y a Ciudad Romero se lo tragó la selva. El Estado Panameño, en una era de post invasión de los Estados Unidos a Panamá, no aprovechó la infraestructura y recursos dejados por el proyecto. Había un vacío político generado por la desaparición de una política estatal de protección y desarrollo de la costa de Panamá. Se suma a ello la disminución del rol de PROESA y su subsecuente desaparición. Se concedió posteriormente la inclusión de parte del Atlántico Central a la tutela de la Autoridad de Canal de Panamá como parte de la afectación a su cuenca. Ojalá los técnicos, científicos sociales y políticos comprendan más allá del romanticismo del mito de la naturaleza intocada que las fronteras agrícolas tropicales están ya pobladas, y que los bosques están desapareciendo a ritmo vertiginoso sin que los científicos sociales comprendan su complejidad en el desarrollo latinoamericano que expulsa aún más población de la que puede sostener. Todavía hace falta mucha formación al técnico agrícola, a los científicos sociales panameños y al Estado en materia de planificación y evaluación para comprender la complejidad de los bosques tropicales, su historia, su gente, su potencial ambiental, productivo y futuro.

1.4 EL ESTUDIO DE LOS PROCESOS DE COLONIZACIÓN EN PANAMÁ

La colonización en Panamá es un tipo de migración. En el caso de los salvadoreños fue migración rural-rural, pero que se dio en etapas. La migración del grupo de Ciudad Romero empieza como una migración clandestina a La Estancia, Honduras seguida de una colonización en el Atlántico, luego de un periodo de emergencia en Fuerte Cimarrón, seguida de repatriación al desarrollar una nueva colonización en el Bajo Lempa. Luego de regresar ahí, porciones de los salvadoreños migran también a otros confines del mundo. Esta sección es acerca de este fenómeno de manera más general en Panamá. Para aquellos no familiarizados con el concepto geográfico de colonización, ésta *"[D]ebe distinguirse de migración y de imperialismo. Migración implica un movimiento de un largo número de personas sobre tierra o agua, frecuentemente por los mismos motivos de colonización, para encontrar mejor tierra en otro lugar o escapar malas condiciones de aéreas de origen. Sin embargo, no contempla el deliberado movimiento de un asentamiento a otro nuevo asentamiento, o el mantenimiento de vínculos entre el nuevo asentamiento y el viejo. Colonización, por otro lado, implica la existencia de una comunidad establecida en que la gente de manera deliberada se va o son mandados a establecer un nuevo asentamiento en otro territorio. Ese nuevo asentamiento, al menos al principio, preserva las tradiciones y cultura de la comunidad de donde se originó y permanece distinta de la comunidad local que habita en el territorio donde el asentamiento se planta. Y también usualmente mantiene vínculos de comercio y administrativos con la comunidad madre.*[59]

En Panamá se han realizado diversos estudios sobre la colonización de bosques tropicales, sobre todo desde la década de 1970 y de los 1980. Estos estudios se han relacionado con los estudios ecológicos y sociales principalmente debido al hecho de que, en Panamá, así como en otros países de América Latina, las tierras que reciben a los colonizadores son los trópicos húmedos. Estas nuevas tierras correspondían a zonas de baja densidad de población y en su mayoría habitada por indígenas, y los colonos con su migración transforman las estructuras económicas y ecológicas modificando sustancialmente el entorno natural.

Es un hecho que en Panamá los procesos de colonización de nuevas tierras han aumentado desde la década de 1950 y su tendencia desde la década de 1980 era aumentar aún más hasta el punto de que Alberto MacKay a mediados de 1970, preveía que alrededor del 60% de las nuevas tierras en Panamá estaban experimentando colonización.[60]

Entre los principales estudios sociales sobre colonizadores nuevas tierras en Panamá están los del antropólogo y sociólogo Dr. Stanley Heckadon-Moreno. Él consideró en 1985 el origen y destino de los colonizadores del campo, llamados *'interioranos'* que vienen a partir de:

---

[59] "Colonization." *Chambers Dictionary of World History*. London: Chambers Harrap, 2005. Credo Reference. 31 May 2014.
[60] MacKay, Alberto. Colonización de Tierras Nuevas en Panamá. Panamá: Asociación Panameña de Antropología, 1982. Pág. 45

"Las provincias densamente pobladas del lado Oeste del Pacífico: Chiriquí, Veraguas, Herrera, Los Santos y Coclé. Desde la década de 1940 miles de familias migran a los frentes de colonización del Caribe (provincias de Bocas del Toro, Colón y la zona norte de la provincia de Veraguas), la cuenca del Canal y la región Oriental (Chimán y distritos Chepo) y para la provincia de Darién. [61]

En 1981 Heckadon-Moreno señaló como las principales causas de migración de los interioranos a frentes de colonización, algunos elementos históricos vinculados al tipo de desarrollo capitalista en el agro panameño. "*[L]a eliminación del sistema de tierras comunales al expropiarlas el gobierno de la nueva República y luego facilitar su venta a particulares y compañías. Tanto nacionales como extranjeras... que... suscitaron los notorios "encerramientos" que dejaron sin tierra a muchos campesinos sobre todo en las áreas más densamente pobladas de la provincia de Los Santos."*

"La rápida expansión de la demanda interna de la carne de ganado vacuno que cambiaría la naturaleza de la industria de una actividad primitiva a una más tecnificada y orientada hacia la comercialización. Cesó el libre pastoreo y comenzó a generalizarse el sistema de potreros de pastos artificiales cercados con alambre de púas. La introducción de pastos como la faragua permitieron a la ganadería salirse de su hábitat tradicional, las sabanas más secas y penetrar a otras regiones" [62]

"El ganado criollo fue reemplazado poco a poco por nuevas variedades genéticas como el cebú. Paulatinamente se propago el uso de vacunas y otras técnicas que, en pocas décadas en Los Santos, como en todo Panamá, ocurrió una vertiginosa expansión en el número de reses..."[63]

---

[61] Heckadon-Moreno-Moreno, Stanley. "La Ganadería Extensiva y la Deforestación: Los Costos de una Alternativa de Desarrollo." En Heckadon-Moreno-Moreno, Stanley y Jaime Espinosa González. *Agonía de la Naturaleza.* Instituto de Investigación Agropecuaria de Panamá y Smithsonian Tropical Research Institute, 1985. Págs. 45-46.

[62] Heckadon-Moreno-Moreno, Stanley. "La Ganadería Extensiva y la Deforestación: Los Costos de una Alternativa de Desarrollo." *Agonía de la Naturaleza.* Stanley Heckadon-Moreno- Moreno y Jaime Espinosa González. Instituto de Investigación Agropecuaria de Panamá y Smithsonian Tropical Research Institute, 1985. Págs. 45-46.

[63] Heckadon-Moreno-Moreno, Stanley. "La Ganadería Extensiva y la Deforestación: Los Costos de una Alternativa de Desarrollo." *Agonía de la Naturaleza.* Panamá, 1985. Stanley Heckadon-Moreno-Moreno y Jaime Espinosa González. Instituto de Investigación Agropecuaria de Panamá y Smithsonian Tropical Research Institute, 1985. Págs. 45-46.

"Un tercer factor de cambio fue la desintegración de muchas de las industrias caseras entre ellas la caña. En Los Santos los alambiques desaparecieron con el surgimiento de las modernas destilerías que monopolizaron la destilación de licores".[64]

"Por último, tenemos a uno de los más importantes de los factores de cambio: la penetración de las instituciones nacionales al agro las cuales afectarían todas las facetas de la vida campesina. La construcción de caminos y carreteras comenzó a fracturar el aislamiento geográfico de muchas regiones. Se estableció por primera vez el sistema educativo nacional y la escuela se convirtió en uno de los principales focos de modernización de las actitudes de la población rural". "Con el rápido decaimiento de la mortalidad se suscitó una fenomenal explosión demográfica"[65]

Los estudios realizados en Panamá sobre las migraciones de tipo rural-rural y en especial sobre la colonización de tierras nuevas.

---

[64] Heckadon-Moreno-Moreno, Stanley. "La Ganadería Extensiva y la Deforestación: Los Costos de una Alternativa de Desarrollo." *Agonía de la Naturaleza.* Stanley Heckadon-Moreno-Moreno y Jaime Espinosa González. Panamá: Instituto de Investigación Agropecuaria de Panamá y Smithsonian Tropical Research Institute, 1985. Págs. 45-46.

[65] Heckadon-Moreno-Moreno, Stanley. "Colonización Campesina de los Bosques Tropicales en Panamá." Publicado originalmente en *Estudios Rurales Latinoamericanos.* Vol. 4. No. 3, Págs. 287-306. 1981. Rpt. En Heckadon-Moreno, Stanley y Alberto McKay. *Colonización y destrucción de bosques en Panamá.* Panamá: Asociación Panameña de Antropología, 1984. Pág. 17.

MAPA NO. 4 ZONAS DE EXPULSIÓN Y RECEPCIÓN DE LOS COLONOS EN PANAMÁ, 1986 [66]

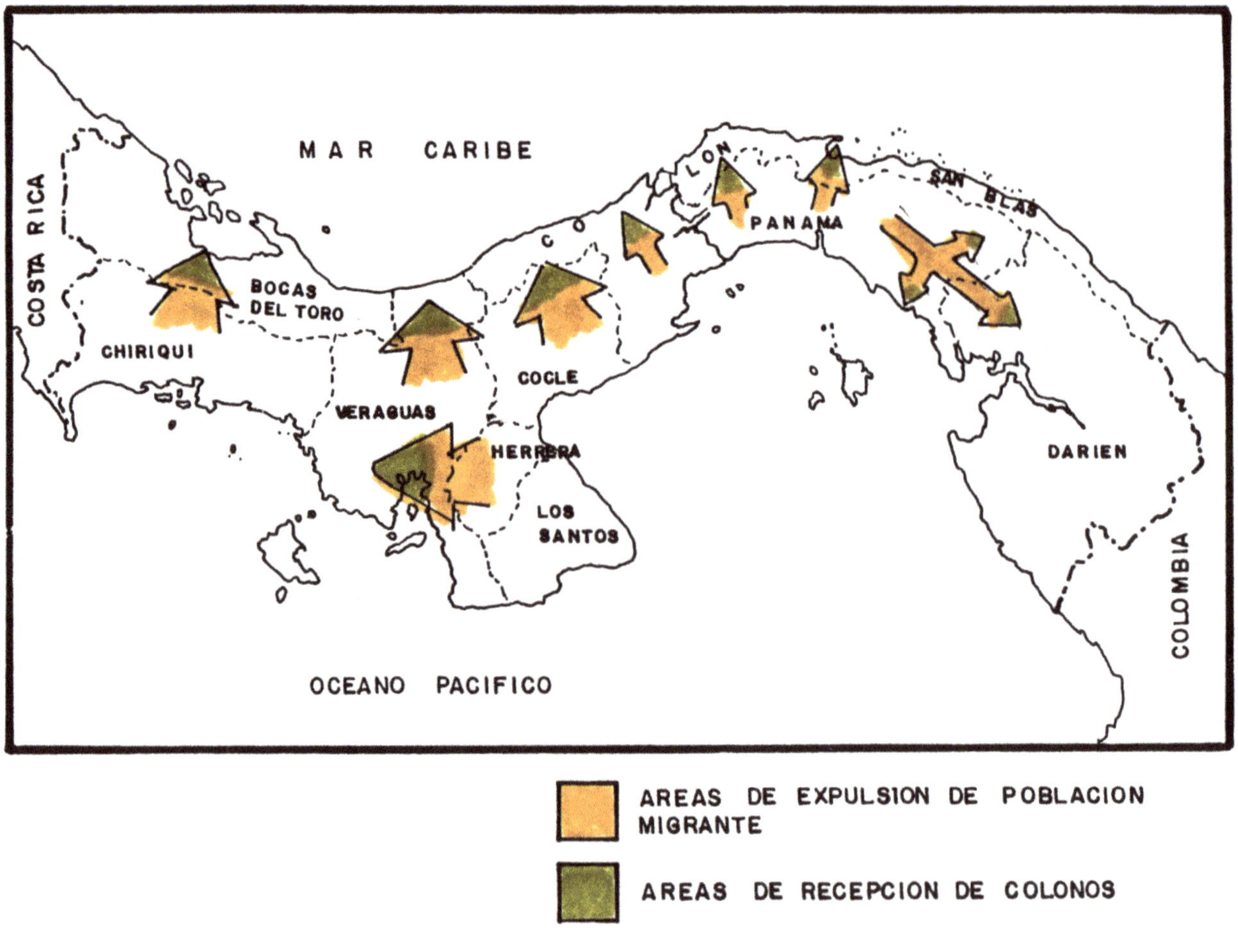

Los estudios realizados en Panamá sobre las migraciones de tipo rural-rural y, en especial sobre la colonización de tierras nuevas por campesinos, señalan los principales factores de atracción hacia determinadas áreas del país. Por un lado, la existencia de tierras libres o nacionales, como también a la promoción de su ocupación mediante estrategias de colonización. Este último es un elemento muy importante que ha provocado un incremento de la colonización de tierras nuevas en dos regiones de recepción de colonos en el país: el Oriente del Istmo (provincia del Darién) y en toda la vertiente Atlántica de Panamá. [Ver, Mapa No. 4]. Dichos estudios de la colonización de tierras nuevas en Panamá, recientemente han señalado respecto a la promoción de dichos procesos migratorios la existencia de dos grandes estrategias de desarrollo promovidas por

---

[66] Dixon Silvera, Marisín Isabel. "Una Experiencia de Colonización Dirigida: El Caso de Ciudad Romero." Universidad Santa María La Antigua. Tesis de Licenciatura en Sociología, 1986. Pág. 22.

el Estado como promotoras de la migración de campesinos interioranos en función de la incorporación de la selva a la producción agropecuaria nacional mediante procesos *'espontáneos'* y semi dirigidos a los que identifican como la llamada *"Conquista del Atlántico"* y la Conquista de Darién. [67]

En el caso de Darién, Provincia con una superficie de 16.803 km2, es la región con la menor densidad de población. El elemento principal de la estrategia de colonización o conquista del Darién es la construcción de la carretera Panamericana con dirección a Colombia en la década de 1980. Se destaca la publicación de la socióloga Marta Cecilia Sarmiento: *"Se convirtió en un factor de gran atracción que impulsaron la movilización de población de otros puntos del país-quiénes llegan a la región después de los primeros chiricanos..." "las zonas aledañas a este tramo de la carretera hasta hace algún tiempo, eran selvas tropicales donde habitaban los núcleos organizados y siempre migrantes, los indígenas Emberá a la orilla de los ríos; actualmente se encuentran pobladas de colonos provenientes del oeste del país"*[68]

Sobre la ubicación de los colonos, el mismo estudio de Sarmiento se hace referencia a un estudio de Alejandro Hernández [69]en 1970, que señalaba que éstos se encuentran ubicados en los Distritos de Chepigana y Pinogana: *"Conformando comunidades bajo el nombre de Bajo Iglesias, Bijagual, Puerto Quimba, Metetí, el Balsal y Yaviza... -y cada vez se adentran más en la selva o monte como lo llaman ellos mismos"*[70]

En el caso de la colonización de las tierras del Caribe de Panamá, los estudios de los ecologistas y científicos sociales vinculan el tema de la migración a la construcción de caminos y carreteras de la costa del Pacífico hacia el lado del Caribe. Entre esas construcciones viales que podemos destacar: La carretera Panamericana a mediados del siglo X; La autopista Panamá-Colón construida durante la Segunda Guerra Mundial; el camino costero de la ciudad de Colón al Caribe Occidental Norte; la carretera de la ciudad de Colón, en el distrito de Chagres construida por el

---

[67] Heckadon-Moreno-Moreno, Stanley. "La Ganadería Extensiva y la Deforestación: Los Costos de una Alternativa de Desarrollo." Heckadon-Moreno-Moreno, Stanley and Espinosa-González, Jaime, *Agonía de la Naturaleza Ensayos sobre el Costo Ambiental del Desarrollo Panameño.* Panamá: Instituto de Investigación Agropecuaria de Panamá and Smithsonian Tropical Research Institute, pp. 45-62. Pág. 45

[68] Sarmiento, Marta Cecilia. "Metetí: Formación de una Comunidad de Colonos Campesinos en Darién" Tesis de Licenciatura. Universidad Santa María La Antigua, 1984. Pág. 6.

[69] Sarmiento, Marta Cecilia. "Metetí: Formación de una Comunidad de Colonos Campesinos en Darién." Tesis de Licenciatura. Panamá: Universidad Santa María La Antigua, 1984. Pág. 6

[70] Sarmiento, Marta Cecilia. "Metetí: Formación de una Comunidad de Colonos Campesinos en Darién." Tesis de Licenciatura. Panamá: Universidad Santa María La Antigua, 1984. Pág. 6

ejército de los Estados Unidos durante la Segunda Guerra Mundial; los caminos de Capira y La Chorrera en el Lago Gatún; la mejora de las carreteras a Portobelo y Nombre de Dios que facilitó la penetración de los interiorano[71]. Los antropólogos Heckadon-Moreno y Luz Graciela Joly también agregaron otro componente que afecta la migración a la costa del Caribe en la década de 1980: el servicio o crédito para la cría de ganado, especialmente por el Banco Mundial a través del Banco de Desarrollo Agropecuario de Panamá a los campesinos en Panamá. Los antropólogos señalar en sus escritos que hay una promoción para el área del Caribe y también a Darién de desarrollo de ganadería bovina que está dañando la selva tropical, en algunas teorías de desarrollo promovidos por el Estado y los colonizadores interioranos, que ven en la selva como un símbolo de atraso[72]. Respecto a la migración de los interioranos a la Costa Abajo de Colón, la antropóloga Joly señalaba en 1981 que: *"Otro tipo de contrato que se hace en La Chorrera es adquirir un pequeño préstamo ganadero (US $5,000.00- US$10,000.00) con el Banco de Desarrollo Agropecuario, un subsidiario del Banco Interamericano de Desarrollo. Una vez que se ha ganado acceso al Atlántico, el préstamo se transfiere a la sucursal del Banco de Colón, ya que uno de los programas promovidos por el Ministerio de Planificación y Política Económica es la de ganadería bovina en el Distrito de Chagres (Dirección de Planificación y Coordinación Regional 1979). Para los emigrantes que se han convertido en grandes ganaderos, hay mayores créditos disponibles en el Banco Mundial para el desarrollo de la ganadería en el Distrito de Chagres de la Provincia de Colón."*[73]

Los resultados y consecuencias de las experiencias de colonización de tierras nuevas en Panamá han sido producto de algunos de esos mismos estudios mencionados y cuya orientación ha sido de tipo ecológico y social precisamente porque uno de los problemas centrales en Panamá es la inestabilidad y fracaso de las colonizaciones espontáneas o semi-dirigidas, al no resolver en las áreas nuevas las necesidades de los migrantes debido, en apariencia, a un problema de carácter cultural de no adaptación de actividades y tecnología apropiada en los frentes de colonización.

---

[71] Joly, Luz Graciela. "One is None; Two are One: Development from Above and Below in North Central Panamá" Thesis. University of Florida, 1981. Págs. 72-74

[72] Heckadon-Moreno, Stanley. *"La Ganadería Extensiva y la Deforestación: Los Costos de una Alternativa de Desarrollo."* pp.45-62. En Stanley Heckadon-Moreno- Moreno y Jaime Espinosa-González. *Agonía de la Naturaleza Ensayos sobre el Costo Ambiental del Desarrollo Panameño.* Panamá: Instituto de Investigación Agropecuaria de Panamá and Smithsonian Tropical Research Institute, 1985. Pág. 45

[73] Joly, Luz Graciela. "La Migración de los Interioranos a la Costa Abajo." Pág. 74. En Stanley Heckadon-Moreno-Moreno y Alberto McKay. *Colonización y Destrucción de Bosques en Panamá.* Asociación Panameña de Antropología, 1982.

Evidenciando un accionar no racional del ser humano con su medio ambiente: por un lado, los campesinos colonos y por el otro lado los que promueven las colonizaciones: el Estado y las fuentes financieras de crédito nacionales e internacionales.

1.5 ALGUNAS CONSECUENCIAS DE LOS PROCESOS DE COLONIZACIÓN EN PANAMÁ

Tal como lo señaláramos anteriormente, las experiencias de colonización significativas las realiza el campesino de las provincias centrales y sur oriente del país al cual se le llama comúnmente interiorano. Pero el expansionismo de carreteras contribuye a la colonización que, como se aprecia, se muda a regiones periféricas no integradas previamente al mercado en todo el territorio, no solamente con el componente santeño, también están más recientemente el componente de especulación de tierras nuevas por sectores económicos pudientes capitalinos y foráneos, por el potencial de recursos minerales, recursos de explotación boscosa y otros incluyendo el componente turístico nacional y extranjero. Hasta décadas recientes el capital transnacional turístico y minero no tenía interés en la región Centro Occidental del Atlántico, sino hasta después del desmantelamiento de la llamada *"Conquista del Atlántico"* y PROESA. Se destacó en los estudios de Heckadon a la población de la Península de Azuero, quienes basan sus actividades productivas en cosechas estacionales mediante la práctica de la agricultura de roza (o itinerante) seguida de la ganadería y que al migrar a regiones poco ocupadas y de características sociales, económicas y ecológicas distintas continúa aplicando el mismo sistema de explotación de la tierra lo que hace desaparecer la selva y la convierte en potreros para ganado vacuno con gran impacto ambiental al transformar el medio ambiente de tierras tropicales forzando alternativas productivas inadecuadas al medio ecológico, en este caso el trópico húmedo.

El potrero vacuno, de ser practicado extensivamente se constituye en el primer causante de la degradación de los suelos y de la destrucción del medio ambiente, provocando consecuencias sociales y económicas negativas para los colonos y el resto de la población asentada en la zona de colonización e incluso en el resto del país. Por ello, Heckadon-Moreno utilizó el término de *"cultura de potrero"*[74] para referirse al complejo de instituciones sociales de aquellos grupos cuya forma de vida se basa en la ganadería posterior a la práctica de la agricultura de roza (o itinerante). Este es el concepto aplicable particularmente al grupo santeño que se expande con mayor dinamismo en los bosques, pues los transforman en regiones agrícolas pobres e improductivas. La consecuencia social más grave es el hecho de que hace a los colonos migrar a nuevas tierras, a las que aplican el mismo sistema de explotación tratando de aprovechar las bonanzas de las primeras cosechas y las ventajas económicas que significa la práctica ganadera en tierras ya descartadas para la agricultura. Por otra parte respecto a la promoción de la colonización de interioranos por parte del Estado panameño señala que muchas instituciones facilitan la expansión vacuna ganadera, la deforestación y en fin la *'potrerización'* del país en algunos casos por falta de coordinación o por no dar importancia a las consecuencias ambientales de sus proyectos.[75] Los salvadoreños de Ciudad Romero no eran santeños obviamente, pero venían de un área ecológicamente devastada y tenían experiencia también con ganado vacuno, caballos y bueyes como jornaleros, de los cuales no eran propietarios. Su nivel adquisitivo no les permitía poseer ganado propio. Provenientes de una cultura Maya-Mestiza su adaptación al área podría ser divergente, convergente con muchos grupos de la zona en cuestión dependiendo de las actividades desarrolladas. Sin embargo, la adaptación no sería paralela por el origen salvadoreño (disimilar) cultural a los pobladores de la región. En el caso de Panamá el fenómeno de la potrerización santeña ha sido considerado en sí como un fenómeno cultural particular de la península de Azuero, aunque hay otros grupos que adoptan esta práctica luego de elegir el ganado vacuno como actividad primaria en Panamá. En Ciudad Romero fue una alternativa al no tener un pie de cría bufalino. Era solo uno de los programas, más no el principal.

Heckadon-Moreno, utilizando dos conceptos de Joseph Fowarker[76], logró identificar en Panamá la ocurrencia de una fase extractiva y otra expulsiva en los procesos de colonización que realizan los interioranos en Panamá:

---

[74] Heckadon-Moreno, Stanley. "La Colonización Campesina de los Bosques Tropicales en Panamá." Publicado originalmente en *Estudios Rurales Latinoamericanos.* Vol. 4, No. 13. Págs. 287-306. 1981.

[75] Fowarker, Joseph. "The State and Economic Development; the Impact of the Periphery" (manuscrito sin publicar). Department of Government. University of Essex, 1977.

[76] Heckadon-Moreno, Stanley. *La Ganadería Extensiva y la Deforestación: los Costos de una Alternativa de Desarrollo.* En: Heckadon-Moreno-Moreno, Stanley and Espinosa-González, Jaime, *Agonía de la Naturaleza Ensayos sobre el Costo Ambiental del Desarrollo Panameño.* Panamá: Instituto de Investigación Agropecuaria de Panamá y Smithsonian Tropical Research Institute, 1985. pp.45-62. Págs. 50-51

"Durante la etapa extractiva la frontera se caracteriza por la abundancia de recursos naturales y la libre disponibilidad de tierras. La caza y la pesca abundan y forman parte importante de la alimentación de las familias inmigrantes. Desde un punto de vista demográfico la fase extractiva es el período más dinámico del proceso de colonización, durante el cual un número de familias campesinas penetran a una región específica". "En todos los frentes de colonización ganadera se suscita el fenómeno que al rápido aumento de la población que se da en la etapa extractiva le sigue un proceso opuesto de expulsión de la gente que comienza a migrar a nuevos frentes." "Otro fenómeno típico de la etapa extractiva es la rápida expansión de la frontera agrícola por el veloz surgimiento de nuevas fincas".[77]

Mientras que: *"Por el contrario, en la fase expulsiva se suscita un proceso por el cual aumenta el número de fincas, pero por el cual aumenta el número de fincas, pero por fragmentación de las explotaciones existentes, dándose también un acaparamiento de un menor número de propietarios, es decir, un proceso de concentración de la tierra en unidades mayores". "Por otra parte la ganadería extensiva, que los campesinos practican para comercializar y obtener dinero, es de tan baja productividad que no es capaz, por sí sola, de sostener la economía familiar. Debido a técnicas utilizadas, el sobre pastoreo se suscita con suma frecuencia y con ello, la degradación de los potreros y el suelo que se va afectando por la erosión". "En la etapa expulsiva se suscitan cambios importantes en la tenencia de la tierra y la estructura de clases. Se observa, por ejemplo, una mayor concentración de la tierra en manos de un número menor de propietarios, pero a la vez un rápido aumento en el número de minifundios y el surgimiento de un número mayor de campesinos sin tierras. Muchos campesinos consideran que ya no les económicamente viable seguir en el área que han colonizado y optan por vender sus fincas ya hechas potreros para marcharse a nuevas fronteras de colonización en donde, lo más probable el ciclo que los ha expulsado de aquí los vuelva a expulsar también del frente donde se dirigen".*[78]

Sin embargo, los estudios de Heckadon-Moreno utilizando las fases establecidas por Fowarker no consideran el rol de una agencia promotora de la colonización ni su impacto en frenar

---

[77] Heckadon-Moreno, Stanley. "La Colonización Campesina de los Bosques Tropicales en Panamá." Heckadon-Moreno, Stanley y Alberto McKay, eds. *Colonización y Destrucción de Bosques en Panamá.* Págs. 28-29. Asociación Panameña de Antropología, 1984.

[78] Heckadon-Moreno, Moreno. "La Colonización Campesina de los Bosques Tropicales en Panamá." 1981. En *Colonización de Tierras Nuevas en Panamá.* Stanley Heckadon-Moreno y Alberto McKay, eds. Asociación Panameña de Antropología, 1984. Pág. 29.

la expulsión de la población como así lo mencionara Michael Nelson, en donde una agencia local podría asumir los costos de los colonos hasta que estos pudiesen elevar su nivel de vida y permanecer en el área. Las etapas de Fowarker parecen ser inherentes, inevitables y secuenciales a terminar en expulsión de los colonos a otras áreas e iniciar el mismo proceso que Heckadon-Moreno identificó. Estas etapas de Fowarker podrían ser atribuibles a una evolución convergente o paralela en antropología dependiendo de las áreas culturales de los migrantes si los modos de adaptación como estrategia de obtener alimentos es similar o disimilar, con los mismos resultados de adaptación. Solamente entonces podría validarse o no la potencialidad de colapso ecológico por el uso de ganadería vacuna. Mientras que la evolución paralela ocurre solo cuando organismos no relacionados desarrollan las mismas características o mecanismos de adaptación debido a la naturaleza del entorno. [79] La adaptación convergente es aquella en la que aparecen estrategias similares en la forma de obtener alimento, y son resultado de presiones de seleccionar actividades similares en lugar de continuar con prácticas culturales ancestrales. [80] La convergencia adaptativa, el paralelismo adaptativo y la divergencia son resultado de soluciones en que los pobladores eligen estrategias similares o diferentes de adaptación, pero también pueden ser resultado accidental. [81] Dichos conceptos han sido tomados de la biología y antropología cultural. Muestran resultados a más largo plazo en la relación de la persona con el medio ambiente y la ecología. Estos conceptos también han sido utilizados en la genética salvo las comparaciones socio biológicas que siempre en ciencias sociales implican la comparación organicista.

El componente principal de Ciudad Romero lo constituían el cacao, el coco y la ganadería vacuna que estaba destinada a un mercado para el consumo. Comercialización y trabajo ganadero no sería una actividad rentable.

La agricultura de roza (o itinerante) no es una técnica perjudicial en sí, dependiendo el impacto de la densidad y crecimiento de la población que obliga al agricultor a utilizar periodos más cortos de barbecho. La agricultura de roza es una *"sofisticada manera de producir comida, especialmente en los trópicos cuando es llevada en condiciones adecuadas: con baja densidad de*

---

[79] "Evolution, Parallel." *The Gale Encyclopedia of Science*. Ed. K. Lee Lerner and Brenda Wilmoth Lerner. 5th ed. Vol. 3. Gale, 2014. 1679-1680. *Gale Virtual Reference Library*. 20 Apr. 2015.

[80] Cobb, Bryan. "Evolution, Divergent." *The Gale Encyclopedia of Science*. Ed. K. Lee Lerner and Brenda Wilmoth Lerner. 5th ed. Vol. 3. Farmington Hills, MI: Gale, 2014. 1676. *Gale Virtual Reference Library*.

[81] Haviland, William A, Harald E.L Prins, Bunny Mc Bride and Dana Walrath. *Cultural Anthropology: The Human Challenge*. Wadsworth, Cengage Learning, 2014. Págs. 154- 155.

población y una cantidad adecuada de tierra. Replica la diversidad natural de los ecosistemas naturales, creciendo diversas plantas en las mismas tierras. Mezcladas juntas, las plantas son menos vulnerables a las pestes y a plagas que una planta exclusiva. No solo el sistema es más apropiado ambientalmente, pero es más eficiente en energía que la agricultura moderna que usa métodos de agricultura usado en países desarrollados como lo son los Estados Unidos, donde los recursos naturales como la tierra y el combustible son relativamente baratos y abundantes, y muchas fincas operan con subsidios financieros en forma de de subsidios del gobierno y sin pagar impuestos."[82] Es decir que la etapa de expulsión de un frente de colonización debido a la potrerización existe cuando la densidad de población en el frente obliga a los pobladores a migrar nuevamente, o su rentabilidad como productores es mínima; si hay o no colapso ecológico y una concentración de propiedad en manos de otros campesinos.

PROESA consideraba que la rentabilidad de producción arbórea podría ser la solución económica en el mercado. Hasta ahora se han señalado como negativas, en términos generales, las experiencias que se han dado y se dan en Panamá en el marco de dos estrategias de colonización de los bosques tropicales. Sin embargo, estos análisis no incorporan información y datos sobre otras experiencias recientes de este tipo en las que encontramos precisamente a los campesinos reivindicando el slogan de la *"Conquista del Atlántico"* surgido del Estado a partir de la década de 1970, y que constituyen una gran cantidad de pobladores del área. ¿Es realmente la fase de expulsión en colonizaciones inevitable, o es más bien un problema de recursos económicos de gobierno y de políticas de Estado que excluyen el impulso y sostenimiento de un desarrollo desde abajo? O ¿es el problema de una cultura de potrero en el uso intensivo del pastoreo vacuno en áreas ecológicamente diferentes a la sabana Pacífica o en todo el país? O, simplemente, ¿es la deforestación del bosque lo que se considera negativo y promueve una fase de expulsión y no la agricultura de roza (o itinerante) misma? PROESA tuvo esas inquietudes desde un principio y pretendía la adaptación de animales al trópico húmedo, así como evitar una potrerización del Atlántico mediante la introducción de cultivos permanentes, reforestación y el uso del búfalo de agua en Panamá.

---

[82] Haviland, William A, Harald E.L Prins, Bunny Mc Bride and Dana Walrath. *Cultural Anthropology: The Human Challenge.* Wadsworth, Cengage Learning, 2014. Pág. 162

No existe otro tipo de agricultura de subsistencia que no utilice el método de roza (o itinerante) en Panamá para selvas tropicales. En su lugar se trató te implementar un bosque productivo en el que la concentración de rubros permitiese explotación arbórea frutal de muchas clases, para consumo humano y para exportación, pero la producción de proteína animal requiere algún tipo de solución cuando hay concentración de población que se ve en la necesidad de importar proteína animal de otros mercados a alto costo. Es típico en comunidades de la Costa Abajo encontrar pequeñas tiendas que venden tuna, *spam*, sardinas, embutidos como salchichas en lata y todo tipo de proteína transportada desde ciudad de Colón, a altos costos para los dueños de tiendas particulares y tiendas cooperativas.

Desde el punto de vista de la teoría antropológica del forrajeo óptimo, estas soluciones costosas en tiempo, dinero y energía no perdurarán, e incrementarán las alternativas nativas que requieran menos esfuerzo como la cacería, la pesca y la domesticación de animales con cambios culturales de dieta en especies nativas que satisfagan necesidades biológicas. Cuando hay mayor densidad de población en un frente de colonización también se da merma en la caza y la pesca debido a la concentración de población que implica un impacto mayor a la naturaleza inmediata.

Algunos de los estudios elaborados por el organismo estatal Proyectos Especiales del Atlántico (PROESA) que dirigió la colonización del Atlántico Central Panameño, entre ellos los del sociólogo Guillermo Castro Herrera[83] sostienen que los programas del Estado hacia el Atlántico Central, en términos globales respondieron a una hipótesis central de desarrollo según la cual señalaba que la colonización de esta zona no pretendió la reproducción de un proceso de colonialismo interno, sino que contempló a la vez la misión de desarrollar la zona a partir de algunas experiencias de tipo dirigido.[84]

El sociólogo Guillermo Castro Herrera considera que esa hipótesis de desarrollo del Atlántico Central contempló algunos programas que reforzaron la tesis de que la integración de la vertiente Caribe (o por lo menos en lo que respecta a la región central del Atlántico) al resto del país:

---

[83] Castro Herrera, Guillermo. *El Desarrollo del Atlántico Panameño: Elementos para una Estrategia.* PROESA-UEP, 1982.
[84] Ricardo Pozas Arciniega señaló en 1969 que *"el colonialismo interno es una teoría que trata de explicar las relaciones actuales entre el Estado Nacional independiente y los núcleos indígenas, como una prolongación de las existentes entre éstos y el inmediato pasado estado colonial, ya que hoy día el indio a través del comercio desigual es explotado por el ladino quien adopta así el papel del explotador de la metrópolis, dando la impresión de que las relaciones anteriores a la Independencia no han cambiado".* En Clodomir Santos De Morais. *"Diccionario de la Reforma Agraria Latinoamericana."* EDUCA, 1983. Pág. 554. Impreso.

"[D]ebería darse a través de su integración, interior, de modo que la región supere su presente situación de marginalidad, generando una capacidad de crecimiento auto sostenido que le permitiera establecer lazos de intercambio estables y significativos con el mercado nacional, especializando sus actividades productivas en base a sus características regionales y subregionales, elevando la productividad de las mismas y generando una capacidad de acumulación de capital de la que hoy carece por completo".[85]

A su vez esa hipótesis global de desarrollo agrega Castro, contempló elementos más específicos que guiaron las colonizaciones en base a los cuales, ha trabajado la estrategia de desarrollo "*Conquista del Atlántico*". Entre las que figura como un elemento básico el hecho de que:

"El desarrollo del Atlántico debe ciertamente atender a los factores que lo caracterizan como región natural y socioeconómica".[86]

Castro señaló en 1981 respecto a las políticas de promoción y dirección de procesos de colonización por el Estado en la región Centro-Occidental del Atlántico Panameño que hasta 1975 se circunscribió a la comunidad de Coclesito, diferenciándose de los procesos espontáneos en algunas premisas básicas tales como que el Estado en Coclesito partió a considerar que:

"Esa región ya está habitada, y los panameños que la habitan desean mejorar su nivel de vida y están dispuestos a colaborar en el esfuerzo para lograrlo, si este (desarrollo) es planteado en formas y etapas que partan de su propia idiosincrasia y expectativas, primero y de los cambios que los resultados obtenidos vayan produciendo en las mismas después"[87]

Señaló Castro que ese fue el sentido de lo creado en Coclesito desde 1971, a partir de la solicitud de sus pobladores al gobierno panameño y más específicamente al General Omar Torrijos como jefe de Estado, contemplando la creación de servicios públicos y programas productivos, lo que originó un centro de desarrollo socioeconómico habitado por la población de cholos coclesanos de caseríos cercanos y no con población de interioranos colonos.

---

[85] Castro Herrera, Guillermo. *El Desarrollo del Atlántico Panameño: Elementos para una Estrategia.* PROESA-UEP, 1982. Pág. 25.
[86] Castro Herrera, Guillermo. *El Desarrollo del Atlántico Panameño: Elementos para una Estrategia.* PROESA-UEP, 1982. Pág.27.
[87] Castro Herrera, Guillermo. *El Desarrollo del Atlántico Panameño: Elementos para una Estrategia.* PROESA-UEP, 1982. Pág. 29.

A partir de esa experiencia de corte experimental de principios de la década de 1970, el Estado apuntó a la creación de otros centros de desarrollo en la región pretendiendo el reordenamiento espacial de la población de la zona Central del Atlántico. Es por ello que a pesar de considerar que la política de desarrollo de este régimen pretendía posiblemente abarcar la totalidad de la región del Atlántico Central, hasta 1978 se circunscribió al proyecto Coclesito, que se consideró como una *"puerta de entrada"* al desarrollo apropiado de una zona más amplia.

En función de la expansión de la experiencia de Coclesito hacia otros sitios de la región, señala Castro que se creó incluso un organismo estatal que orientaría otros procesos de colonización a lo interno del área, [88] Proyectos Especiales del Atlántico (PROESA), que desarrolló algunos criterios para plantear el tipo de actividades y lograr en la zona una mejora en los niveles de vida de los pobladores en centros nuevos de desarrollo socio-económico que contribuirían a frenar el fenómeno de la migración hacia las urbanas.

Respecto a las actividades productivas que constituyeron los ejes centrales de esta estrategia del Estado en las experiencias dirigidas, señala Castro, en su mayoría apuntaron a un uso racional de los recursos naturales:

- El fortalecer la producción de los cultivos alimenticios tradicionales de la región mediante la explotación familiar.
- Introducción de la práctica de una agricultura arbórea de producción de alimentos y especies maderables que proporcionarán ingresos a los pobladores al comercializarlas.
- La producción de proteína animal diversa mediante programas de cría de ganado menor y la introducción de especies nuevas adaptables a la zona en ganadería mayor como el búfalo asiático que no plantean la substitución del bosque al desarrollarse[89][90][91].

En 1981, Castro señaló, de modo preliminar que Ciudad Romero se perfilaba entonces como otro de los sitios poblados del Atlántico Central a convertirse en un centro de desarrollo socioeconómico. Este caso posee a nuestro parecer ciertas particularidades y definitivamente al igual que la experiencia de Coclesito es una excepción de la política del Estado en la atención y

---

[88] Castro, Guillermo. "Sociedad, Política y Desarrollo en el Atlántico Central de Panamá." Págs. 98-99. En Guillermo Castro, Ligia Herrera y Carmen Miró. *Medio Ambiente y Sociedad en el Atlántico Centro-Occidental de Panamá.* BNP-PROESA. Págs. 93-109.

[89] Ver, Castro, Guillermo. *El Desarrollo del Atlántico Panameño: Elementos para una Estrategia.* PROESA-UEP, 1982. Pág. 32.

[90] Pacheco, Magali Rojas de. *Coclesito: Puerta de Entrada.* Panamá: PROESA-UEP, 1980. Págs. 62-65. Impreso.

[91] Maltez, Horacio, Franklin Clavel y Luis C. Roquebert. *El Búfalo de Agua una Alternativa para el Desarrollo Socioeconómico del Atlántico Panameño.* PROESA-UEP, 1981. Pág. 60.

asistencia a programas y comunidades campesinas. Sin embargo, consideramos que un estudio descriptivo de esta experiencia servirá para sistematizar y recopilar algunos de los elementos centrales de interés para los que promueven, dirigen, estudian o efectúan procesos de colonización de zonas rurales en nuestro país.

Esta experiencia (Ciudad Romero) ameritará seguir siendo evaluada, asimismo lo será el impacto de Coclesito en la región luego de más de tres décadas de existencia. Es difícil para cualquier Estado presentar soluciones sociales, educativas, productivas si las poblaciones están aisladas. Para el habitante de una región periférica, cubrir necesidades básicas sin concentración de la población requiere un alto grado de inversión y logística por parte del Estado. Algunos ambientalistas argumentan que el asunto es dejar a aquellas comunidades sumidas en el abandono pues cualquier transformación de sus actividades los ligaría a los mercados con una consecuencia cultural, ambiental y económica en el cual no tienen poder de decisión. Se ha argumentado también que oficinas como PROESA constituían altos costos de operación, sin embargo, la no concentración de acciones del Estado y la duplicidad de funciones por la falta de presencia de las oficinas estatales hubiese sido más alta que una oficina coordinadora para la región.

El mito de la naturaleza intocada que está presente en toda Latinoamérica. Los pobladores, aunque practican recolección, pesca, agricultura y caza, transforman el medio con un impacto menor pues no se integran a los mercados plenamente o sus ingresos son marginales para atender necesidades básicas. Desde la antropología y la sociología se ha argumentado falsamente que muchos grupos, especialmente los nativos, en contacto con factores de desarrollo externo, *"pierden"* su cultura. Desde el punto de vista de la Etnoecología [92] *"el estudio del conocimiento, de la opinión, de la clasificación, y de la gestión humanos de ambientes naturales. El trabajo en etnoecología sintetiza la comprensión del ecologista de las relaciones entre los componentes biológicos y físicos en ecosistemas con el foco del antropólogo cognoscitivo en la adquisición y la expresión de la información cultural. Para los etnoecólogos, la cultura se considera como el conocimiento necesario para el comportamiento ecológicamente adaptante. Por consiguiente, se entiende la cultura como un proceso evolutivo transmitido y replicado con su lenguage. Etnoecólogos acentúan los papeles simbólicos y funcionales del lenguaje, el análisis cuyo permite*

---

[92] Nolan, Justin M. "Ethnoecology." *Encyclopedia of Anthropology*. Ed. H. James Birx. Vol. 2. SAGE Reference, 2006. 846-848. *Gale Virtual Reference Library*.

el acceso al conocimiento ecológico. La investigación en etnoecología integra el empirismo de la etno-ciencia con la perspectiva funcionalista de la antropología ecológica para entender completamente la significación adaptante del conocimiento cultural y la importancia ecológica de conductas humanas."[93] Basta mencionar que toda cultura es dinámica y grupos nativos panameños en su afán de permanecer en sus regiones ancestrales y también otros grupos históricamente ocupantes de regiones selváticas, recurren al fenómeno antropológico de etno-génesis. *El término etno-génesis se deriva de los ethnos griegos, significando a una gente que comparte una misma lengua y cultura. Etnos es sinónimo con el gens latino (gentes en el plural) y el natio menos común. Las palabras griegas y latinas trabajaron su manera en la lengua inglesa como nación en grupo inglés y étnico medio en inglés moderno. Ambos se utilizan para significar a un grupo de personas que comparte un lenguaje común, una ascendencia común, una cultura común, y un territorio común (aunque el territorio puede ser una patria ancestral). El término etno-génesis se utiliza para describir el proceso el cual forma a un grupo étnico o una nación (en el más viejo sentido de la "gente" y no del "estado"). Hay muchos casos de etno-génesis registrado en historia.*[94]. A este fenómeno de etno-génesis no escapan tampoco los analistas clasificando así a la población de científicos, planificadores y programas como pro-desarrollistas o ambientalistas que podrían ser dicotomías falsas si se hace más énfasis en la economía o en la biología. Basta señalar que la antropología es una ciencia holística pero también es parte de las humanidades, de ahí su parcialidad de acuerdo con las experiencias a pesar de su intención de ser científica, comprobable y con una capacidad de predicción.

La gente de Ciudad Romero proviene de una realidad que se constituye en el antecedente de la condición del migrante y en este caso de su país de origen: El Salvador. Por ello, la descripción de ese contexto salvadoreño es el tema que abordaremos en nuestro siguiente capítulo.

---

[93] Nolan, Justin M. "Ethnoecology." *Encyclopedia of Anthropology*. Ed. H. James Birx. Vol. 2. SAGE Reference, 2006. 846-848. *Gale Virtual Reference Library*.

[94] Bouchard, Michel. "Ethnogenesis." *Encyclopedia of Anthropology*. Ed. H. James Birx. Vol. 2. SAGE Reference, 2006. pp. 848-849. *Gale Virtual Reference Library*,

2. EL SALVADOR Y EL MODELO AGRARIO DE EXPORTACIÓN Y SU IMPACTO EN EL CAMPESINADO

2.1 EL SALVADOR: CARACTERÍSTICAS GENERALES

El Salvador es el país más pequeño de Centroamérica. Su territorio cuenta con 20,935 kilómetros cuadrados, ocupados en 2005 por 6,881,000 habitantes. la densidad de población en 2005 es de 327 por kilómetro cuadrado (equivalente a 847 habitantes por millas cuadradas). en 2005 las naciones unidas estimaron que el 59% de la población vivía en áreas urbanas, creciendo a una rata anual de 2.7% en el período de 2000–2005.[95] en 2005 la densidad de población de 327 por kilómetro cuadrado[96] ya lo hacia el país más densamente poblado de Centroamérica [97]

El Salvador posee una de las tasas más altas de crecimiento poblacional en el mundo. En el período de 1961-1971 el promedio anual fue de 3.5; entre 1970-1983 el promedio se estimó en 3.0.[98]

Este fenómeno poblacional está estrechamente vinculado al desarrollo de la sociedad salvadoreña y al rol agroexportador que adquirió al insertarse en el sistema capitalista a partir de finales del siglo diecinueve, lo que se comprueba al existir una estrecha relación entre el aumento de la población y la explotación del café a partir de finales del siglo XIX. (Ver Gráfica No. 1)

"Experimentó un fuerte aumento de su población (de un millón en 1878, a un millón y medio en 1931), debido a las condiciones favorables para los productores de café que resultaron evidentes por el desarrollo de relaciones salariales en ese sector"[99]

Desde entonces hasta la actualidad, la importancia del sector rural es tal que en 1979 según Durham, 60% de la población económicamente activa, dependía de la agricultura para sostenerse. [100]

---

[95] "El Salvador." Worldmark Encyclopedia of the Nations. Ed. Timothy l. Gall and Jeneen M. Hobby. 12th ed. Vol. 3: Americas. Gale, 2007. 245-259. Gale virtual reference library.
[96] "El Salvador." *Worldmark Encyclopedia of the Nations*. Ed. Timothy L. Gall and Jeneen M. Hobby. 12th ed. Vol. 3: Americas. Gale, 2007. 245-259. *Gale Virtual Reference Library*.
[97] Durham, William. *Scarcity and Survival in Central America: Ecological Origins of the Soccer War*. Stanford P, 1979. Pág 8.
[98] Chapin, Mac. "A Few Comments on Land Tenure and the Course of Agrarian Reform in El Salvador." S.l.p. Manuscrito. Junio , 1980. Pág. 1. Págs. 1-39 en Anexo II A. United States International Development Cooperation Agency. *El Salvador, Project Paper. Agrarian Reform Organization. Project number 59-0262.* AID/LAC/P-060. September 25, 1980.
[99] Zamora, Rubén. "The Export State: Contradictions and Political Struggle in El Salvador." University of Essex. MA Dissertation. Department of Government. Unpublished. December, 1978. Pág. 14. (La traducción es mía).
[100] Durham, William. *Scarcity and Survival in Central America: Ecological Origins of the Soccer War.* Stanford P, 1979. Pág. 29.

Desde la introducción del café en el siglo diecinueve, muchos aspectos han cambiado en El Salvador. Entre ellos, las condiciones del mercado internacional del café, la diversificación económica del país, las fuerzas productivas salvadoreñas; así como la concentración de la tierra en grandes unidades productivas que generó una gran masa de campesinos sin tierra, a pesar de los esfuerzos de los años 1980 mediante varios intentos de reforma agraria.

Desde finales de la década de 1970, El Salvador atravesó por una guerra civil que derivó de una crisis del modelo agroexportador. Se enfrentaron en esa lucha la Guardia Nacional Salvadoreña, tradicionalmente al servicio de la oligarquía agroexportadora (que fue el grupo hegemónico de la burguesía salvadoreña) y los sectores populares dirigidos por el Frente Farabundo Martí para la Liberación Nacional y el Frente Democrático Revolucionario (FMLN-FDR). Se estima fallecieron debido a la Guerra Civil en el salvador alrededor de setenta mil personas.[101]

2.2 EL MODELO DE EXPORTACIÓN AGRARIA EN EL SALVADOR

Una de las características principales del campo salvadoreño es la existencia de grandes haciendas de café, caña de azúcar y algodón localizadas en las mejores tierras agrícolas del país; contrastan con la existencia de áreas marginales a la producción agroexportadora de un gran número de campesinos en micro parcelas de producción de alimentos ubicadas en los suelos menos fértiles del país.

La desigual distribución de la tierra es una de las características de mayor importancia en el campo salvadoreño. Mientras el 1% de las explotaciones agropecuarias abarcaron en 1980 el 50% de las tierras agrícolas, el 70.7% del total de explotación era menor a las 2 hectáreas y el 86.7% también del total de las explotaciones eran menores a las 5 hectáreas[102].

En 1979 se calculaba que aproximadamente 150,000 personas, el 50% de los pequeños productores en El Salvador rentaban tierras. Mientras que, en términos de superficie, el recurso tierra en renta, alcanza las dos terceras partes de la tierra agrícola del país. En la región oriental de

---

[101] Mason, David, T. "The Civil War in El Salvador: A Retrospective Analysis." *Latin American Research Review*, Vol. 34, No. 3, 1999, pp. 179-196.

[102] Chapin, Mac. "A Few Comments on Land Tenure and the Course of Agrarian Reform in El Salvador." s.l.p. Jun., 1980. (Manuscript). Pág. 1. Págs. 1-39 en Anexo II A. United States International Development Cooperation Agency. *El Salvador, Project Paper. Agrarian Reform Organization. Project number 59-0262.* AID/LAC/P-060. Sep. 25, 1980.

El Salvador, de acuerdo al estudio de Rodríguez, McCall y Reyes de 1979 [103] , el 63% de la tierra rentada en los Departamentos de San Miguel, La Unión, Morazán y Usulután van de 1-4 a una hectárea de superficie.

Además del problema de la distribución desigual de la tierra, encontramos que el país presentaba una alta tasa de crecimiento poblacional, al punto que de 1950 a 1975, ésta se incrementó en un 40.9% [104] un fenómeno que contribuyó en aumentar el número de agricultores pobres sin tierra. Este recurso cada día se volvía más escaso, pues tal como lo señala Eckholm[105], el Salvador es uno de los países del Tercer Mundo mayormente devastado en cuanto a sus recursos naturales durante el siglo Veinte y con una gran presión de la población. En 1974 se calculó que alrededor del 77% de sus tierras sufrían una acelerada erosión.[106] [107]

2.3 FUNDAMENTOS DEL MODELO DE EXPORTACIÓN AGRARIA DE EL SALVADOR

Para la comprensión de la realidad agraria de El Salvador es necesario también conocer el origen y desarrollo de las principales actividades del sector. Primero, durante el período colonial con las exportaciones de añil y cacao y luego con el nacimiento de la República Centroamericana, con el cultivo del café, el algodón y la caña de azúcar.

Ante un escaso desarrollo de la minería en, a diferencia de otros países centroamericanos, durante el período se desarrolló una estructura de haciendas y obrajes sobre la base del cultivo de tintes como el añil y la grana, basados casi exclusivamente en la pequeña propiedad en la que se utilizaba de manera forzada a la población indígena, lo que constituye el antecedente de las relaciones serviles que se conforman en el coloniaje y el peonazgo[108] . El peonazgo es *"la servitud involuntaria, bajo la cual un deudor es forzado a hacer pagos al amo por medio de trabajo."* [109]

---

[103] Rodríguez, Aida, Ruth Mc Call y Rafael Reyes. *Precaristas de la Región Oriental.* Ministerio de Agricultura de El Salvador, 1979.

[104] Chapin, Mac. "A Few Comments on Land Tenure and the Course of Agrarian Reform in el Salvador." s.l.p. June, 1980. . (Manuscript).Pág. 1. Págs. 1-39 en Anexo II A. United States International Development Cooperation Agency. *El Salvador, Project Paper. Agrarian Reform Organization. Project number 59-0262.*AID/LAC/P-060. Sep.25, 1980.

[105] Eckholm, E. P. "Losing Ground." New York 1976. Pág 157. Citado por Durham, William. Op. Cit. Págs. 6 -7.

[106] Organización de Estados Americanos. *El Salvador, Zonificación Agrícola.* OEA, 1974.

[107]Organización de Estados Americanos. *The Population of El Salvador and it's Natural Resources.* OEA, 1946.

[108] Torres Rivas, Edelberto. *Interpretación del Desarrollo Social Centroamericano*. EDUCA. Págs. 51-53.

[109] Mehaffey, Karen Rae, and Rupert B. Vance. "Peonage." *Dictionary of American History*. Ed. Stanley I. Kutler. 3rd ed. Vol. 6. Charles Scribner's Sons, 2003. 289. *Gale Virtual Reference Library*.

Mientras que el coloniaje *"usualmente se refiere a la mitad o porciones, donde el dueño obtiene ya sea la mitad o el tercio del producto".*[110]

El sector agroexportador salvadoreño se desarrolló aún más a mediados del siglo Veinte cuando las regiones productoras de alimentos, y en especial el maíz, se transformaron en plantaciones cafetaleras. Ya para 1931 el café representaba el 95.5% de las exportaciones totales del país[111]. Esta expansión sólo fue posible por la privatización de tierras comunales y ejidos a partir de 1881 [112] [113] [114] Esto provocó además la concentración de los trabajadores agrícolas en las zonas cafetaleras; y la ubicación del recurso tierra en manos de una aristocracia rural que empleaba a bajos salarios una abundante mano de obra estacional necesaria por las variaciones de la demanda requerida en las labores del cultivo. En las épocas de cosecha de café, la demanda de fuerza de trabajo se triplica por la imposibilidad de tecnificar o mecanizar la producción, dadas las condiciones topográficas y climáticas del país. [115]

Las zonas cafetaleras se localizan en las mejores tierras agrícolas de los departamentos occidentales de Santa Ana, Sonsonate, La Libertad y San Salvador. Mientras que también existían haciendas algodoneras en las tierras bajas costeras en la región central y Este del país. La producción de caña de azúcar se da en la zona central de El Salvador, y en las tierras que resultan bajas para la explotación del café.

Los cultivos de caña y algodón, también de exportación, surgieron como una alternativa de diversificación en el país, luego de la crisis de los precios internacionales del café que se dieron en el siglo Veinte a partir de la Gran Depresión de 1930.[116] Pero al igual que lo sucedido con el cultivo del café, con la caña y algodón, las alternativas de diversificación también provocaron otros procesos de concentración de la tierra, la proletarización de muchos campesinos y se

---

[110] Willie L. Baber *Ethnology*, Vol. 21, No. 3 (Jul., 1982), pp. 227-241 University of Pittsburgh of the Commonwealth System of Higher Education. DOI: 10.2307/3773729. Pag. 228.
[111] Zamora, Rubén. *The Export State: Contradictions and Political Struggle in El Salvador.* University of Essex. MA Dissertation. Department of Government. Unpublished. Dec., 1978. Pág. 14. (La traducción es mía).
[112] Browning, Op. Cit., 1971. Pág 191.
[113] Torres Rivas, Edelberto. Op. Cit. Pág. 51.
[114] *"Las estimaciones antes de 1839 se basan en los registros coloniales y en los pagos de los tributos de los indígenas".* Durham, William. *Scarcity and Survival in Central America: Ecological Origins of the Soccer War.* Stanford P, 1979. P. 23.
[115] PREALC. "Situación y Perspectivas de Empleo en El Salvador. I, II." San Salvador, 1975, en Rubén Zamora. Op. Cit. Pág. 14 Tabla No. 1.
[116] Zamora, Rubén. *The Export State: Contradictions and Political Struggle in El Salvador.* University of Essex. MA Dissertation. Department of Government. Unpublished. December, 1978. Págs. 13-14.

originaron nuevos desplazamientos reduciéndolos aún más a las áreas de producción de alimentos para consumo interno, circunscritas a las tierras menos fértiles del país. [117] [118]

La caña de azúcar es cultivada frecuentemente en haciendas mixtas de café en las tierras altas y la caña en las de mediana altura. Ésta última fue introducida como otro cultivo de exportación para aminorar la dependencia de El Salvador del cultivo de café. Igual que en éste, la superficie cultivada de caña sufrió un proceso de concentración en grandes unidades productivas. En 1971 el 17% de los productores de caña la cultivaban en explotaciones de menos de 10 hectáreas, un 13% menos que en la década anterior.[119]

Los pequeños productores de caña destinan la mayor parte de su producción al consumo familiar y la procesan para convertirla en panela, en pequeños trapiches a motor o halados por bueyes. Y en algunas ocasiones destinan sólo parte de sus pocos excedentes a grandes y modernas refinerías comerciales ubicadas dentro de las haciendas mixtas, que a partir de la década de 1960 se convirtieron en grandes industrias modernas, ingenios altamente mecanizados que redujeron la oferta de empleo en el campo, y la limitó a las estacionales para épocas de cosecha.

Producto de la suplantación de las industrias familiares de caña de azúcar en los ingenios, se acentuó en El Salvador la reducción de empleos en el campo.

El cultivo del algodón es otro de los rubros de exportación que experimentó un gran crecimiento económico en el siglo Veinte. De 1964 a 1965 se plantaron 120,000 hectáreas de algodón en las tierras bajas del Pacífico.[120]

Para 1971 el algodón ya representaba el 12.7% del total de las exportaciones de El Salvador. Pero debido a la fluctuación de los precios internacionales, la superficie de algodón varía cada año, dependiendo del precio internacional, haciendo que este cultivo tenga una gran variabilidad en las ofertas de empleo. Además, debido a la alta mecanización y tecnificación, son pocas las labores culturales y la mano de obra que emplea.

---

[117] Zamora, Rubén. *The Export State: Contradictions and Political Struggle in El Salvador.* University of Essex. MA Dissertation. Department of Government. Unpublished. December, 1978. Págs. 13-14.

[118] Browning, Op. Cit. Pág 2.

[119] Chapin, Mac. "A Few Comments on Land Tenure and the Course of Agrarian Reform in El Salvador." s.l.p. Página 2 de 39. Junio, 1980.. Págs.1-39 en Anexo II A. United States International Development Cooperation Agency. *El Salvador, Project Paper. Agrarian Reform Organization. Project number 59-0262.*AID/LAC/P-060. Septiembre 25, 1980.

[120] Chapin, Mac. "A Few Comments on Land Tenure and the Course of Agrarian Reform in El Salvador." s.l.p. June, 1980. Pág. 7. Págs. 1-39 en Anexo II A. United States International Development Cooperation Agency. *El Salvador, Project Paper. Agrarian Reform Organization. Project number 59-0262.* AID/LAC/P-060. Sep. 25, 1980.

2.4 CRISIS DEL MODELO DE EXPORTACIÓN AGRARIA DE EL SALVADOR

Se dieron desde los años 1960 hasta 1989[121] nuevas condiciones del mercado internacional en materia de productos primarios que hicieron a El Salvador competir con un número mayor de países por la exportación del café mediante un sistema de cuotas que actuó como mecanismo internacional regulador de los precios, causando algunos problemas para los países productores y en especial para aquéllos que, producto de su desarrollo histórico, tenían una profunda dependencia económica de los cultivos como es el caso de El Salvador. Producto de esta situación de dependencia de los precios y cuotas de exportación, los dueños de la tierra y de las haciendas cafetaleras optaron por seguir optimizando sus ganancias a base del empobrecimiento de los trabajadores agrícolas, lo que se reflejó en el valor total de las exportaciones del país y en el nivel de miseria de la población.

Respecto a este tema, el informe sobre El Progreso Económico y Social de América Latina del Banco Interamericano de Desarrollo (BID), en 1984, señalaba para el caso de El Salvador que: *"El café, que representaba más de la mitad del valor total de las exportaciones, incrementó su volumen exportando en un 12 por ciento. Sin embargo, la disminución de las cuotas para los países miembros de la Organización Internacional del Café, cuyos precios son significativamente superiores a los que se obtienen fuera de ella, repercutió en una baja en el precio promedio, que se redujo de $131 a $115 por quintal entre 1982 y 1983, y neutralizó las mejoras alcanzadas en la producción. En consecuencia, el valor de las exportaciones de café se mantuvo a igual nivel que el año anterior"*[122]

Frente a la crisis externa de los mercados del café, la oligarquía salvadoreña optó por la transferencia de capitales hacia otros cultivos, trasladando la dependencia del país de unos a otros igualmente vulnerables en el largo plazo. Esto se refleja en el incremento durante el siglo Veinte del cultivo de la caña de azúcar y el algodón como lo indica el mismo informe del BID, al señalar en 1984 que:

---

[121] Pérezgrovas Garza, Víctor y Fernando Celis Callejas. *La Crisis del Café: Causas, Consecuencias y Estrategias de Respuesta.* Grupo Chorlaví. 15 de abril al 13 de mayo 2002. 22pp. Pág. 5.

[122] Banco Interamericano de Desarrollo. *El Progreso Económico y Social de América Latina.* BID, 1984. Pág. 307. Impreso.

"El mejoramiento de los precios del algodón y el azúcar ha estimulado el aumento del área sembrada de estos cultivos para el año agrícola de 1983-84"[123]

La burguesía agroexportadora a partir del auge mismo del cultivo de café a principios del siglo Veinte diseñó el desarrollo socioeconómico y político de El Salvador en función de la actividad cafetalera y de sus intereses en ella, al tal punto que la cristalización política de sus intereses económicos al independizarse la República se centraron en la construcción de un estado agroexportador.[124]

Producto del proceso de concentración del capital y la tierra que caracterizó la mono-producción para exportación, la oligarquía agroexportadora salvadoreña se constituyó en un grupo minoritario que era cada vez más reducido; ya en 1980's se hablaba de alrededor de sólo unas catorce familias.[125]

La oligarquía agroexportadora salvadoreña, mediante el poder que ejerció durante la República, logró diseñar una política económica para este país que en momentos de crisis como en la década de 1980, defendió con todos los recursos legales y no legales que dieron como resultado una historia llena de violencia que enfrentó a los pocos dueños de las tierras y sus intermediarios en las ganancias de la exportación agrícola, con los sectores populares y en especial con los pobres del campo.

2.5 LAS RELACIONES SOCIALES EN EL CAMPO SALVADOREÑO

Como ya mencionáramos en El Salvador existen por lo menos dos grandes regiones socioeconómicas: las de las haciendas de agroexportación y las marginales, dedicadas estas últimas a la producción de alimentos, que poseen características sociales, económicas e incluso ecológicas distintas. Según lo señala Zamora[126] las actividades de exportación de las haciendas en El Salvador estuvieron basadas históricamente en relaciones no capitalistas. Y ello puede considerarse así en el sentido que:

---

[123] Banco Interamericano de Desarrollo. *El Progreso Económico y Social de América Latina.* Washington, DC: BID, 1984. Pág. 331.

[124] Zamora, Rubén. *The Export State: Contradictions and Political Struggle in El Salvador.* University of Essex. MA Dissertation. Department of Government. Unpublished. December, 1978. Pág 18.

[125] Menéndez Rodríguez, Mario. *El Salvador: Una auténtica Guerra Civil.* San José: EDUCA, 1980. Pág. 17.

[126] Zamora, Rubén. *The Export State: Contradictions and Political Struggle in El Salvador.* University of Essex. MA Dissertation. Department of Government. December, 1978. Pág. 15

"La principal relación entre el dueño de la hacienda y los otros productores directos básicamente consiste en la extracción de trabajo sobrante, mediante rentas en especies, en dinero y en servicios personales".[127]

En estas relaciones:

"El hacendado habría de permitir convivir en su propiedad a un hombre con su familia y de cultivar una parcela para sus necesidades de subsistencia, a cambio del trabajo del mismo en su hacienda. Mientras que al colono y a su familia podría solicitársele cualquier tipo de trabajo en cualquier momento. Sin embargo, no habría nada que lo atara particularmente al hacendado, a menos que él estableciera una relación patrono-obrero".[128]

Mac Chapin describe algunos elementos más de esta relación particular de coloniaje existente en la región de las grandes haciendas de El Salvador, al señalar que:

"Estas haciendas, cuyo tamaño y nivel tecnológico varía, son administradas en forma autocrática por un patrono, el que contrata de manera permanente a un cuerpo administrativo y de servicios, así como a un gran número de trabajadores agrícolas llamados colonos".[129]

"Colono, es un término que en español y en portugués se refiere a la clase de trabajadores del campo ligados a la tierra, usualmente con un estatus similar a los aparceros en la historia de Estados Unidos. Como regla general, los colonos trabajan por ya sea acceso a la tierra o por una porción de la cosecha en un latifundio. La actual práctica del coloniaje varía enormemente por región, pero generalmente está asociado con el incremento de la deuda del peonaje y el trabajo dependiente que acompaña la consolidación de las grandes haciendas en América Latina. Esta solución la falta de fuerza de trabajo ofrece al trabajador un cubrimiento mínimo de necesidades básicas en cambio para los dueños de la tierra garantiza mano de obra durante cosecha y otras épocas de demanda laboral." [130]

---

[127] Zamora, Rubén. *The Export State: Contradictions and Political Struggle in El Salvador.* University of Essex. MA Dissertation. Department of Government. December, 1978. Pág. 15

[128] White, Alister. "El Salvador." Ernest Benn Ltd., 1983. Pág. 134. En Zamora, Rubén. Op. Cit.

[129] Chapin, Mac. "A Few Comments on Land Tenure and the Course of Agrarian Reform in El Salvador." s.l.p. June, 1980. (Manuscrito). Pág. 1. (La traducción es mía). Págs.1-39 en Anexo II A. United States International Development Cooperation Agency. *El Salvador, Project Paper. Agrarian Reform Organization. Project number 59-0262.* AID/LAC/P-060. September 25, 1980.

[130] Little-Siebold, Todd, and Nancy Priscilla Smith Naro. "Colono." *Encyclopedia of Latin American History and Culture*. Ed. Jay Kinsbruner and Erick D. Langer. 2nd ed. Vol. 2. Detroit: Charles Scribner's Sons, 2008. 528-529. *Gale Virtual Reference Library*. 31 May 2014. Page 529.

2.6 REGIONES DE SUBSISTENCIA

Los orígenes del campesinado de Ciudad Romero los encontramos en la región de producción de subsistencia en El Salvador. En el Norte del Departamento de La Unión cercano a la frontera con Honduras. [Ver mapa No. 6]

MAPA NO. 6 ÁREAS DE ORIGEN DE LOS COLONOS DE CIUDAD ROMERO EN EL SALVADOR [131]

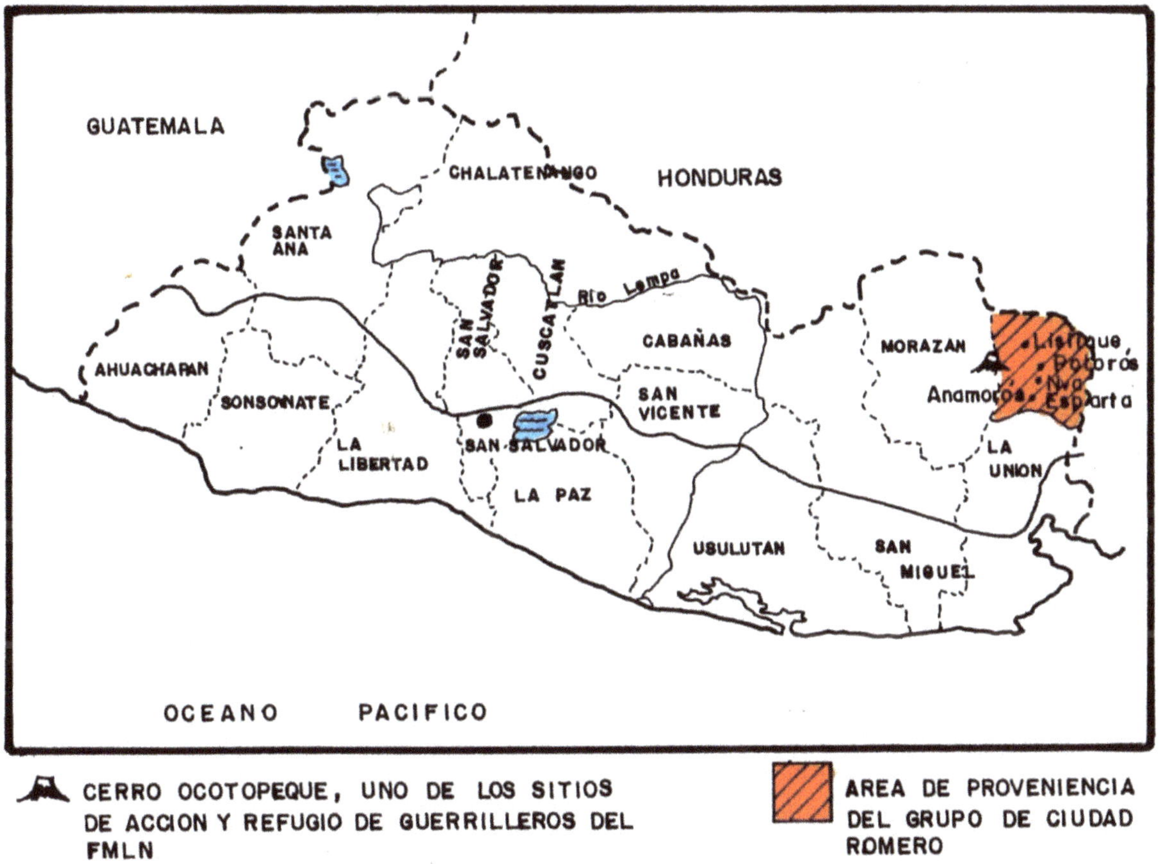

La Unión está ubicada en la parte oriental de el Salvador y su territorio es de 2,047 km^2.

El Salvador se divide, político-administrativamente en catorce departamentos divididos en cantones, y si bien los campesinos de Ciudad Romero son de La Unión, provenían de distintos caseríos y pueblos, como nos dice Neftalí Velásquez:

---

[131] Dixon Silvera, Marisín Isabel. "Una Experiencia de Colonización Dirigida: El Caso de Ciudad Romero". Panamá: Universidad Santa María La Antigua. Tésis de licenciatura en Sociología. 1986. Pág. 59

"Todo el grupo de gente que usted ve aquí no vivíamos en un solo cantón, pero sí pertenecíamos a un mismo departamento, que aquí le dicen provincia. Aquí [en Ciudad Romero] hay gente de caseríos del cantón el Ocotillo, El Portillo, otros caseríos del cantón El Ocotillo. También hay gente del cantón Agua Fría, de El Lislique y de Hondurita" [132]

FOTO NO. 1 NEFTALÍ VELÁSQUEZ, ENTREVISTADO.

"Éramos gente que vivíamos en el campo, nos ocupábamos de trabajar la tierra, cultivar lo más necesario, lo que era más urgente en granos y maicillo [sorgo]."[133]

Nos cuenta Neftalí:

Lo sembrábamos, aunque no todos teníamos tierra"[134]

La tierra, uno de los principales factores de producción presenta en El Salvador, y en especial en estas regiones marginales, problemas complejos. Éstos son principalmente de calidad de uso y distribución del recurso. Un estudio elaborado por la Organización de Estados Americanos (OEA) sobre el escaso potencial agrícola del Norte de Morazán señala que la región es de:

---

[132] Entrevista a Neftalí Velásquez García, realizada por Marisín Dixon en Ciudad Romero. 1982.
[133] Entrevista a Neftalí Velásquez García por Marisín Dixon, 1982.
[134] Entrevista a Neftalí Velásquez García por Marisín Dixon, 1982.

"... terrenos ondulados, debido a una topografía accidentada son en algunos casos rocosos y también con poca profundidad de suelos y no aptos para la agricultura [.y..] con excepción de áreas muy limitadas y con uso de métodos agrícolas muy primitivos... [la mayoría de estas tierras tienen...] serios problemas de erosión, producidos principalmente por el cultivo de productos agrícolas de ciclos cortos tales como el maíz y el sorgo".[135]

Browning, al describir la zona Norte de El Salvador en 1971, señalaba que:

"El paisaje en las tierras altas del Norte dan amplia evidencia de la sobrepoblación y del fracaso total de los intentos de controlar los procesos espontáneos de colonización, o de regular las formas tradicionales del uso de la tierra. Laderas totalmente erosionadas, compuestas prácticamente de rocas y piedras que los campesinos continúan arando cada año con coas y hoces; grandes extensiones de bosque quemado, donde los cultivos de maíz crecen entre esqueletos de árboles muertos. Rebaños totalmente desnutridos, pastando en herbazales secos en laderas y valles donde el curso de los ríos se obstruye por una erosión no controlada"[136].

Esta caracterización la corrobora Jesús Fuentes del grupo de Ciudad Romero al decirnos que en El Salvador:

"Trabajábamos la tierra mi papá, mi hermano y yo. Cómo una hectárea y media de granos: maíz, frijol y maicillo, que aquí le dicen sorgo; y de arroz teníamos como un quinto de hectárea... Vivíamos en tierras del fondo (Nacionales) *en un caserío como de unas 25 casas que le llamaban el Chilamate"*[137]

Mientras que sobre el paisaje de otro caserío de nombre Los Benítez en el que vivió el mismo Jesús Fuentes, señalaba que:

"Era de un terreno quebrado, bajo, entre cerros, como un valle y no había árboles... sólo en las lomas... Allí las mejores tierras eran para el ganado. Y las tierras se usan año con año y se abonaban con fórmulas (abonos químicos) que encarecían la producción... Allá también había grandes sequías que eran de junio o, a veces de julio a septiembre"[138]

---

[135] "Organización de Estados Americanos", citado en Chapin, Mac. Op. Cit. Pág 10. Impreso. (la traducción es mía). Páginas 1-39 en Anexo II A. United States International Development Cooperation Agency. *El Salvador, Project Paper. Agrarian Reform Organization. Project number 59-0262.* AID/LAC/P-060. Sep. 25, 1980.

[136] Browning, David. *El Salvador. Landscape and Society.* Clarendon P, 1971. Citado en Chapin, Mac. "A Few Comments on Land Tenure and the Course of Agrarian Reform in El Salvador." s.l.p. Jun, 1980. [Manuscrito]. Pág. 9. (la traducción es mía). Págs.1-39 en Anexo II A. United States International Development Cooperation Agency. *El Salvador, Project Paper. Agrarian Reform Organization. Project number 59-0262.* AID/LAC/P-060. Sep. 25, 1980.

[137] Entrevista realizada a Jesús Fuentes Reyes por Marisín Dixon en Ciudad Romero, 1984.

[138] Entrevista realizada a Jesús Fuentes Reyes por Marisín Dixon en Ciudad Romero, 1984.

Una vinculación entre las características naturales, ecológicas y sociales la establece Mac Chapin al comentar que:

"Debido a lo inhóspito del terrero parte del paisaje en el Norte está en manos de pequeños y de pequeños a medianos agricultores. Es más, el número de pequeños propietarios se ha incrementado en algunos departamentos durante los años recientes a expensas de las grandes haciendas. La mayoría de las tareas agrícolas en estas pequeñas parcelas se realizan por la simple tala y quema, modificando las técnicas de cultivo, con los principales productos agrícolas que son granos básicos. A pesar de que la población del Norte no es tan densa como en las tierras altas de la región central, existe una severa presión sobre la tierra –determinada en parte por la pobre calidad de los suelos y las irregularidades de la superficie de la tierra y además más del 50% de los pequeños agricultores son arrendatarios..."[139]

Respecto a la escasez de tierra, Neftalí Velásquez de Ciudad Romero, nos dice:

"No todos teníamos tierra y eso se da siempre en El Salvador en todos los lugares... hay gente que no cultiva nada... por no tener donde sembrar. Pero a veces hay otro que tiene y... le alquila a otro. Pero eso es muy poco, porque toda la gente vive estrecha, porque no tienen nada para poder tener sus cultivos y que sean propios y la mayoría lo hace alquilándole a otro que ya está más cómodo. Esta es una forma bien estricta, es una forma dura para poder subsistir porque no encuentra uno las formas para poder tener la facilidad para sembrar lo que más necesita".[140]

El promedio de tierra trabajado por las familias del grupo de Ciudad Romero en El Salvador era de 1 a 2 manzanas de tierra[141] que dada su baja calidad; uso intensivo y degradación de los suelos era insuficiente. Mientras que el resto de las que no poseían tierra se veían en la necesidad de alquilar pequeñas cantidades de tierra o asalariarse.

Un campesino arrendatario del grupo de Ciudad Romero sobre el particular nos comenta que:

"Allá la tierra para los campesinos es alquilada... allí lo que hacíamos nosotros era sembrar la tierra... principalmente con caña, maíz y maicillo también... Allá el sistema de trabajo que

---

[139] Chapin, Mac. *A Few Comments on Land Tenure and the Course of Agrarian Reform in El Salvador.* s.l.p. Jun, 1980. [Manuscrito]. Pág. 10. (La traducción es mía). Págs. 1-39 en Anexo II A. United States International Development Cooperation Agency. *El Salvador, Project Paper. Agrarian Reform Organization. Project number 59-0262.* AID/LAC/P-060. Sep. 25, 1980.

[140] Entrevista a Neftalí Velásquez García realizada por Marisín Dixon en Ciudad Romero, 1982.

[141] Una manzana es igual a 1.72 acres es decir equivalente a 0.698 hectáreas.

teníamos era el de alquilar la tierra y la pagábamos en trabajo el alquiler con la siembra de maíz, limpia de potreros o en la molienda. Y esto dependía de la tarea."[142]

Este sistema de alquiler presentaba para el arrendador ventajas respecto a los campesinos los que sostenían relaciones sociales de servidumbre sumamente particulares. El mismo campesino nos da algunos ejemplos de ello.

"Era el dueño quien establecía el precio, aunque eso era decisión de los dos si uno aceptaba; pero el precio que se pagaba tampoco era muy justo. Casi todas las veces pagábamos en trabajo el alquiler con siembra de maíz, limpia de potreros o también hay que ver que a veces perdíamos la primavera [época de siembra] en lo de nosotros porque cuando terminábamos de pagar con siembra de maíz en las tierras del dueño ya no nos alcanzaba la época para la de nosotros."[143] *"Casi todos alquilábamos tierra. Y casi todos los alquileres eran por trabajo, porque allá* [En el Salvador] *lo que ellos* [dueños de la tierra] *necesitaban eran peones. En la zona donde nosotros estábamos era del mismo dueño. Y cuando alguno se iba le daban la misma casa a otro. Hasta a veces cuando alguien llevaba más de cinco o diez años, algunos dueños no le dejaban trabajar más ahí porque le daba miedo que se hicieran dueños."*[144]

Ante esta situación el campesino salvadoreño elaboraba una estrategia para sobrevivir: de enero a octubre se vivía en los caseríos de La Unión y mientras que de noviembre a enero se trasladaban a las zonas cafetaleras y de caña de azúcar, en las haciendas, como lo relata Jesús Fuentes. De esta forma compensaban sus bajos ingresos.

"Para lograr un poco de dinero, que casi nunca teníamos, lo que hacíamos entre noviembre, diciembre y enero nos íbamos a las zonas cafetaleras. El dinero lo necesitábamos para comprar la ropa. Las zonas de café estaban entre San Vicente y en la zona Occidental. En San Vicente en la parte alta había café y en la parte baja había caña... Había años que íbamos a Santa Ana y San Vicente... Una arroba de café la pagaban a un Colón y .75 centavos de Colón."[145]

"Allí las condiciones de nosotros era que vivíamos en el suelo, debajo de los palos de café, o en las casas en que dormíamos en el suelo, en la tierra. Allí la alimentación que nos daban era ...dos tortillas mal hechas, y un poquito de frijol, sólo los quince días o al tiempo. Ni medicinas

---

[142] Entrevista a Neftalí Velásquez García realizada por Marisín Dixon en Ciudad Romero, 1982.
[143] Entrevista a Neftalí Velásquez García realizada por Marisín Dixon en Ciudad Romero, 1982.
[144] Entrevista a Neftalí Velásquez García realizada por Marisín Dixon en Ciudad Romero, 1982.
[145] Entrevista a Neftalí Velásquez García realizada por Marisín Dixon en Ciudad Romero, 1982.

nos daban, sólo que si había algún accidente. Y los problemas para ir a la corta de café eran también bastantes: Uno se trasladaba de bolsa propia para el transporte. Uno a veces se pasaba semanas enteras de fincas a buscar donde había lugar para cortar café, hasta que llegaba uno al lugar donde había y lo apuntaban a uno. Y de allí que uno no tenía dinero... se trabajaba "el quince" [la quincena] *que es el que le den la plata a uno después del "el quince" ... mientras, no se tenía dinero. Íbamos los dos hermanos y mi papá se quedaba en la casa con las mujeres que trabajaban en la casa."*[146]

Para las épocas de cosecha de café la familia movilizaba la mayor cantidad de fuerza de trabajo disponible para que le resultara más rentable; tratando de obtener mayores ingresos y realizar mayor ahorro. Una mujer de Ciudad Romero nos comenta:

"También las mujeres se iban a las cortas [cosecha de café]. *Nosotras había veces que veníamos hasta dos meses trabajando. Yo siempre dejaba a los niños donde mi mamá... Me iba yo, mi Papá y la comadre Lola. Sólo mi Mamá se quedaba y la comadre y Cheva en la casa y nosotros nos íbamos a cortar café. Con eso era que agarrábamos un poquito más de plata. A uno le pagaban por arroba de café... según sea uno de presto para cortar. Había quien no abundaba y sólo hacía tres arrobas, y había niños que cortaban rápido. Eso es variable. Pero en los cortes de café había familias que se iban enteras."*[147]

Para ahorrar la familia realizaba grandes sacrificios tal como no alquilar cuartos, sino dormir al aire libre o en los portales de casas ajenas.

"Había unos que dormían en portales... Pero nosotros no. Siempre pagábamos piezas... Nos quedábamos en un mesón, pagábamos porque allí nosotros estábamos más adecuados... había servicio de agua, y hacíamos la comida. Pero mucha gente se quedaba en los portales, los corredores de las casas: llenos de gente, de niños y de adultos. Y los que duermen así no podían hacer su comida. Tenían que comprarla hecha.[148]

Un trabajador podía obtener durante la época de cosecha de café alrededor de 128 Colones como ingreso. Siendo un hecho que justifica la presencia familiar en las tareas de cosecha y del traslado de la mayor cantidad posible de fuerza laboral familiar. Calixto Sosa, de Ciudad Romero

---

[146] Entrevista a Neftalí Velásquez García realizada por Marisín Dixon en Ciudad Romero, 1982.
[147] Entrevista a la señora Juana Sosa Mancilla realizada por Marisín Dixon en Ciudad Romero, 1984.
[148] Entrevista a la señora Juana Sosa Mancilla realizada por Marisín Dixon en Ciudad Romero, 1984.

nos señaló que alrededor de esa misma cifra de 128 Colones costaba alquilar anualmente el pedacito de tierra en que él cultivaba en la zona de La Unión.

Otros ingresos familiares provenían de la venta de bienes artesanales y alimentos que eran elaborados en el hogar por mujeres y niños. La señora Juana Sosa nos dice:

"Nosotras hacíamos tortillas para vender y había otras que hacían petates, lozas de barros, ollas, sartenes y comales [vasijas de barro]*... yo lo que hacía era coser ajeno* [trabajar de modista] *y hornear. Hacía pan, quesadilla y tamales... Comprábamos puercos y los engordábamos..." "De la plata que ganábamos en las cortas también hacíamos milpas* [siembras de maíz], *crecíamos gallinas, las criábamos en el mes de marzo para venderlas en diciembre que valían más... Allá las cosas valían más en unos meses que en otros... Cuando ya no quedaba gente* [en el pueblo] *para vender en el mes de diciembre."*[149]

También nos comentó la señora Juana Sosa que las mujeres compraban:

"frutas para vender... comprábamos el ciento... cuando se maduraban lo cargábamos en la cabeza, íbamos a vender en los pueblos de casa en casa." "Cuando hacíamos ollas, petates, eso lo sacábamos a los comercios. Había tres cerca: Polorós, Lislique y Nueva Esparta. Cada comercio tenía un día. El domingo Polorós, jueves a Esparta y viernes en Lislique".[150]

Sitios a los que frecuentemente acudían a establecer comercio y obtener algunos escasos ingresos que apenas alcanzaban para sostener precarias condiciones de vida.

De acuerdo a los relatos de los colonos de Ciudad Romero en Panamá, los caseríos que habitaban en El Salvador eran de pequeñas casitas o ranchos de adobe y paja. La mayoría no contaba con acueductos, luz eléctrica, escuelas, ni atención médica. Estos servicios solamente se encontraban en los pueblos más cercanos, a escasos kilómetros de sus caseríos, un hecho más que refleja el poco interés del Estado Salvadoreño en proporcionarle servicios a este sector de la sociedad. Las difíciles condiciones de vida del grupo de Ciudad Romero se agravaron en el año 1980 por la situación política. Cuando se inició la guerra civil, en el campo se incrementó la violencia con el proceso de implementación de una Reforma Agraria, situación que veremos en el capítulo siguiente en donde explicamos la transformación del grupo de salvadoreños de La Unión en refugiados fuera de su país.

---

[149] Entrevista a la señora Juana Sosa Mancilla realizada por Marisín Dixon en Ciudad Romero, 1984.
[150] Entrevista a la señora Juana Sosa Mancilla realizada por Marisín Dixon en Ciudad Romero, 1984.

3. DE CÓMO EL ESTADO AGROEXPORTADOR SALVADOREÑO PRETENDIÓ RESOLVER LA CRISIS INTERNA DE SU PAÍS TRANSFORMANDO CAMPESINOS POBRES EN REFUGIADOS. LA REFORMA AGRARIA DE 1980 Y EL AUMENTO DE LA VIOLENCIA HACIA LOS POBRES DEL CAMPO SALVADOREÑO

"Voy a contar una historia
Lo que mi pueblo sufrió
La Democracia Cristiana
A mi pueblo masacró
Hoy la Reforma Agraria
Se encuentra en el panteón
Y hay guerrilleros valientes
Que luchan la libertad."[151]

(Canción compuesta por el grupo de los salvadoreños de Ciudad Romero que se refugió en Panamá en 1980)

La crisis económica y social generada por el modelo agroexportador salvadoreño alcanzó su punto más crítico a principios de 1980 luego de varios inestables gobiernos, al imponerse la violencia como la fórmula del Estado para contener el creciente descontento de la sociedad salvadoreña y en especial los campesinos sin tierras.

Como lo señala Mario Menéndez Rodríguez que en 1980:

"Las vías pacíficas para resolver los problemas angustiosos que aquejan a cinco millones de habitantes fueron definitivamente clausurados por los Hill, Dueñas, Regalado, Wright, Guirola, Sol, Daglio, De Sola, Quiñones, Llach, Borja, García Prieto, Salaverría y Meza Ayau. Esto es, por (catorce familias) que controlan la economía de El Salvador: las finanzas, la banca, la industria, el crédito, el gran comercio de importación y exportación, así como la compra interna del café, el algodón y el azúcar, a medianos y pequeños productores."[152]

A partir de 1980, luego del fracaso de la Primera Junta de Gobierno, que sólo duró dos meses en el poder en 1979 al serle imposible dar respuestas a las crecientes necesidades del pueblo que

---

[151] Estrofa de la canción *"La Democracia Cristiana"* compuesta por el Conjunto Musical de Ciudad Romero, transcrita de una grabación en Ciudad Romero, 1982.
[152] Menéndez Rodríguez, Mario. *El Salvador: Una Auténtica Guerra Civil.* San José: EDUCA, 1981. Impreso. Pág. 11.

demandaba principalmente tierras, más trabajo, mejores salarios y condiciones de vida. La primera Junta de Gobierno dirigida por los coroneles José Guillermo García, Jaime Abdul Gutiérrez y Adolfo Arnoldo Majano, estrechamente vinculados con el partido Demócrata Cristiano de El Salvador, respondieron a las demandas populares con una creciente y violenta represión militar, luego del fracaso de algunas reformas, la principal: la Reforma Agraria.

Ya en 1932 la violencia militar había sido la respuesta del Estado hacia miles de campesinos pobres que entonces habían realizado una insurrección popular. En ese entonces, otro militar, el General Maximiliano Hernández Martínez, defendiendo también los intereses de los grandes hacendados, dirigió una represión que recuerdan los campesinos en El Salvador como "La Matanza" pues resultó en el asesinato de más de 30,000 campesinos.

En 1980 la burguesía agroexportadora optó nuevamente por la represión masiva y la violencia indiscriminada hacia la población y en especial hacia los campesinos, al fracasar en su ampliamente publicitada Reforma Agraria, cuyas intenciones de dar propiedad sobre la tierra a un gran número de arrendatarios fueron más que tímidas, un fracaso.

La implementación de la Reforma Agraria contenida principalmente en el Decreto 207 de 1980 no fue exitosa en términos generales, y más bien originó conflictos en las grandes haciendas expropiadas. [153] Esto ocurre debido a la deficiente planificación de los programas de cooperativas sobre las fincas expropiadas. Como también por la negativa de negociación política a la que no estaban dispuestos a ofrecer los dueños de la tierra y el Estado, al no tener claro cómo se llevaría el proceso en su conjunto. Sobre todo, si este afectaría también a las medianas y pequeñas propiedades del campo. Surgieron numerosas confusiones y dificultades en la mayoría de los proyectos de empresas cooperativas promovidas por el Instituto Salvadoreño de Transformación Agraria (ISTA). En 1980 en el marco de la Reforma Agraria, una vez suspendido el decreto 207 que otorgaría títulos de propiedad a los arrendatarios de las pequeñas explotaciones, se desencadenan violentos enfrentamientos entre la población campesina más pobre y los grupos

[153] El artículo manuscrito de Mac Chapin, *A Few Comments of Land Tenure and the Course of the Agrarian Reform in El Salvador*, precisamente constituye un análisis del proceso de Reforma Agraria en 1980 e incluye recomendaciones específicas al gobierno salvadoreño para que ésta pudiese mejorarse. Esta publicación aparece en el Anexo II A. United States International Development Cooperation Agency. El Salvador, Project Paper. Agrarian Reform Organization. Project number 59-0262. AID/LAC/P-060. Sep. 25, 1980.

dominantes del campo.[154] Los campesinos arrendatarios vieron la Reforma Agraria como una medida político- propagandística, que no resolvió sus problemas reales de acceso a la tierra y que más bien contribuyó a enfrentarlos rápidamente con los dueños de la tierra, que en El Salvador poseen una tradición de recurrir a la violencia como instrumento más frecuente de ejercer el poder. A partir de ese año los dueños de la tierra articularon más agresivamente una lucha en contra de las acciones reivindicativas del campesinado, sirviéndose de grupos paramilitares que funcionaron históricamente como su policía privada, o también mediante la acción represiva del Estado a través de la Guardia Nacional Salvadoreña.

En el caso de un estado capitalista agroexportador como El Salvador, las formas democráticas de mediación fueron casi nulas pues el Estado representa a la oligarquía y como afirma Rubén Zamora, cuando históricamente la masa rural ha tenido contacto con las autoridades públicas lo hace en la mayoría de los casos a través o frente a los aparatos represivos del Estado.[155]

Un campesino de Ciudad Romero nos explica sobre la visión de la población pobre del campo y sobre el problema de la tierra, la organización campesina y la ausencia de vías para resolver el problema:

"El mismo gobierno decía que era un buen gobierno y que podía hacer un programa de bienestar para todos... repartir las tierras... pero eso era un slogan a través de la Emisora Radio Nacional, [la emisora del gobierno]. *Y la gente que no sabía, que llegaba de otros países al oír eso... se oía muy bonito, pero nosotros los campesinos la situación la vivíamos en una forma muy estricta y muy dura para poder subsistir. Porque no encuentra uno la forma para sembrar lo que más necesita." "Después de que la Reforma Agraria no resultó, la gente empezó a formarse en organización para exigir sus derechos... y vino la represión. El pueblo se organizó y dijo que, en vez de represión, que se repartieran las tierras, que El Salvador tiene buenas tierras, pero están en manos de los grandes ricos. Que dieran comodidades para que el campesino pueda trabajar. Y es ahí cuando la represión se recrudece más..." "Los Campesinos exigen que en lugar que le quemen una casa, le den donde cultivar y llega el gobierno a un grado que luego de oír lo que exigen los campesinos, bombardearon toda esa zona."*[156]

---

[154] Chapin, Mac. *A Few Comments on Land Tenure and the Course of Agrarian Reform in El Salvador.* s.l.p. June, 1980. (Manuscrito). Pág. 18. Págs.1-39 en Anexo II A. United States International Development Cooperation Agency. El Salvador, Project Paper. Agrarian Reform Organization. Project number 59-0262. AID/LAC/P-060. Sep. 25, 1980.
[155] Ver, Zamora, Rubén. *The Export State: Contradictions and Political Struggle en El Salvador.* Op. Cit. Págs. 25-34.
[156] Entrevista a Neftalí Velásquez García por Marisín Dixon en Ciudad Romero, 1982.

El cese de la Reforma Agraria fue una medida que aisló políticamente a la Junta Democrática Cristiana y causó incluso la renuncia de algunos miembros de este mismo partido:

"Jorge Alberto Villacorta que renunciara el 26 de marzo, era viceministro de Agricultura y responsable de realizar la reforma agraria. Su dimisión es muestra de la imposibilidad de llevar a cabo esa reforma. Cuando Villacorta trabajaba en terreno, pudo presenciar el mismo como el ejército y las fuerzas paramilitares de derecha que hostilizaban y asesinaban campesinos. Opina que el gobierno no sólo había fracasado en detener la violencia, sino que además la creó a través de su propia represión" "Las impresiones de Villacorta son confirmadas por muchas otras fuentes: el FDR, la Iglesia, particulares, trabajadores de asistencia al desarrollo, periodistas, sacerdotes. Según una fuente alemana, el organismo de ayuda al desarrollo, AID [de los Estados Unidos de América], [hizo] *un estudio sobre la primera fase de la reforma agraria. Dicho estudio se convirtió en una crítica implacable contra todo el proyecto. La persona que realizó el estudio abandonó luego el puesto en la AID." "De acuerdo a otras informaciones, el consejero principal para la reforma agraria es un cierto Mr. Prosterman, que ha sido prestado por el organismo sindical norteamericano AIFLD. El curriculum vitae de Prosterman en ese contexto se remonta a una consejería junto al presidente Marcos de Filipinas y al programa de urbanización forzosa en Vietnam, que eliminaría el apoyo a la guerrilla por parte de la población civil."* [157][158]

Debido a la represión indiscriminada, parte de la población de El Salvador optó por engrosar las filas de los ejércitos populares para combatir la violencia proveniente del Estado y de los grupos paramilitares, especialmente en el campo; los grupos guerrilleros formaron uno de los principales bastiones o territorios liberados en el Departamento de Morazán y en las inmediaciones del Cerro Conchagua, próximo a los caseríos de los campesinos de La Unión de este estudio.

Como parte de las estrategias del ejército salvadoreño de contener una insurrección popular en 1980 se iniciaron las operaciones de *limpieza* como medida de aislar bastiones guerrilleros del apoyo de la población civil. Estas operaciones militares generaron migraciones masivas de población de campesinos hacia afuera de sus territorios de residencia.

---

[157] Shori, Pierre. "El Dilema Centroamericano". *Nueva Sociedad.* Enero/Febrero. 1980. Pág. 17.
[158] Montgomery, John D. *International Dimensions of Land Reform: a Westview Press Special Study.* Westview, 1984. Pág. 15.

4. LOS INICIOS DE LA MIGRACIÓN DE REFUGIADOS DE EL SALVADOR

Dado el carácter de simpatía generado en parte de la población campesina de El Salvador por las propuestas políticas de reforma lanzadas por los grupos revolucionarios, el Estado agroexportador salvadoreño optó por el deshacerse de la población en el país, bien exterminándola o bien transformándola en problema para otros estados al lanzarla fuera de El Salvador como refugiados.

En 1980 las principales operaciones militares las dio el gobierno salvadoreño en el Norte del país, en una zona limítrofe con Honduras, que para entonces estaba aún en guerra con El Salvador desde 1969 por los sucesos de la llamada Guerra del Fútbol.[159]

Honduras, para estos días, antes de firmar el Tratado de Paz con El Salvador[160] no permitía de hecho la inmigración a su suelo de salvadoreños que masivamente huían de la violencia en su país. Un dramático testimonio de sacerdotes y monjas de Santa Rosa de Copán en Honduras, sitio fronterizo entre Honduras y El Salvador, cercano al pueblo de la Arada, del 13 de junio de ese año, narra un caso de la situación vivida por algunos de los miles de campesinos salvadoreños que huían hacia la República de Honduras para entonces:

"En enero pasado, un gran número de salvadoreños, en su mayoría niños, mujeres y ancianos, buscaron refugio en nuestro país. En su éxodo eran sistemáticamente acosados por la Guardia Nacional Salvadoreña..." "Uno de los ejemplos más evidentes de ese hostigamiento y crueldad tuvo lugar el pasado 14 de mayo. El día anterior, varios camiones y vehículos del ejército hondureño llegaron cargados de soldados. Sin detenerse, continuaron 14 kilómetros más abajo hasta las cercanías del río Sumpul, en la frontera de Honduras y El Salvador. Por altavoces dirigidos hacia territorio salvadoreño se difundía a gritos, la prohibición de cruzar la frontera."

---

[159] *"La supuesta Guerra del Fútbol de 1969 contribuyó a la disminución del régimen militar en Honduras. Comenzó después de partidos de fútbol plagados los alborotos del mundial en el capital del Honduras de Tegucigalpa y especialmente en San Salvador, El Salvador, durante el cual a los partidarios del equipo local atacaron a los ciudadanos del país que visitaba. Sin embargo, sus causas más profundas puestas en una atmósfera de la tensión entre los dos países, causada en parte por la hostilidad en Honduras hacia la emigración del Salvador que fue avivada por los gobiernos militares de ambos países. El 14 de julio de 1969, después de la disolución de relaciones diplomáticas y de varios choques de frontera, los aviones salvadoreños atacaron blancos de Honduras. La guerra completa en el aire y en la tierra siguió, con Honduras estableciendo rápidamente superioridad aérea para expulsar a las tropas de tierra salvadoreñas. Un alto el fuego que fue mediado por la Organización de los Estados Americanos fue firmado el 18 de julio, pero tardó varios días que se ejecutarán completamente. Los hondureños reaccionaron al conflicto con el fervor nacionalista que dio vuelta contra los militares cuando las fuerzas de tierra del país no pudieron realizarse. En los cuatro días de lucha feroz, entre dos mil y seis mil fatalidades fueron sostenidas. En "Honduras." Gale Encyclopedia of World History: Governments.* Vol. 1. Detroit: Gale, 2008. *Gale Virtual Reference Library*. 31 May 2014.

[160] El "Tratado de Paz" entre Honduras y El Salvador se firmó en noviembre de 1980 en la ciudad de Lima, Perú.

"En el lado opuesto, a las 7 de la mañana, la masacre comenzaba en el pueblito salvadoreño de La Arada. Por lo menos dos helicópteros más la Guardia Nacional Salvadoreña, soldados y la organización paramilitar ORDEN, abrieron fuego contra la gente indefensa. Mujeres torturadas antes de recibir el tiro de gracia y niños lanzados al aire para ejercitarse la puntería, fueron algunas escenas de la criminal carnicería. Los salvadoreños que cruzaban el río eran devueltos al área de la masacre por los soldados hondureños. El genocidio terminó a media tarde dejando un mínimo de 600 cadáveres."[161]

4.1 LA HUIDA DE LOS CAMPESINOS DE LA UNIÓN HACIA LA FRONTERA HONDUREÑA

Una situación similar a la de los campesinos del pueblo de La Arada vivió el grupo de Ciudad Romero en mayo de 1980 cuando se efectuó un operativo militar de la Guardia Nacional Salvadoreña sobre el Norte del Departamento de La Unión.

Sobre cómo se dio el enfrentamiento del Estado contra el grupo de Ciudad Romero en El Salvador, sobre la operación militar que los obligó a salir de su país, Neftalí Velásquez nos dice:

"El bombardeo se dio en las zonas de Ocotillo, Portillo, Agua Fría, siendo un clima de guerra como si se peleara contra otro país... y nosotros no teníamos ninguna preparación para eso, sino que por exigir nuestro derecho fuimos masacrados brutalmente... y lo digo así porque mucha gente de los familiares de nosotros ya no existe."[162]

Durante alrededor de seis meses previos a la salida del grupo de Ciudad Romero de su país en mayo de 1980, el clima de represión por las incursiones de grupos paramilitares y de la Guardia Nacional salvadoreña en los caseríos de La Unión, era tal que la gente tenía que dormir en el monte y no en sus casas:

"Muchos de nosotros no teníamos casas porque habían sido quemadas, y aún se podían oír los slogans que teníamos un buen gobierno y del programa de "Bienestar Para Todos". A dónde en el fondo usted puede ver el producto de lo que era el "Bienestar Para Todos": Nosotros tuvimos que abandonar nuestro país."[163]

---

[161] "Socorro Jurídico." 13 de sep., 1980. Citado en Shori, Pierre. Op. Cit. Pág. 16.
[162] Entrevista a Neftalí Velásquez García realizada por Marisín Dixon en Ciudad Romero, 1982.
[163] Entrevista a Neftalí Velásquez García realizada por Marisín Dixon en Ciudad Romero, 1982.

Neftalí Velásquez explica que debido a la represión efectuada por la Guardia Nacional Salvadoreña y grupos paramilitares que se dio en los caseríos de La Unión se convirtieron en refugiados fuera de su país. Esta situación la vivieron decenas de miles de salvadoreños en países centroamericanos en esa década, incrementando el ya gran número salvadoreños emigrantes indocumentados hacia otros países de Centroamérica y los Estados Unidos desde hacía ya varias décadas.

"Hacía mucho tiempo que la represión estaba fuerte... pero nunca se había hecho cosas como hasta entonces... con lo que hicieron el primero y dos de mayo, no hubo otra alternativa que buscar salida con la poca gente que uno pudo encontrar. Porque toda la gente salió despavorida y no se podía saber quiénes estaban vivos y quiénes estaban muertos, porque todo era un desorden". "La zona fue bombardeada por avión y también por tierra. El ejército montó un operativo tan fuerte que lo que no hicieron por tierra lo hizo entonces el avión".[164]

El grupo de campesinos salvadoreños al que se refiere este libro se dirigió luego de los bombardeos aéreos a la frontera hondureña. Caminaron durante día y medio para buscar una zona de menor peligro, pues se tenía el temor de que se desarrollaran mayores operativos militares. Llegaron así a un pequeño puesto de la frontera con Honduras, al pueblito de La Estancia, ubicado en el Departamento de La Paz, en donde explicaron su situación a las autoridades hondureñas del sitio.

4.2 EL PRIMER SITIO DE REFUGIO

"Nosotros le dijimos [a las autoridades de Honduras] *que nosotros buscábamos un refugio a donde estar. No planteamos quedarnos allí en La Estancia, sino que, si ellos lo permitían, podíamos llegar a otro país, a través de cualquier medio, cualquiera organización para asilarnos... Nos dijeron que no era necesario eso, que de todas maneras lo que nos convenía era* regresarnos. *Si ellos* [las autoridades hondureñas] *estaban dispuestos a entregarnos eso era la muerte y si lo permitían podíamos llegar a otro país, a través de cualquier medio, cualquiera organización internacional, asilarnos... Viendo que nosotros no podíamos irnos todavía tuvimos que quedarnos allí. Sabíamos que había habido una guerra por el sesenta y nueve a donde los dos gobiernos no tenían ninguna alianza, pero entonces nosotros descubrimos que ya eso no era así.*

---

[164] Entrevista a Neftalí Velásquez García realizada por Marisín Dixon en Ciudad Romero, 1982.

Porque fácilmente [los soldados hondureños] *se comunicaban con la Guardia Nacional del otro lado* [la Guardia Nacional Salvadoreña]"[165]

La frontera de El Salvador y Honduras ha sido escenario de tradicionales disputas entre ambas naciones, así como de procesos migratorios no controlados de un país a otro. En mayo de 1980 las relaciones entre ambas naciones se encontraban aún tensas. A diez años de la denominada Guerra del Fútbol se firmaría en octubre en Lima, Perú el Tratado de Paz entre Honduras y El Salvador, tanto el grupo de cómo las autoridades hondureñas lograron concertar la situación de refugio de los campesinos de La Unión como transitoria pero debido a diferentes razones:

Por un lado, la República de Honduras no poseía instrumentos jurídicos que posibilitaran la protección dc los refugiados. Esto es debido a que Honduras, al igual que El Salvador no eran signatarios de la Convención de Ginebra de 1951 y de su Protocolo de 1967, que daría potestad a las Naciones Unidas para brindar protección al grupo como refugiados. Por otra parte, los salvadoreños, en Honduras eran objeto de intimidaciones por las autoridades hondureñas. El señor Neftalí Velásquez agrega sobre el papel de las fuerzas armadas hondureñas en el refugio de La Estancia que los soldados hondureños:

"Colaboraban y actuaban de una forma tan represiva igual como lo hacían los de El Salvador y eso mostraba que eran la misma cosa que el ejército salvadoreño." "Poco a poco nos fueron tratando pésimamente, fueron encarcelados muchos compañeros de nosotros, fueron amenazados con que iban a ser asesinados. Muchas veces sacaron compañeros para llevarlos de noche para hablar con ellos, cosas así que como si no decían la verdad los iban a matar y que de todas maneras hablaran o no hablaran iban a ser muertos, y bueno, muchas amenazas así". "Y nosotros vivíamos entonces como en un frente militar donde si a veces teníamos necesidad de ir a la letrina y ellos [los guardias hondureños] *no querían, no podíamos ir.*[166]

Las condiciones de infraestructura y servicios al grupo, que aún no había sido reconocido como de refugiados, era muy precaria:

"Dormíamos en el fango, debajo de la lluvia. Había sólo una casa que no era suficiente para quedarse. Allí se quedaban los niños. Nosotros [los adultos] *teníamos que dormir afuera."*

---

[165] Entrevista a Neftalí Velásquez García realizada por Marisín Dixon en Ciudad Romero, 1982.
[166] Entrevista a Neftalí Velásquez García realizada por Marisín Dixon en Ciudad Romero, 1982.

"Tuvimos un trato, pues, como diría, a veces uno trata mejor a los animales que nosotros que éramos personas y eso fue lo que pasó por un tiempo de seis meses."[167]

Pasados los seis meses y al tener información sobre la existencia y condición del grupo, dos organismos internacionales, la Organización de Estados Americanos (OEA) y el Alto Comisionado de Naciones Unidas para los Refugiados (ACNUR), empezaron a actuar para resolver el problema del grupo como se relata a continuación.

"La OEA tuvo reconocimiento de nosotros, y les planteamos que queríamos salir a otro país. La OEA nos puso en contacto con las Naciones Unidas que llegaron y nos dijeron que sí nos reconocíamos como refugiados. Nos dijeron que nos iban a dar para mientras alguna medicina y alimentos, ya que por fondos de las Naciones Unidas. Al mismo tiempo nos pidieron que les dijéramos que era lo que queríamos para ellos poder hacer algo. Vinieron, tomaron entrevistas y les dijimos del país al que nosotros queríamos salir. Nosotros decíamos de ir a Nicaragua, pero de estar tan recién pasada la guerra consideramos que la situación no era para Nicaragua recibir un grupo de refugiados por la política que ellos tenían era muy difícil que, aunque quisieran aceptar a un grupo como nosotros. Nosotros sabíamos eso y entonces decidimos. También sabíamos del gran líder de Panamá que era Omar Torrijos y nosotros confiábamos en él, bueno decidimos venir a Panamá, si Panamá nos recibía con todo gusto iríamos. Si Panamá no quisiera aceptar la propuesta de recibirnos, de otros países queríamos México y si finalmente no, se insistiría en hacer gestiones con Nicaragua. Pensamos que las gestiones con Panamá podrían ser porque era un país muy hospitalario en donde existe un gobierno que es democrático y bueno. [Los funcionarios de las Naciones Unidas] *se retiraron y pasó un par de meses hasta que tuvimos la respuesta de que sí. Que el planteamiento que nosotros habíamos hecho fue bien visto por el gobierno panameño. Ellos* [el gobierno panameño] *preguntó qué tipo de gente éramos nosotros y que si estábamos realmente de acuerdo en venir acá. Nosotros dijimos que sí que queríamos ir."*[168]

El ofrecimiento de brindar refugio al grupo de salvadoreños de La Unión en Panamá fue presentada en el campamento de La Estancia en Honduras por una delegación oficial algo especial: Un funcionario de protección legal del Alto Comisionado de Naciones Unidas para los Refugiados

---

[167] Entrevista a Neftalí Velásquez García realizada por Marisín Dixon en Ciudad Romero, 1982.
[168] Entrevista a Neftalí Velásquez García realizada por Marisín Dixon en Ciudad Romero, 1982.

(ACNUR): el señor Phillip Boshoff y dos funcionarios de (PROESA), siendo uno de ellos un morador de la comunidad de Coclesito: el señor Ismael Sánchez y el otro el Sociólogo, ambientalista y politólogo Guillermo Castro Herrera.[169]

La Propuesta del gobierno de Panamá a los refugiados era la de establecerlos en una zona rural de Panamá, con el único compromiso de que trabajaran en función de autoabastecerse a futuro y contribuyeran al desarrollo del país.[170] El grupo de salvadoreños así lo aceptó y manifestó su interés de viajar lo más pronto posible a Panamá. Las condiciones de su estadía en Honduras y El Salvador se hacían más difíciles y peligrosas. El grupo de campesinos de La Unión consideraba que este Tratado podría influir sobre sus condiciones en suelo hondureño. Neftalí Velásquez nos dice:

"Significaba una alianza entre los gobiernos y los ejércitos. Y a nosotros nos bombardeó y masacró la Guardia Salvadoreña. Teníamos miedo de que nos devolvieran a El Salvador y eso era la muerte."[171]

De hecho, esos temores de la población en el campamento de La Estancia eran válidos a ese tiempo y aún más por tratarse de una zona fronteriza. Los conflictos entre El Salvador y Honduras a lo largo de sus fronteras habían cobrado también altos niveles de violencia desde años antes de que los salvadoreños de este estudio llegaran. La violencia llegaba a alcanzar los campos de refugiados, en donde hasta los funcionarios internacionales, a pesar de su presencia no podían garantizar la total protección a la población de las acciones de las fuerzas militares de los gobiernos. En 1984, por ejemplo, en el campamento de Colomoncagua, uno de los más numerosos de Honduras en ese tiempo, fueron asesinados y heridos varios refugiados salvadoreños, como lo señala un cable de noticias de ACNUR:

"Honduras, Colomoncagua: En la tarde del 29 de agosto de 1985, las tropas del ejército hondureño entraron en el campo de refugio. Dos salvadoreños de Colomoncagua, en el Departamento de Intibuca. Dos refugiados, un adulto y un niño de dos meses hallaron la muerte en el curso de esta operación. Veintiocho refugiados fueron heridos, algunos gravemente. Once refugiados fueron apresados. El jefe de la Oficina del ACNUR para las Américas partió

---

[169] Guillermo Castro es en la actualidad Coordinador Académico de la Ciudad del Saber en Clayton, Panamá.
[170] Según nos comentó en una oportunidad el Sociólogo Guillermo Castro Herrera quien hizo el ofrecimiento del gobierno panameño de brindarle refugio al grupo.
[171] Entrevista a Neftalí Velásquez García realizada por Marisín Dixon en Ciudad Romero, 1982.

inmediatamente de Ginebra hacia Honduras con el fin de examinar la situación existente después de este trágico acontecimiento y para expresar a las autoridades la grave preocupación del Alto Comisionado."[172]

Sobre la acción diplomática del gobierno panameño para acelerar la salida del grupo de refugiados de Honduras en 1980, el campesino Neftalí Velásquez García asegura que:

"El General Torrijos, con tanto problema que le puso el gobierno hondureño, buscó la forma para sacarnos lo más rápidamente posible. No se había construido ni los cuartos donde nos íbamos a ser recibidos, pero él se enteró de la situación de nosotros y de todas maneras... sólo interesaba que *llegáramos aquí a Panamá. Lo de las viviendas de nosotros acá era lo de menos porque el General Torrijos sabía que la vida de nosotros estaba en peligro."*[173]

4.3 EL GRUPO DE LA UNIÓN: DE LA ESTANCIA EN HONDURAS AL REFUGIO EN PANAMÁ

El 30 de noviembre de 1980 llegó al Aeropuerto Internacional de Tocumen (también llamado en algún momento Aeropuerto Omar Torrijos Herrera,)[174] el grupo de 353 refugiados salvadoreños procedentes de Honduras en vuelo comercial especial de la aerolínea SAHSA. Inmediatamente luego de la cobertura de la prensa panameña de la llegada del grupo de refugiados que aceptaba el gobierno de Panamá, se les trasladó a las instalaciones de la Escuela de Instrucción Militar de Fuerte Cimarrón, ubicadas a unos 20 kilómetros de la Ciudad de Panamá. Esta localidad serviría de campamento transitorio hasta que se definiera entre el gobierno de Panamá, y las Naciones Unidas cómo se les atendería.

Nuestro entrevistado Neftalí Velásquez García nos relata cómo se dio la llegada a Panamá y cómo fueron recibidos:

"Cuando nosotros llegamos a Tocumen y fuimos recibidos por la Guardia Nacional, fuimos llevados a la Escuela Militar de El Cimarrón a donde fuimos colocados y recibidos en las instalaciones donde se alojaban los alumnos que iban a pasar sus cursos. Después de eso siguieron la construcción de cuatro barracas. Nosotros también pudimos trabajar un poco en esas viviendas que eran temporales. Pero que sí eran necesarias para ubicar a cada familia, en un

---

[172] ACNUR. "Noticias Breves." *Refugiados.* No. 10. Octubre, 1985. Ginebra, Suiza: ACNUR, 1985. Impreso. Pág. 7
[173] Entrevista a Neftalí Velásquez García realizada por Marisín Dixon en Ciudad Romero, 1982.
[174] Hoy llamado Aeropuerto Internacional de Tocumen en Panamá.

cuarto. Nosotros participamos en eso. Eso fue hecho con fondos de las Naciones Unidas. Hubo participación del gobierno, y hubo participación nuestra en la construcción. No más al llegar, lo primero que hicieron fue que, hubo atención médica para ver cómo nosotros estábamos de salud, que enfermedades traíamos. Nosotros estábamos demacrados, ninguno pudo decir con toda seguridad que venía normal, por el sufrimiento que habíamos pasado. Toditos veníamos enfermos. Pero tuvimos allí un tratamiento de varios días de exámenes médicos y tratamientos de buena medicina y después de eso, la comida que la recibíamos. Comíamos en el comedor de la Guardia Nacional. Nos dividimos en tres grupos para recibir la comida. Nadie preparaba la comida, sino que la daban preparada por el personal que había en el comedor y eso nos impresionaba mucho porque ya habíamos encontrado una Guardia Nacional pero que no era como la de El Salvador ni tampoco como el ejército hondureño, sino que era un personal al que nosotros le dábamos toda la confianza. Ellos nos daban todas las explicaciones y nos sentíamos con toda a seguridad. Traíamos una psicosis mental. Cuando mucha gente veía un guardia en El Salvador había terror, pero acá después la gente poquito a poco se fue dando cuenta que no estaba en el uniforme la diferencia, sino que estaba en el corazón y en la nobleza que ellos tenían"[175]

La estadía de los salvadoreños en el Centro de Instrucción Militar de Fuerte Cimarrón fue de tres meses durante los cuales se les brindó asistencia diversa: de alimentación, vivienda, salud, alfabetización, educación, cultura y recreación con el objetivo de mejorar sus condiciones psicológicas y físicas.

Se trató de esta forma de minimizar los traumas de la guerra y los signos de desnutrición que presentaban los refugiados. Uno de los programas que se desarrolló en Fuerte Cimarrón fue de alfabetizar al grupo. Participaron para esta actividad maestros de la institución bajo la cual quedó la mayor parte de la atención al grupo.

El Alto Comisionado de Naciones Unidas para los Refugiados (ACNUR), en el marco de lo que denomina la etapa inicial o de emergencia en los proyectos con refugiados[176], financió la infraestructura y los recursos necesarios para atender a los salvadoreños durante su estadía en Fuerte Cimarrón tales como la construcción de albergues, alimentación y vestidos (Ver Cuadro

---

[175] Entrevista a Neftalí Velásquez García realizada por Marisín Dixon en Ciudad Romero, 1982.

[176] La etapa de emergencia es aquélla en la que de manera provisoria o inicial el ACNUR brinda las necesidades más básicas a un grupo de refugiados, al encontrarse en una situación crítica. Su período es variable y se estima o recomienda dure de tres meses a un año máximo. Ver, ACNUR. *Manual de Ayuda de Emergencia y Proyectos de Solución Durable.* San José: ACNUR-Cruz Roja Internacional, CÁRITAS, s.f.e. .

No. 1). Mientras que el gobierno panameño aportó personal profesional para servir al grupo; entre ellos médicos, odontólogos, psicólogos y maestros. La magnitud de los costos de estadía del grupo en el Fuerte Cimarrón es apreciable a continuación.

CUADRO NO. 1 DONACIÓN Y FONDOS UTILIZADOS POR EL ACNUR PARA EL GRUPO DE REFUGIADOS SALVADOREÑOS DURANTE SU ESTADÍA EN FUERTE CIMARRÓN (NOVIEMBRE DE 1980 A 1981) [177]

ITEM	MONTO EN BALBOAS
1. Transporte Honduras a Panamá (353 personas por vía Aérea).	B/35,000
2. Construcción de albergues temporales	B/30,000
3. Dotación de ropa y utensilios	B/11,300
4. Alimentación (3 meses)	B/65,000

	B/141,300.00

El número de salvadoreños que llegó a Panamá en calidad de refugiados en noviembre de 1980 fue de 353 personas. Sesenta y dos núcleos familiares que se conocían todos ellos entre sí desde su país de origen, pues como mencionamos eran vecinos de caseríos cercanos y además a casi todos los unen lazos de parentesco.

A su llegada a Panamá, el grupo mostraba una alta vulnerabilidad debido a que el grupo estaba constituido en un 70% por mujeres y niños, mientras que sólo el 30% restante del grupo era población masculina económicamente activa y aún parte de este 30% eran ancianos.

Además del deplorable estado de salud que poseía el grupo, el 93.6% de la población en edad escolar y de adultos no sabía leer ni escribir; no había una sola persona que hubiese terminado la escuela primaria en El Salvador[178].

La composición del grupo por edad y sexo al momento de su llegada a Panamá puede apreciarse en el Cuadro No.2 a continuación.

---

[177] Proyectos Especiales del Atlántico. PROESA, 1981. Recibos Originales.
[178] Información sustraída por la autora de una encuesta que realizó las Fuerzas de Defensa de Panamá al grupo a su llegada. Proyectos Especiales del Atlántico (PROESA), 1980.

CUADRO NO. 2 DISTRIBUCIÓN PORCENTUAL DE LA POBLACIÓN DE CIUDAD ROMERO POR EDAD Y SEXO A SU LLEGADA A PANAMÁ. NOVIEMBRE DE 1980 [179]

AÑOS/EDAD				
0-6	6-10	10-15	15-30	30 y más
PORCENTAJE				
28.1	12.8%	12.0%	29.2%	17.9%

SEXO	
Hombres	Mujeres
46.0%	54.0%

[179] Elaboración de datos de la autora de la Encuesta aplicada al grupo de Ciudad Romero a su llegada a Panamá. Proyectos Especiales del Atlántico PROESA, 1980.

En noviembre tanto el ACNUR como PROESA aún no habían confeccionado una guía para la planificación de lo que sería el programa por desarrollar con el grupo a mediano y largo plazo. Se pensaba solo en algunos elementos del asentamiento y en la elección de un sitio por colonizar.

Durante los meses en el Fuerte Cimarrón además de las acciones de primordial asistencia que se le brindó al grupo, el ACNUR y el gobierno panameño establecieron algunos criterios para definir como se llevaría un programa con los colonos y bajo qué condiciones se realizaría. Todas las ideas y discusiones empezaron a darse bajo el marco originario de la propuesta del gobierno panameño de buscar una región en el país donde pudiese darse una colonización con los salvadoreños.

En función de la propuesta de colonización se empezó a buscar el área de asiento definitivo del grupo y surgieron varias alternativas de ubicación. En las provincias de Darién, Bocas del Toro y en otras áreas de baja densidad de población hacia las cuales migran parte de la población campesina de Panamá y que son territorios en franca colonización.

Se estudió con rapidez las alternativas de las regiones probables a escoger para la colonización con los salvadoreños y el balance de lo discutido entonces, fue el siguiente: La alternativa de la provincia de Darién en las cercanías al proyecto hidroeléctrico de Bayano se descartó pues se consideró que Darién era una provincia llena de conflictos entre varios grupos culturales. Por un lado, tenía la migración de la población colombiana y por otra de campesinos interioranos. A partir de la construcción de la carretera panamericana en esa provincia, los colonos provocan el desplazamiento de la población nativa de sus tierras y sus actividades en un proceso de abierta competencia. Se consideró entonces que un proyecto adicional en Darién con los salvadoreños podría desencadenar algún conflicto en la región en la que no se efectúa ningún tipo de control sobre las colonizaciones por parte del Estado panameño.[180]

En estas discusiones participó uno de los principales protagonistas de la decisión de brindar refugio a los salvadoreños en Panamá: El General Omar Torrijos Herrera quien había sido además desde 1971 el gestor del Proyecto de Coclesito mediante una colonización semi dirigida. Torrijos, por estar reciente esa experiencia pensó junto con un equipo de asesores en la posibilidad de efectuar una colonización similar con refugiados de El Salvador. Un elemento considerado

[180] Comunicación personal del sociólogo Guillermo Castro Herrera y la economista agrícola Magali de Pacheco; ambos funcionarios de Proyectos Especiales del Atlántico (PROESA).

entonces fue la importancia de la existencia de una agencia de colonización y desarrollo del Estado que podría brindar asistencia a los salvadoreños.

Se descartaron las tierras del Norte de Veraguas, al ser éstas objeto de reclamo por el pueblo Ngäbe Buglé como su territorio dentro de una futura demarcación de la Comarca; mientras que la alternativa de Bocas del Tono no se evaluó a profundidad.[181]

Se estableció como área más propicia la Costa Abajo de Colón, que también para la década de 1980 era objeto de colonizaciones recientes, pero con un control gubernamental por lo menos en parte de la región. Dentro de la Costa Abajo de Colón se establecieron algunos requisitos mínimos para iniciar la tarea:

1. La existencia de condiciones naturales óptimas para la construcción del pueblo. Es decir, la existencia de fuentes de agua para consumo humano, tierras agrícolas disponibles; facilidades para la construcción de vías modernas de comunicación extra-regional como pistas de aterrizaje de avionetas.
2. Condiciones sociales óptimas dadas por los niveles de aceptación de los pobladores locales del área de colonización de la llegada de los salvadoreños. Siendo un factor fundamental la existencia abundante de tierras libres en no propiedad de uso, al ser la tierra el factor fundamental de producción de campesinos.

Ambos prerrequisitos fueron dados por las características naturales y sociales del frente de colonización en Panamá que abordaremos en el siguiente capítulo. Dentro de la Costa Abajo de Colón se exploró la búsqueda del sitio de colonización con los salvadoreños.

En un primer momento se pensó en ubicar el asentamiento en las cercanías de la comunidad de Coclesito.[182] La razón principal que favorecía esta alternativa era que Coclesito es una de las pocas comunidades en la región que contaba con infraestructura y servicios suficientes instalados para atender a un número adicional de colonos. Además, Coclesito era y todavía es la comunidad de la Costa Abajo de Colón que cuenta con un mayor nivel de asistencia e inversión del Estado.

Un factor adicional que reforzaba la opción de Coclesito era que a partir de 1982 contaría con un camino transitable todo el año que comunicaría Coclesito con los pueblos de La Pintada y

---

[181] Comunicación personal. Sobre las áreas descartadas para efectuar la colonización el sociólogo Guillermo Castro Herrera (funcionario de PROESA) y el sociólogo Antonio Carlos Diegues Santana (funcionario del ACNUR SSU Ginebra) nos comentaron de los sitios que se exploraron como posibilidades, mas no tuve documentos al respecto.

[182] Comunicación personal de Hugo Guiraud (ex director de PROESA).

Penonomé. Desde el punto de vista financiero, esto abarataría el esfuerzo de la colonización en cuanto a los costos de las inversiones locales. Sin embargo, pese a esas ventajas hubo otros hechos a los que se le dieron suma importancia. La concentración de la población lograda en Coclesito alrededor de diversos servicios públicos hacía que las tierras más cercanas al centro poblado presentaran una alta ocupación en base a diversos criterios locales de propiedad. Algunos derechos de propiedad eran verbales y estaban por definirse jurídicamente.

Se pensó que, por ello, de darse una colonización nueva en Coclesito con los salvadoreños, sería necesario reordenar la distribución de la tierra, afectando a los campesinos panameños o al estado; y surgirían relaciones sociales entre coclesiteños y nuevos colonos salvadoreños que serían muy difíciles de controlar y probablemente serían relaciones socialmente desiguales.

Se agregó al objetivo principal de colonización con los salvadoreños el no causar problemas por la posesión o uso de la tierra entre panameños y salvadoreños. Otro prerrequisito como este fue llevando la selección del sitio de colonización a áreas de menos ocupación dentro de la Costa Abajo de Colón, hacia zonas de subsistencia y abundantes en tierras libres.[183]

Para la elección del sitio de colonización, se tomó en cuenta la opinión de los pobladores de varias comunidades de la región Atlántica, sobre cómo veían ellos el establecimiento de un pueblo de colonos salvadoreños. Los únicos instrumentos para la elección del área fueron mapas de la región a una escala de 1:50,000 en los cuales aparecen curvas topográficas, lugares poblados e información sobre buenas tierras para cultivar de acuerdo a la información de pobladores de la región.

En el caso de la descartada alternativa de Coclesito, PROESA poseía fotos aéreas de 1976 de la Cuenca del río San Juan, y su confluencia con el río Coclé del Norte y Toabré en que se podía apreciar el alto grado de ocupación de tierra en las cercanías de la comunidad. En los sitios de colonización que fueron descartados, a excepción de Bocas del Toro, se realizaron vuelos aéreos de inspección y reconocimiento por el ACNUR y el equipo de PROESA con las Fuerzas de Defensa.

---

[183] Elementos centrales señalados por PROESA como justificantes en la elección del sitio de colonización.

5. LA REGIÓN DE COLONIZACIÓN. EL ATLÁNTICO CENTRO OCCIDENTAL PANAMEÑO

5.1 UBICACIÓN Y CARACTERÍSTICAS NATURALES

De acuerdo a la delimitación regional que realizara la Geógrafa Ligia Herrera en 1981[184], el Atlántico Central Panameño es la región natural y socioeconómica comprendida entre los límites geográficos del río Indio al Este, del río Calovébora al Oeste, al Sur la divisoria de aguas o cordillera central de Panamá y al Norte el Mar Caribe; y cuyo territorio es de 3,400 km^2 de superficie.[185]

En términos político-administrativos, esta región corresponde a los corregimientos de Calovébora (Provincia de Veraguas), el distrito de Donoso (Provincia de Colón), el distrito de Chagres además de parte de algunos corregimientos de la provincia de Coclé en la vertiente del Caribe del Istmo. [186]

De acuerdo con los estudios realizados por PROESA, al Atlántico Central Panameño se le puede caracterizar desde el punto de vista ecológico como un bosque tropical muy húmedo[187], razón por la que posee algunas particularidades en aspectos relativos al clima, vegetación, pluviosidad, suelos y biomasa que son comparativamente diferentes a las de otras zonas de Panamá que son popularmente más conocidas y ocupadas.

En el Atlántico Central las temperaturas medias anuales son de 25° centígrados, con muy pequeñas variaciones alrededor de la media. El nivel de precipitación es alto, siendo su promedio unos 3,800 mm^3 de lluvia al año que se distribuyen a lo largo de todo el año, por lo que no puede observarse con claridad la ocurrencia de una estación seca marcada, a pesar de las lluvias disminuyen de febrero a abril y durante el mes de septiembre[188].

En cuanto a las características de la abundante vegetación, la región se caracterizaba por tener una alta tasa de regeneración natural del bosque, que se reflejaba en un muestreo realizado

---

[184] Herrera, Ligia. "La Región Centro Occidental del Atlántico, Principales Características Físicas." En Ligia Herrera, Carmen Miró y Guillermo Castro. Op. Cit. Pág. 9.
[185] Herrera, Ligia. "La Región Centro Occidental del Atlántico, Principales Características Físicas." En Ligia Herrera, Carmen Miró y Guillermo Castro. Op. Cit. Pág. 9.
[186] Herrera, Ligia. "La Región Centro Occidental del Atlántico, Principales Características Físicas." En Ligia Herrera, Carmen Miró y Guillermo Castro. Op. Cit. Pág. 9.
[187] Según información del Instituto de Recursos Hidráulicos y Electrificación. IRHE.
[188] Según clasificación establecida por W. Koppen, utilizada por Ligia Herrera. Op. Cit. Pág. 9

por el Fondo de las Naciones Unidas para la Agricultura y la Alimentación (FAO), en 1971[189] que señaló para el distrito de Donoso un promedio de alrededor de 486 árboles por hectárea que llegaban a alcanzar alturas normales de unos 30 a 40 metros, con troncos que usualmente miden 1 a 3 metros de diámetro. De acuerdo al mismo estudio de la FAO, se distinguían en la vegetación del bosque de la región tres niveles a continuación. Es el superior, el de los árboles de 30 a 40 metros y algunos que sobresalen hasta los 50 a 60 metros de altura. El segundo, es el dosel de vegetación densa, de 10 a 25 metros de altura que está compuesto principalmente por palmas y lianas. Mientras que el tercer estrato corresponde al de palmas enanas y otras especies que no alcanzan grandes alturas. [190]

Los suelos son sumamente delgados y frágiles. En su mayoría son ácidos y con un alto contenido de hierro y aluminio, de textura arcillosa. Debido al alto régimen de lluvias, permanecen saturados la mayor parte del año creando limitaciones agrícolas pues toda la actividad debería realizarse sobre la base de cultivos permanentes o semipermanentes para evitar la erosión y de que los delgados suelos se laven.

El Dr. Guillermo Castro coincide en términos sociales con la delimitación geográfica regional establecida por la geógrafa Ligia Herrera de la región del Atlántico Central (en ocasiones referido por el término Atlántico Centro-Occidental) panameño. Según Castro, la delimitación regional corresponde en términos socio-económicos la región puede caracterizarse como:

"[L]a periferia de las tres áreas que han conocido un desarrollo más sostenido en la historia republicana, a saber: la zona de tránsito que se organiza en torno al enclave del canal y las ciudades de Panamá y Colón; la áreas agrícolas y ganaderas del Pacífico, particularmente Coclé y Veraguas; y las áreas bananeras y cacaoteras en torno a las cuales se ha organizado el desarrollo de la Provincia de Bocas del Toro"[191]. (Ver, Mapa No.6).

---

[189] Enríquez Quintana, Manuel. "Inventariación y demonstraciones forestales, Panamá: Inventario Forestal del Distrito de Donoso." *FO:SF/PA6. Informe técnico No. 5.* Roma: FAO-RENARE, 1971. 60 págs.

[190] Enríquez Quintana, Manuel. "Inventariación y demonstraciones forestales, Panamá: Inventario Forestal del Distrito de Donoso." Op. Cit.

[191] Castro, Guillermo. El Desarrollo del Atlántico Panameño. Op. Cit. Impreso. Pág. 17.

MAPA NO. 6 REGIÓN DEL ATLÁNTICO CENTRO OCCIDENTAL DE PANAMÁ

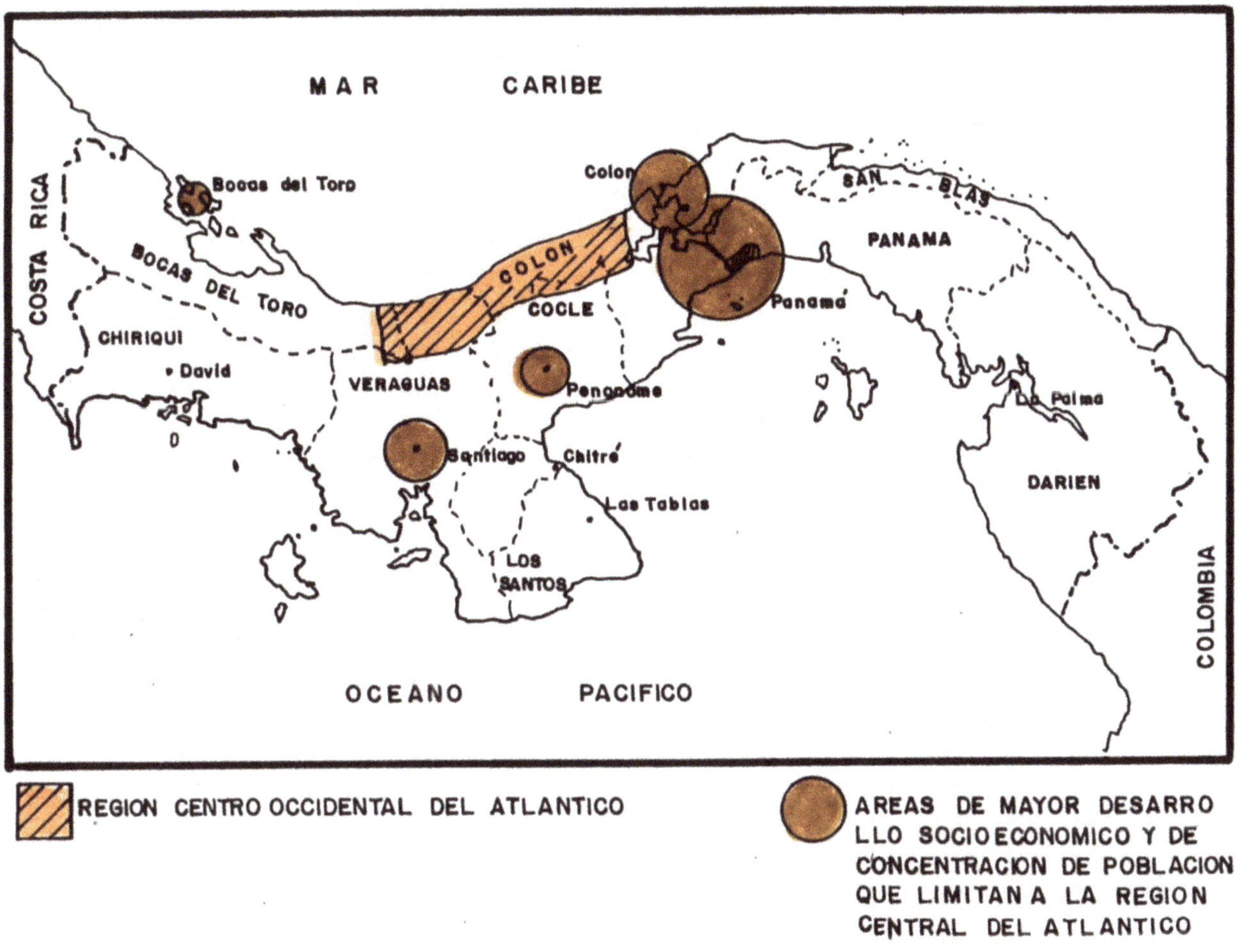

5.2 ALGUNOS ELEMENTOS HISTÓRICOS DE LA REGIÓN CENTRO OCCIDENTAL DEL ATLÁNTICO PANAMEÑO

De acuerdo a diversos estudios arqueológicos realizados puede asegurarse que la región Central o Centro-Occidental del Atlántico ya se encontraba habitada, por lo menos en parte hacia el año 9,000 AC,[192] por aborígenes americanos que en la antigüedad se asentaron en la parte Occidental del Istmo de Panamá. Ellos pueden considerarse como los antepasados de los indígenas Guaymíes[193] o denominados más recientemente **Ngäbe Buglé,** quienes fueron desplazándose de

[192] Cooke, Richard. *Prehistoria e Historia de los Guaymíes de habla Ngawbere y Buglere hasta 1750.* [Fotocopias del Author]. S.f.e. Panamá: Biblioteca del Instituto Smithsonian de Investigaciones Tropicales (STRI). Impreso. Pág. 8.
[193] Cooke, Richard. Idem. Pág. 8

su primer asiento en las montañas de Chiriquí, hacia las tierras de las vertientes del Atlántico y Pacífico Norte y Sur Occidente del Istmo de acuerdo a un proceso que la antropóloga Olga Linares identifica como radiaciones adaptativas.[194] .

Debido a esa migración población Ngäbe Buglé desarrolló diferencias en sus prácticas materiales y sociales al adaptarse a medios geográficos distintos, generaron diferencias entre los grupos del Atlántico y el Pacífico. La más notable en la actualidad, el lenguaje. A pesar del desarrollo de práctica de actividades y lenguaje distinto, estos no se constituyeron en obstáculo para sostener estrechas relaciones entre población de ambas vertientes, incluso durante el período prehispánico [195] . Es por ello que aún en la actualidad el conjunto de aborígenes que habita la parte occidental del Istmo de Panamá constituye una unidad étnica y cultural: El pueblo Ngäbe Bugle.

Hay muy pocos estudios que permitan conocer más sobre aspectos de organización social de los primeros habitantes de la región durante el período prehispánico. La población realizaba una agricultura basada en tubérculos, frutales y maíz que complementaban con tareas de recolección, cacería y pesca, llevadas a cabo a escalas familiares y destinadas al autoconsumo[196].

Los habitantes de la zona luego del descubrimiento del Istmo de Panamá sufrieron los embates y diezmos de su población, situación similar a la mayoría de los casos de otros pueblos aborígenes de América. Los términos de las relaciones entre conquistadores y aborígenes *"por conquistar"* o por *"civilizar"*, provocaron un relegamiento de la población aborigen a sólo parte de sus territorios antiguamente ocupados, y que eran de menor interés a los colonizadores europeos. Es por ello la sobrevivencia física, étnica y cultural del grupo Ngäbe Bugle, a diferencia de otros ubicados en regiones donde cundió el mestizaje y la aculturación de la población. Esto fue posible sólo por el poco interés y acciones de conquista de la Corona de Castilla en la mayor parte de la región del Atlántico Central del Istmo.

Luego de dos años de llegada de Rodrigo de Bastidas al Istmo de Panamá, Cristóbal Colón en su cuarto viaje a las indias occidentales pretendió infructuosamente fundar su fuerte de colonización en tierra firme precisamente en la región central del Atlántico al fundar en enero de

---

[194] Ver, Linares, Olga. Adaptive Strategies in Western Panamá. *World Archaeology Review*. Vol. 8, No.3. London: Routledge and Kegan Paul. February, 1977. Impreso. Págs. 304-319.

[195] Producto de hallazgos arqueológicos Richard Cooke afirma la existencia de relaciones de intercambio entre los grupos indígenas **Ngäbes** del Atlántico y del Pacífico de algunos materiales, productos y enseres, llegando incluso a enumerar los productos intercambiados. Ver, Cooke, Richard. *Prehistoria e Historia de los Guaymíes hasta 1750.* Op. Cit. Pág. 10.

[196] Cooke, Richard. "El Hombre y la Tierra en el Panamá Prehispánico." *A Random Selection of Papers from Smithsonian Tropical Research Institute.* No. 3. S.f.e. Panamá: STRI library, 1977.

1503 el fuerte de Santa María de Belén. Colón dejó un barco en las inmediaciones del rio Belén (La Gallega). Belén fue abandonado un año más tarde debido al fracaso de someter a la población aborigen; esto obligó a los conquistadores abandonar su intento de establecerse en la región a la que volvieron años más tarde atraídos solo por la riqueza aurífera. El oro fue explotado efectivamente y con éxitos durante los siglos dieciséis y diecisiete. A partir del siglo dieciocho la explotación de oro en las minas de Veraguas y Concepción se convirtieron en marginales a las principales actividades coloniales en el Istmo de Panamá[197] centradas el tránsito. Una vez utilizada la proximidad entre los océanos Atlántico y Pacífico para transportar personas, mercaderías, productos, enseres por el Camino de Cruces en función de la conquista y colonización de otras regiones del continente como el Altiplano Sur, que era más rico en metales preciosos. Fue esta razón suficiente para la definición del rol principal de tránsito del Istmo desde el período del colonialismo europeo que se apropió de las riquezas del continente (en especial de metales preciosos). Fue este un periodo de franca des acumulación originaria que constituyó solo el inicio de la orientación exportadora de América Latina.

En el istmo de Panamá durante el periodo colonial europeo se desarrollaron algunas otras actividades de importancia secundaria en respecto al rol principal de tránsito. De ellas, la aplicación del régimen de la encomienda que, respecto a la zona de tránsito, representó lo que la hacienda es en función de las actividades de los centros extractivos mineros[198].

En cuanto a su ubicación geográfica, la encomienda se circunscribió a las sabanas de la vertiente del Pacífico por las características naturales regionales que permitieron la adaptación de tecnología para la producción con mayor facilidad que las zonas tropicales más húmedas del Istmo a las que en términos generales el colonizador europeo consideró como insalubre. La actividad misma y el patrón de ocupación de territorios ligados a encomienda repercutieron en los alcances de sometimiento de la población aborigen de la Costa del Caribe de Panamá. Los aborígenes realizaron constantes ataques a varios centros coloniales del Istmo establecidos en la vertiente

---

[197] Ver, Castillero Calvo, Alfredo. *Estructuras Sociales de Veragua: Desde sus Orígenes Históricos, Siglos XVI y XVII.* Panamá: Editora Panamá, 1967.
[198] Stein, Stanley y Bárbara Stein. *La Herencia Colonial en América Latina.* México: Siglo XXI Editores, 1980. Impreso. Págs. 34-35.

Pacífica, en la que destacan los Misquitos o Mosquitos, incluso durante el período de la unión de Panamá a Colombia[199].

El poco interés que tuvo la corona española en desarrollar la ocupación de la región de la costa Caribe del Istmo hizo que esta fuera solo escenario de acciones efímeras como la piratería y contrabando realizado por potencias como Francia, Holanda e Inglaterra que se disputaban el control de las colonias en el continente con España. La acción de esas potencias llegó a violentar los espacios de seguridad colonial de Castilla, al acceder desde el Caribe los principales centros y ciudades coloniales, que en el caso de Centroamérica y Panamá estaban establecidos en el Centro y vertiente del Pacífico, pues en toda la costa Caribe de la región, España poseía poca población fiel a sus intereses. Para el período colonial hispánico puede considerarse como el más significativo contingente de población nueva el que se estableció con carácter permanente en la región Central del Atlántico al de población procedente de África, exesclavos, población de cimarrones y libertos que huyeron o se trasladaron de las zonas de mayor ejercicio de la esclavitud a partir del siglo dieciséis hacia pueblos libres o palenques a lo largo de todo el litoral de la provincia de Colón. En esos lugares, se dedicaron a actividades agrícolas y de pesca. Sin embargo, este aporte migratorio estuvo lejos de llevar a esta región tanto a altos niveles de ocupación como también de un desarrollo productivo más allá del generado por prácticas de subsistencia. Ello aseguró solo precarias condiciones de vida para los pobladores que se prolongaron sin cambios substanciales incluso una vez efectuada la independencia del Istmo y durante el período de la unión de Panamá a la Gran Colombia. Las acciones que desarrolló el gobierno colombiano en función del bienestar y progreso de los pobladores de esta zona fueron casi nulas.

Fue sólo a partir de mediados del siglo diecinueve cuando el Atlántico Central empezó a recibir otras corrientes migratorias significativas de población. Esto fue consecuencia del desarrollo del sistema capitalista a nivel mundial. A partir de esa época se profundizó la inserción de Panamá en el sistema capitalista mundial como país de tránsito y servicios, bajo una nueva división internacional del trabajo.

---

[199] Comunicación personal 1980s. 1841 es el año en que se tienen las últimas referencias sobre ataques de grupos Mosquitos en el Istmo de Panamá, según nos comentó el historiador Dr. Roberto de la Guardia cuando fui su estudiante en la USMA en la década de 1980.

La región Central del Atlántico se afectó por procesos socioeconómicos y políticos generados desde otras regiones que experimentaron un mayor auge de desarrollo histórico al Sur la vertiente Pacifica del país, hacia su Noroeste la provincia de Bocas del Toro; y hacia el Este por la histórica zona de tránsito interoceánico.

A partir de finales del siglo diecinueve, una de las causas más específicas de la migración de grupos extra regionales del campo de las tierras de la vertiente Pacífica hacia la región Central del Atlántico fue consecuencia de las últimas administraciones conservadoras de Bogotá. Específicamente se dio una cruenta guerra civil entre grupos Liberales y Conservadores a la que se le llamó Guerra de los Mil Días. Este conflicto provocó que gran parte de la población aborigen, aculturada y/o mestiza de los llamados cholos coclesanos fueran ocupando todo el interior de la Costa Abajo de Colón y territorios de la vertiente del Caribe de la Provincia de Coclé en busca de refugio ante los horrores de la guerra [200] Uno de nuestros entrevistados Beleneños, el joven Alberto Navarro narró como su abuela, en la comunidad de Calle Larga, conoció de niña a Victoriano Lorenzo a quien le curó una herida en el pie. [201] Sobre este grupo de "Cholos Coclesanos"[202], que se refugiaron en el Atlántico Central, merece mencionar que se asentaron en pequeños pueblos formando caseríos ubicados a la orilla de los ríos. Allí se dedicaron a actividades agrícolas de subsistencia y a la práctica de una ganadería menor. Con fortuna, este grupo de migrantes, en función de satisfacer las demandas familiares, lograron adaptar sus prácticas productivas a las características naturales de la zona Atlántica, a pesar de que mantuvieron y sostienen aun en la actualidad estrechas relaciones familiares y culturales con sus sitios de origen en la vertiente del Pacífico. Especialmente los Cholos Coclesanos tienen vínculos en Penonomé, provincia de Coclé. Otros flujos migratorios ocurridos en el Atlántico Central durante el siglo diecinueve y principios del Veinte tienen su causal en la construcción de grandes obras de infraestructura en la histórica zona de tránsito. Estas obras fueron realizadas sobre la base de la importación masiva de la mano de obra barata en el extranjero por las compañías constructoras extranjeras. Las principales obras construidas fueron el Ferrocarril de Panamá hecho por la *Panamá Railroad Co.,* luego del

---

[200] Luz Graciela. *One is None, Two is One: Development from Above and Below in North Central Panama.* Op. Cit. Impreso. Pág. 316.

[201] Entrevista a Alberto Navarro realizada por la autora en Belén, 1982.

[202] La antropóloga Alaka Wali considera el término como peyorativo de acuerdo a comunicación personal que me comentó cuando era su estudiante en UMCP, lo cual es compartido por algunos panameños también y científicos sociales, mientras otros pobladores de la región lo consideran como auto denominación y con orgullo.

descubrimiento de oro en California. Esta obra trajo al Istmo un gran número de población extranjera. Posteriormente, el intento fracasado de construcción del canal interoceánico por grupos franceses y luego de 1903 a 1914 cuando se construyó finalmente la vía acuática, el Canal de Panamá por los norteamericanos. La magna obra se realizó con obreros procedentes de las Antillas, India, Europa y otros sitios del planeta. Una vez concluidos los trabajos de construcción y al sobrevenir el desempleo muchos migrantes se asentaron en zonas rurales de Panamá para dedicarse a la agricultura. Algunos de ellos procedentes del Caribe y los de ascendencia asiática lo hicieron a lo largo de pueblos en el litoral de la región Atlántica.

A partir del siglo XX, las actividades de subsistencia de la población de la región Atlántica de Panamá se vieron complementadas por el auge de algunas actividades generadoras de ingreso como lo es a principios del siglo el auge de la actividad bananera, la recolección del caucho, la pesca de Tortuga que duraron al menos a inicios de la década de 1930. El auge del cultivo del banano por pequeños productores se dio al establecerse en la Ciudad de Colón las primeras empresas comercializadoras que aseguraban el mercado de la fruta, y que estimulaban su producción en toda la costa Atlántica. La producción bananera continuó aún luego de que la United Fruit Company estableciera sus propias plantaciones en Bocas de Toro. La producción de este rubro se dio a pesar de verse afectado por el llamado *"Mal de Panamá"*,[203]que mermó la producción del banano en el enclave de Bocas del Toro; motivando a pequeños productores diseminados por la región Atlántica a producir este rubro. Este auge del cultivo del banano para comercialización en la región Atlántica nuevamente disminuyó con la apertura de nuevos centros productores de gran escala en la provincia de Chiriquí al crearse en 1926 la *Chiriquí Land Company,* subsidiaria de la empresa *United Fruit Company.* Las empresas comercializadoras de banano recurrieron a la producción del rubro cultivado por los pobladores del Atlántico Centro-Occidental en los momentos de crisis de producción de otros centros localizados en las provincias de Chiriquí y Bocas del Toro hasta la década de 1950. Cuando la producción del banano para la comercialización ceso, relegando su producción en el Atlántico Central al marco de la subsistencia. Durante el mismo período de auge de banano en el Atlántico Centro Occidental, se dio el auge de

---

[203] Se llama *"mal de Panamá"* a la enfermedad de marchitamiento producida por el hongo *Fusarium oxysporum f. sp. cubense.* Se trata de una de las amenazas, de extensión internacional, más graves de las plataneras y causante de cuantiosas pérdidas económicas. Este patógeno, que ataca las raíces e invade el sistema vascular de la platanera, impide su normal alimentación y ocasiona una progresiva deshidratación, amarillamiento de la hoja, marchitez y, por fin, la muerte de la planta. Por fin el mal de Panamá en la platanera puede ser controlado. Impla, S.A. s.f.p..

la recolección del caucho, al no haberse descubierto hasta 1930 formas de producción sintética de este material. En el Atlántico Central la resina natural de caucho se obtenía del árbol de níspero *(anchras zapota),* uno entre cientos de especies de los que se obtiene el caucho luego de vulcanizar la resina. Este caucho vegetal de níspero producía látex y chicle. Las demandas para este periodo de auge de recolección de caucho provenían de países industrializados con necesidades crecientes de caucho natural asegurando la compra de la resina en esta región. Panamá fue uno de los pocos países en donde se implementó un programa oficial de promoción de este rubro a solicitud del gobierno de los Estados Unidos de América[204]. Sin embargo, al desarrollarse algunos centros productores en otras regiones del mundo como el Sudeste de Asia y Brasil y al descubrirse el caucho sintético, esta actividad de recolección cesó en el Istmo de Panamá y en especial en el Atlántico Central en la década de 1930. La recolección de materia prima para la producción de caucho, chicle y látex fue reactivada en esta región durante el corto período de la segunda guerra mundial cesando en la década de 1950, dejando a los pobladores de la región con la venta para mercados extra-regionales solo de café, tortugas y la venta del coco.

Los efímeros periodos de auge de producción para mercados extra-regionales dejan entrever un rol de dependencia constante de otras zonas en las que la región Centro Occidental del Atlántico tiene un papel de reserva de fuerza de trabajo y reserva de recursos naturales que se activaron solo en función de intereses externos a ella. Las entidades de compañías privadas transnacionales y el Estado de Panamá dirigieron su interés a esta zona que careció de desarrollo sostenible y modernización, sin la generalización de relaciones salariales en la región, dejando a la población con condiciones de vida muy precarias.

Este rol marginal de la región Central Atlántica respecto a los intereses externos fue reafirmado por la política de abandono, que dirigieron los grupos oligárquicos panameños en el Estado durante la mayor parte del período republicano. Las acciones del Estado fueron de abandono, incluso en actividades de servicios públicos elementales y necesarios para la población: no había escuelas, acueductos, centros de salud ni carreteras. Esto es solo comprensible por el carácter oligárquico del estado panameño que durante la mayor parte de la era republicana fue hegemonizado por la burguesía comercial. Esta última solo se preocupó por la profundización de

---

[204] Polhamus, Loren. *Rubber: Botany. Production and utilization.* London: Leonard Hill Books Limited and Interscience Publishers, Inc., 1962. Impreso. Pág. 5.

la subordinación del país a los intereses de Estados Unidos de América y del capital internacional, en desmedro del desarrollo de actividades productivas, industriales y agropecuarias. Las acciones públicas del Estado panameño se circunscribieron geográficamente a la zona de tránsito y a las regiones de desarrollo agrícola y pecuario de la vertiente Sur y volvió a sumir a los habitantes del Atlántico Central en la pobreza. Se sustrajo a la población de no experimentar un desarrollo de sus actividades socioeconómicas al establecerse medidas que dieron a la región un rol de reserva de recursos y de reserva de fuerza de trabajo. Claro ejemplo lo fue la creación de la Reserva de Coclé en 1913 por la administración del presidente Belisario Porras. [205] [206]

A partir de la década de 1950, la región Central del Atlántico experimentó una colonización más intensa, y su tendencia fue ir en aumento. Este es un fenómeno vinculado al complejo proceso de modernización del campo y del crecimiento de actividades industriales y agropecuarias en la vertiente del Pacífico del Istmo de Panamá donde se dieron históricamente los mayores procesos de cambio en el campo que veremos a continuación. Es precisamente durante la década de 1950 cuando se amplían los mercados internos del país producto el tratado Remón-Eisenhower. Este tuvo un papel en el aumento del crecimiento poblacional paralelo a un proceso de urbanización y modernización acelerada en toda la República de Panamá, producto del crecimiento de la industria nacional que también impacto la migración de tipo rural-rural hacia zonas nuevas. Esto también repercutió en la ampliación de la frontera agrícola del país y hacia el Atlántico Central, región a la que posteriormente se sumarían campesinos de la vertiente Pacífica al agilizarse en sus áreas un proceso de concentración de la propiedad sobre la tierra, y que en especial se dio en la provincia de Coclé.[207] Muchos problemas generados por el tipo de modernización e industrialización de Panamá en el siglo Veinte fueron acompañados por una política desarrollista de carácter contra-insurreccional preventiva del Estado. Esta política tuvo como objetivo el atenuar el precarismo. A principios de la década de 1960 se encuentran los principales antecedentes de la Reforma Agraria en Panamá. Entre los antecedentes están, el registro del campesino sin tierra propia (de 1965 a 1968) y la creación del Catastro Rural de Tierras y Aguas (1963).

---

[205] Ver, Joly, Luz Graciela. *One is None, Two is One…* Op. Cit. Impreso. Pág. 32.

[206] Herrera, Francisco. "La Evolución de las Demandas Indígenas sobre la Tierra y las Respuestas del Estado en Panamá." Número17 (1) *Any* 2012 pp. 44-59. Impreso. Pág 49.

[207] Un estudio sobre la migración de campesinos de la península de Azuero es el análisis de Marcela Camargo. "La Migración Azuereña en el regimiento de Tambo, Distrito de Penonomé" (1971). En Heckadon-Moreno, Stanley y Alberto McKay. Op. Cit. Impreso. Págs. 119-132.

Durante la década de 1950 se crearon las primeras oficinas públicas del Estado como el Instituto de Vivienda y Urbanismo (IVU), el Instituto de Fomento Económico (IFE) y el Instituto de Acueductos y Alcantarillados Nacionales (IDAAN). También se iniciaron políticas fiscales acentuando el rol del Estado como garante de la estructura social del país. Se logró la transferencia de capitales desde las actividades como el comercio, los servicios, vivienda, los sectores industrial, manufacturero y agropecuario; se reforzó así su crecimiento y expansión durante la década de 1960.

A raíz del proceso de modernización se produjo un crecimiento económico y el aumento en la concentración del ingreso y las actividades agropecuarias de grandes unidades productivas. También se dio un proceso de movilidad social de la población. Sin embargo, al disminuir el ritmo de crecimiento a finales de esa década, se agudizaron las tensiones entre las clases sociales. Ya se había dado un aumento en el nivel educativo de la población que tuvo gran impacto en la conciencia social. Ello fue observable en el creciente grado de organización y movilización de los sectores populares enfrascados en luchas de carácter reivindicativo y también de tipo nacional que amenazaban con rebasar las respuestas que les proporcionara el Estado.

A partir de la década de 1970, el Estado Panameño asumió una política de modernización que dio respuesta a algunos de estos problemas. En el capítulo siguiente veremos la política del régimen de Omar Torrijos hacia la región central del Atlántico.

6. LA COLONIZACIÓN EN EL RÍO CAÑO, AFLUENTE DEL RÍO BELÉN. ACCIONES DEL ESTADO EN EL SECTOR AGROPECUARIO DEL ÁREA DEL ATLÁNTICO CENTRO OCCIDENTAL PANAMEÑO

A partir de la década de 1970, el Estado Panameño y más específicamente el régimen político liderado por el General Omar Torrijos inició un conjunto de reformas sociales simultáneas a la definición de su objetivo principal de gobierno que fue centrado en la recuperación de la zona del Canal de Panamá. Para ello y en función de la legitimación política de su gobierno surgido a raíz de un golpe de Estado en 1968, el régimen de Torrijos articuló un frente de unidad nacional. Esto fue posible luego de haber diseñado y llevado adelante algunas reformas sociales. Entre las más importantes están el Código de Trabajo en 1972, una reforma agraria, una reforma educativa y otras reformas en materia de salud. Se crearon nuevas estructuras de participación política y también participación social como la Asamblea Nacional de Representantes de Corregimiento desde 1972, que produjo una nueva Constitución. Durante el gobierno de Omar Torrijos el sector público experimentó un crecimiento en cuanto a la burocracia técnica que formuló una racionalización y modernización de Panamá por vía de incremento en la deuda pública externa. El Estado Panameño logró realizar numerosos programas de inversión y programas de servicio a la población.

En el sector agropecuario se crearon a partir de la década de 1970 varias instituciones públicas que racionalizaron y optimizaron la explotación agropecuaria del país. Contribuyeron a la penetración de nuevos capitales en el campo. Entre las principales instituciones figuraban el Ministerio de Desarrollo Agropecuario (MIDA), El Instituto de Mercadeo Agropecuario (IMA), el Instituto de Seguro Agropecuario (ISE), la Empresa Nacional de Semillas (ENASEM), la Empresa Nacional de Maquinarias Agrícolas (ENDEMA), El Instituto Panameño Autónomo Cooperativo (IPACOOP), el Banco de Desarrollo Agropecuario (BDA) que complementó la política crediticia del Estado a los productores agropecuarios que en décadas anteriores eran realizadas por el Banco Nacional de Panamá.

Las políticas de modernización del país y de reformas sociales esgrimidas por el Estado Panameño durante el régimen de Omar Torrijos se orientaron también hacia regiones de escaso desarrollo y gran marginalidad como el Atlántico Centro-Occidental Panameño. Allí se intentó satisfacer las necesidades básicas de la población. De manera más global, estas políticas de modernización tendieron a la ampliación de la frontera agrícola hacia la vertiente Atlántica, región de este estudio. Fue el propio General Omar Torrijos quien acuñó el enunciado *"Conquista del Atlántico"* para referirse al conjunto de acciones que el Estado realizaría para la integración territorial, socioeconómica, política y cultural de Panamá como parte del proyecto nacional de modernización durante su régimen que se autodenominó un "gobierno revolucionario". A pesar de que ni él ni su equipo de gobierno definieran los objetivos, tareas y componentes de esta política, es posible ver sus principales experiencias y resultados en la región Atlántica.

Se experimentó un incremento en el acceso al crédito para la producción. Aumentó el número de beneficiados con préstamos que fueron posibles por la captación y distribución de capitales internacionales concedidos por el Banco de Desarrollo Agropecuario (BDA) para áreas tales como los distritos de Chagres y la cuenca del río Miguel de la Borda entre otros. Allí se promovió la actividad ganadera y cultivos permanentes por ser de las mejores tierras (mejor calidad de suelos) para el uso agropecuario de la región. [208]

El otorgamiento de préstamos agropecuarios propició en el Atlántico Central que un número plural de campesinos asentados en la zona desde décadas anteriores, desarrollaran actividades agrícolas y pecuarias orientadas a la venta en mercados extra regionales. Los préstamos agropecuarios motivaron que muchos campesinos de origen interiorano (de la vertiente Pacifica de Panamá) colonizaran la región por las ventajas que significaba el poder contar con acceso al crédito aún en tierras en las que no poseían títulos de propiedad. Por las ventajas de uso libre de la tierra muchos colonos fundaron o establecieron pueblos en los sitios cercanos a las escasas carreteras o caminos en la región Atlántica. Se dedicaron principalmente a la ganadería bovina como una actividad posterior a la práctica de la agricultura de roza.[209]

Las acciones del gobierno revolucionario de Omar Torrijos incluyeron además del crédito, programas de tipo social, como lo fue la creación y ampliación de los primeros servicios públicos con la dotación de centros escolares, acueductos, pozos brocales y la construcción de centros de atención médica.

Por lo complejo y difícil que significa realizar una evaluación en la justa dimensión del impacto que estos servicios generaron en las comunidades del Atlántico central, solo mostraremos el número de servicios que, casi en su totalidad, fueron instalados entre 1970 hasta 1986 con fondos provenientes de agencias internacionales. PROESA tuvo un carácter experimental también. Rubros considerados nuevos en el país se establecieron. Asimismo, actividades como la acuicultura, ganadería, bufalina, cacao y teca. De 27 colegios primarios existentes en las regiones previas a 1970, en 1986 existían 41 colegios primarios. Para el mismo período se crearon los primeros dos colegios de primer ciclo de educación secundaria ubicados en los poblados de Río Indio y Coclesito.

Se establecieron a partir de 1970 los primeros centros de atención para la salud que sumaron para 1987 un número de 18. Hasta 1986 se habían instalado 20 acueductos en diferentes poblados y se habilitaron 7 pistas de aterrizaje para avionetas y helicópteros. En el año de 1982 se concluyó

---

208 Ministerio de Planificación y Política Económica. *Estrategia de Desarrollo de la Provincia de Colón.* Colón: MIPPE, 1975. Impreso. S.n. págs.

209 Joly, Luz Graciela. "La Migración de los Interioranos a la Costa Abajo." En Stanley Heckadon-Moreno y Alberto McKay, eds. Colonización y Destrucción de Bosques en Panamá. Impreso. Pág. 76.

la construcción de la carretera de La Pintada a Coclesito. Mientras que las Fuerzas de Defensa, a partir de 1985 extendieron el tramo de la carretera costera del pueblo de Río Indio a Gobea para hacerla llegar al poblado de Miguel de la Borda. En 1986, se dio inicio a la construcción de un camino que comunicara el poblado de Santa Fé con Calovébora en el litoral Atlántico de la provincia de Veraguas.

FOTO NO. 2 EQUIPO DE RADIOCOMUNICACIÓN EN COCLESITO [210]

La estrategia de incorporación de la vertiente Atlántica al resto de la Nación también contempló algunos programas de colonización semi-dirigida, siendo el más relevante de ellos el de Coclesito. Paradójicamente se situó en una zona considerada por el entonces Ministerio de Planificación (MIPPE) una zona de reserva para futura explotación de recursos como el cobre y maderas de sus bosques.[211] El mismo documento del MIPPE planteaba para la década de 1970 que debido a la escasa ocupación de la región no se planteaban programas de desarrollo a mediano

---

[210] PROESA, Circa 1983.
[211] Ministerio de Planificación y Política Económica. *Estrategia de Desarrollo de la Provincia de Colón.* Colón, Panamá: Dirección Provincial del MIPPE, 1975. Impreso. S.n.p.

plazo para esta zona. Esta fue una consideración errónea y que denota falta de visión planificadora si se considera que las principales cuencas de ríos con potencial agrícola y pecuario (Coclé del Norte y Miguel de la Borda) ya eran objeto de colonización creciente de campesinos interioranos de la vertiente Pacífica. Además, en las otras cuencas hidrográficas de la región centro occidental del Atlántico, los habitantes de la zona requerían de servicios públicos del Estado en igualdad de condiciones que el resto de la población panameña. El Estado Panameño, al margen de la consideración oficial de la región central del Atlántico como de reserva, efectúo algunos programas como el de la creación de la comunidad de Coclesito en 1971.

El inicio del Proyecto Coclesito coincidió con el período de búsqueda de legitimación del Gobierno del General Torrijos que solo fue viable por la aceptación del pueblo dado el nivel de reformas sociales que propuso el gobierno. En este caso la legitimación política del gobierno la otorgó un grupo de campesinos de la zona Atlántica que presentó sus problemas al mismo jefe de gobierno, el General Omar Torrijos.

Por el nivel y tipo de inversiones realizadas en Coclesito consideramos que este constituyó un proyecto sin precedentes de inversión y subsidio del Estado a campesinos.

En 1971 las principales demandas de los campesinos de Coclesito giraron en torno a los siguientes aspectos:

- Ausencia de ofertas regionales de empleo.
- Bajos e insuficientes ingresos
- Precarios servicios públicos como escuela, atención médica y falta de vías de comunicación que les imposibilitaba establecer relaciones más efectivas con los mercados cercanos a Penonomé, La Pintada y Colón.

El 8 de agosto de 1971 se produjo un diálogo o *´pacto´* entre moradores de Coclesito y el General Torrijos cuyos puntos fundamentales fueron los siguientes:

- El estado proveería a la población de los servicios sociales básicos mediante la creación de un pueblo.
- En él se invertiría en programas productivos de los que derivarían sus ingresos los campesinos.

El punto central del acuerdo sería que:

El Estado aportaría el capital, la asistencia técnica y ayuda administrativa (por lo menos en un primer momento) y los campesinos, lo que podían ofrecer en esos momentos era su fuerza de trabajo. Lo que se produciría sería en beneficio y propiedad de los campesinos, una vez tuvieran capacidad de sostener el programa. Esto sería garantizado por una participación creciente de los beneficiarios.[212]

Lo ocurrido en Coclesito a partir de 1971 fue un reordenamiento y concentración de la población en un pueblo de *"Cholos Coclesanos"* que habitaban hasta entonces pequeños caseríos del curso alto de la Cuenca del río Coclé del Norte. Se dio gracias a la introducción de servicios públicos y programas productivos con inversión del Estado. A partir de 1975 Coclesito fue concebido como un centro productor agrícola-pecuario y de servicios públicos en función del desarrollo de toda la región Centro-Occidental del Atlántico. Coclesito fue también un sitio de apoyo indispensable a la futura explotación de los recursos naturales de la región; en especial de la que sería la explotación de cobre en cerro Petaquilla que está ubicado muy cerca al pueblo. Ante esta perspectiva, Coclesito se convertiría como el centro productor de alimentos y de agroindustrias de la explotación minera.[213]

Durante los primeros años de la década de 1970 el Proyecto Coclesito se caracterizó por un alto nivel de inversiones y asistencia gubernamental en especial proveniente de la Guardia Nacional de Panamá debido a la difícil tarea de construir un centro poblado con características modernas comparado con los caseríos cercanos. Se realizaron algunos programas productivos mediante la inversión y mantenimiento que el Estado Panameño proporcionó. El Estado subsidio los ingresos de parte de los pobladores mediante un modelo asociativo de carácter mixto o compartido con los campesinos de Coclesito.

Las principales acciones promovidas por el estado panameño en Coclesito de 1971 a 1978 o etapa pionera de desarrollo fueron los siguientes:

"La construcción de viviendas salubres con materiales durables... El establecimiento de un Centro de Salud con médicos a tiempo completo... El establecimiento de una escuela que cubriera las necesidades de educación de la población escolar... La construcción de una red de acueductos... La construcción de una mini hidroeléctrica con capacidad para 300 kw/hora... Construcción de una pista de aterrizaje... establecimiento de un sistema de radio comunicación...

---

[212] Rojas de Pacheco, Magali. Coclesito: Puerta de Entrada. Panamá: PROESA, 1981. Págs. 28-34.
[213] Ministerio de Planificación y Política Económica. Estrategia de Desarrollo de la Provincia de Colón. Colón, Panamá: Dirección Provincial del MIPPE, 1975. S.n. Págs.

Trazado y construcción de caminos dentro del poblado... Funcionamiento de una tienda de la comunidad que supliera a la población de algunos bienes básicos y necesarios."[214]

Además de estos programas de carácter social, el estado panameño creó otros programas de tipo productivo como los de ganadería bovina, bufalina y porcina, así como otros de cría de aves y peces. Estos programas tenían como objetivo aumentar el nivel proteínico de la población y que complementaron las actividades familiares en pequeñas fincas de producción de alimentos.

A continuación, detallamos algunas de las principales actividades productivas de inversión estatal trabajadas por los campesinos de Coclesito.

Muchos de los programas productivos tuvieron un carácter experimental y dada la falta de registros específicos no incluimos en este libro su costo. No se contaba a la confección de este escrito una evaluación financiera del Proyecto de Coclesito.

Uno de los primeros programas productivos fue el de la ganadería bovina cuyo objetivo era la producción de carne y leche vacuna para la venta local y a bajos precios.

En 1986 el programa contaba con 750 cabezas de ganado vacuno que producían pies de cría de razas mejoradas mediante un programa de inseminación artificial que se introdujo en 1979. Los pie de cría vacunos producidos en Coclesito eran vendidos a pequeños productores de la región y también algunos eran comercializados en forma extra-regional. Durante la década de 1980 se mantenía un promedio de 730 a 750 cabezas de ganado en Coclesito y este programa fue sujeto de estudio en 1986 para definir su orientación: si lechera o de producción de carne regionalmente o extra-regionalmente.[215]

En 1975 se introdujo en Coclesito un programa de carácter experimental con ganado bufalino en función de estudiar las posibilidades de introducirlo como una alternativa ganadera para el medio ambiente del trópico húmedo de la región y del país *"trabajando con la naturaleza, no contra ella."*[216] Las experiencias de la utilización del búfalo en otros países habían demostrado que su utilización y desarrollo no se realiza a costa del bosque sino en él. La principal ventaja del búfalo esta su capacidad de consumir pastos de hojas anchas que son naturales del trópico húmedo. Los búfalos tienen buena adaptación a las condiciones difíciles de humedad y alta pluviosidad

---

[214] *Estado de Situación de Proyectos Especiales del Atlántico.* Panamá: PROESA, 1985. Pág. 3.
[215] *Estado de Situación de Proyectos Especiales del Atlántico.* Panamá: PROESA, 1985. Pág. 3.
[216] Clavel, Franklin, Horacio Maltés y Luis Roquebert. *El Búfalo de Agua: Alternativa para el Desarrollo Socio-Económico del Atlántico Panameño.* Panamá: PROESA-UEP, 1981. Pág. 14.

como el de esta región, hecho que le ha originado el nombre de búfalo de agua. [217] Los búfalos de agua poseen otras ventajas económicas y sociales que los hacen más rentables que el ganado vacuno: su capacidad de fuerza de trabajo de carga, transporte, mayor desarrollo y producción de carne y leche; así como su gran docilidad.[218]

En 1986 en Coclesito había 327 cabezas de búfalo de agua (buffalypso) cuyos pie de cría eran originarios de la Isla de Trinidad y Tobago. Un documento de PROESA de 1985 señala acerca de la actividad bufalina lo siguiente:

"Los resultados obtenidos permiten reafirmar la tesis que la cría de búfalos constituye un instrumento de fomento para el desarrollo de áreas tropicales húmedas con beneficios económicos y sociales de relevancia... En términos de conclusiones preliminares se puede constatar que este animal había demostrado total adaptabilidad a las condiciones ecológicas de la zona."[219]

FOTO NO. 3 BÚFALO DE AGUA EN COCLESITO [220]

---

[217] Clavel, Franklin, Horacio Maltés y Luis Roquebert. *El Búfalo de Agua: Alternativa para el Desarrollo Socio-Económico del Atlántico Panameño.* Panamá: PROESA-UEP, 1981. Págs. 30-32.
[218] Clavel, Franklin, Horacio Maltés y Luis Roquebert. *El Búfalo de Agua: Alternativa para el Desarrollo Socio-Económico del Atlántico Panameño.* Panamá: PROESA-UEP, 1981. Págs. 32-49.
[219] *Estado de Situación de Proyectos Especiales del Atlántico.* Panamá: PROESA, 1985. Pág. 14.
[220] *Galería de Fotos del Pueblo de Coclesito.* "Hato de Búfalo de Agua en Coclesito." Coclesito Virtual.

Con el objetivo de dotar a los pobladores de fuentes de proteína animal a bajo precio se creó en Coclesito un programa de acuicultura con 14 estanques de cría intensiva de peces, y también de camarón de la variedad gigante de malasia; 66 estanques familiares y de reproducción de semilla que benefició a la comunidad de Coclesito y a las comunidades de San Juan de Turbe, Cutevilla, Molejón, Embarcadero, Calle Larga, Sardina y Cascajal. Eso constituyó un beneficio para aproximadamente 15,000 personas que compraban pescado a .40 centésimos de balboa/libra.

FOTO NO.4 LAGOS ARTIFICIALES DE COCLESITO PARA LA PRODUCCIÓN DE PECES [221]

[221] PROESA, Circa 1983.

FOTO NO. 5 PROGRAMA DE ACUICULTURA EN COCLESITO: TILAPIAS COSECHADAS [222]

FOTO NO.6 PROGRAMA DE ACUICULTURA EN COCLESITO: COSECHA EN LOS LAGOS [223]

---

[222] PROESA. Circa 1980.
[223] PROESA. Circa 1980

FOTO NO.7 CAMPESINOS DE COCLESITO COSECHANDO LOS TANQUES DE ACUICULTURA [224].

FOTO NO. 8 NIÑOS DE COCLESITO COSECHANDO PECES.

224 PROESA. Circa 1980.

FOTO NO.9 ABDIEL CONTRERAS: TÉCNICO DE ACUICULTURA DE COCLESITO

Otro programa del proyecto Coclesito creado en la década de 1980, fue el programa porcino que mantenía 12 vientres de la variedad porcina *Landrace Duroc.* Producían pies de cría de razas mejoradas para su venta a bajos precios a productores regionales. Se cruzaban con variedades de cerdo que eran criollas. Los pobladores de las comunidades vecinas a Coclesito compraban el pie de cría porcino a .75 centésimos de balboa/libra.

Se suma al programa de producción de proteína animal a nivel de la región centro Occidental del Atlántico el programa avícola. Cría de aves de patio para vender a los pobladores del área a precios bajos. Otro fue la reproducción de pie de cría de faisanes y codornices. Este programa fue introducido en 1984 y también de carácter experimental. Pretendía establecer la adaptación de animales que gozan de buenos precios y aceptación en mercados fuera de la región Atlántica.[225] Hubo una introducción experimental de ranas toro de Cuba durante los años ochenta, pero desgraciadamente las ranas escaparon de su cautiverio. Existía asimismo un aserradero que proporcionaba madera para la construcción de casas, y edificios en Coclesito.

---

[225]*Estado de Situación de Proyectos Especiales del Atlántico.* Panamá: PROESA, 1985. Pág. 14.

FOTO NO. 10 ASERRADERO DE COCLESITO[226]

[226] PROESA. Circa 1980.

FOTO NO. 11 MADERA DEL ASERRADERO DE COCLESITO. [227]

[227] PROESA, Circa 1980.

FOTO NO. 12 TRABAJADOR DEL ASERRADERO DE COCLESITO.[228]

[228] PROESA, Circa 1983.

FOTO NO.13 CAMIÓN TRANSPORTANDO MADERA DEL ASERRADERO DE COCLESITO [229]

[229] PROESA, Circa 1983.

FOTO NO.14 TRABAJADORES DEL ASERRADERO DE COCLESITO Y SU CAMIÓN

FOTO NO.15 MADERA DEL ASERRADERO DE COCLESITO

Hacia finales de la década de 1970 el Proyecto Coclesito empezó a experimentar algunas transformaciones al pretender superar sus objetivos iniciales meramente locales para convertirse en una entidad de coordinación regional con el nombre de Proyectos Especiales del Atlántico (PROESA) y cuya zona de acción se extendió hacia otras comunidades debido a la capacidad de Coclesito de ofrecer algunos servicios de asesoría técnica a otras comunidades de la región.

En materia organizativa y de participación, los habitantes de Coclesito y sus comunidades vecinas (Molejón, San Juan de Turbe, Cutevilla, Calle Larga, Embarcadero, Cascajal y Sardina) transitaron de un alto nivel de dependencia del Estado a un incremento en su participación mediante estructuras de dirección y administración de los campesinos. Esto se reflejó en la creación en 1978 del Consejo de Administración del Proyecto Coclesito y con la creación de la Cooperativa Nuestro Porvenir R.L., el 10 de febrero de 1981. Este Consejo, a partir de 1985, inició la transferencia jurídica de las inversiones del Estado en esa comunidad a la población campesina mediante la creación de una asociación de productores del Atlántico, que velarían por la administración de los programas y que propiciarían el desarrollo de la región del Atlántico Centro Occidental del Atlántico considerando a Coclesito el principal polo de desarrollo o centro socioeconómico del desarrollo de la zona.[230]

---

[230] *Borradores de Estatutos de la Asociación de Productores de Coclesito.* Panamá: PROESA-Proyecto Coclesito, 1985.

FOTO NO. 16 POBLADOR EN LA OFICINA DE ADMINISTRACIÓN DEL PROYECTO COCLESITO

Por otra parte, la Cooperativa Nuestro Porvenir R.L. de Coclesito desarrolló programas productivos cuyo financiamiento ha sido en préstamos blandos o de bajos intereses (1%) del Banco Interamericano de Desarrollo (BID) y de otras agencias internacionales de ayuda en donaciones como lo es la organización alemana MISEREOR.[231]

Los principales programas desarrollados por la cooperativa Nuestro Porvenir, RL de Coclesito fueron: el establecimiento de cultivos semi permanentes y permanentes como el cacao asociado a frutales, y algunos otros de ciclo corto con la piña variedad Hawaii que es vendida a los mercados de Penonomé. Esta misma cooperativa desarrolló proyectos de reforestación que incluyeron el tramo de Penonomé-La Pintada con especies maderables como la teca (*tectona grandis*).[232]

---

[231] *Estado de Situación de Proyectos Especiales del Atlántico.* Panamá: PROESA, 1985. Pág. 15.
[232] Idem.

FOTO NO. 17 REFORESTACIÓN DE COCLESITO.

FOTO NO. 18 VIVEROS EN COCLESITO

En el Cuadro No. 3 a continuación figuran algunas de las principales actividades productivas de la cooperativa Nuestro Porvenir de Coclesito durante el tiempo que Ciudad Romero estuvo en el distrito de Donoso, los programas desarrollados por la cooperativa Nuestro Porvenir RL de Coclesito benefició a 170 familias de la zona cuyos ingresos mensuales ascendían a unos $400.00 a $600.00 mensuales.[233]

[233] Comunicación personal de la Ing. Magali de Pacheco, 1986

CUADRO NO.3COOPERATIVA NUESTRO PORVENIR RL DE COCLESITO. PROGRAMAS SEGÚN OBJETIVOS, BENEFICIARIOS Y FINANCIAMIENTO A 1986.[234]

Programa	**Objetivo**	**Beneficiarios**	**Monto**
Establecimiento de 100 hectáreas de cacao híbrido, Préstamo del BID (1981)	Generación de ingresos monetarios a la población de una actividad agrícola de los suelos. Generación de empleo dado el hecho de que es una actividad que requiere uso intensivo de mano de obra por su carácter no mecanizado. Desarrollo de actividad con una vida útil de 40 años.	63 pequeños productores (con promedio de hectáreas de 1 a 2	220.000 (préstamo) 31,000 (donación)
Establecimiento de 100 hectáreas de cacao híbrido, Préstamo del BID (1983)	(son igual a las anteriores)	52 pequeños productores	220,000
Establecimiento de 50 hectáreas de cacao		27 asociados	50,000

[234] Fuente: PROESA.

híbrido. (Donación de MISEREOR)			
12 hectáreas de piña	Mejorar una actividad tradicional de los productores. Generación de Ingresos. Generación de empleos.	30 asociados	34,645.00
20 hectáreas de teca	Reforestación con especies maderables preciosas. Dar respaldo económico a largo plazo.	Todos los asociados de la cooperativa. Este programa tiene un carácter colectivo.	

FOTO NO. 19 REUNIÓN COOPERATIVA EN EL ATLÁNTICO CENTRO OCCIDENTAL, PANAMÁ[235]

La cooperativa Nuestro Porvenir, R.L. tenía una tienda de consumo en Coclesito donde la población compraba productos extra locales.

6.1 ALGUNAS CARACTERÍSTICAS SOCIALES DE LA REGIÓN CENTRO OCCIDENTAL DEL ATLÁNTICO EN 1986

A pesar de los esfuerzos realizados por el Estado Panameño en materia de inversión y servicios y en experiencias de semi dirección de colonización como el caso de Coclesito, la región centro Occidental del Atlántico Panameño se caracteriza por un escaso nivel de desarrollo y de calidad de vida de sus pobladores. Como lo afirma el Dr. Guillermo Castro en 1986, había mayores diferencias entre el *"polo de desarrollo"* que es Coclesito y el resto de las comunidades del

---

[235] En la fotografía se aprecian Dr. Guillermo Castro Herrera, Ing. Magali de Pacheco, Legislador Hugo Guiraud, director del Proyecto Coclesito, Ing. Pedro Rodríguez de IPACOOP y moradores miembros de la Cooperativa y el Proyecto Coclesito.

[235] Castro Guillermo. Sociedad, Política y Desarrollo en el Atlántico Centro Occidental de Panamá. Impreso. Pág. 98.

Atlántico que entre el mismo Coclesito y otra comunidad campesina de la vertiente del Pacífico del Istmo. Al ser Coclesito un pueblo enclavado en la selva que poseía características sumamente modernas, como teléfono, luz eléctrica, y sufría de desempleo estructural.

De acuerdo con los datos del censo de población y vivienda contenido la región del Atlántico Central Panameño alcanzó para 1980 los 11,361 habitantes; es decir que alrededor del .63% de la población total de la República de Panamá. Esta población regional se distribuía en nueve corregimientos, sumando en términos de superficie cerca de 3,434.1 Km^2.[236] De la distribución espacial de la población regional en el territorio da como resultado la densidad de población. Ésta en la región del Atlántico Central era baja en 1980; y solo de 3.3 habitantes por km^2.[237] Una densidad de población baja si la comparamos para el resto del país durante el mismo año (1980) que era de 23.7 habitantes por Km^2.

La población del Atlántico Central fue en aumento en los años estudiados por la Geógrafa Ligia Herrera y la demógrafa Carmen Miró producto de varios factores de orden natural y social, tales como el crecimiento natural de la población y también por los aportes migratorios que se incrementaron en los la década de los 1980s.

La región además de poseer una baja densidad de población se caracterizaba en tiempos del estudio de Herrera y Miró, por una alta dispersión de la población que se reflejaba en el tamaño de los lugares poblados que en un 84.8% en el año 1980 contaban con menos de 50 habitantes, pero que contenían alrededor del 40% de la población total de la región.[238]

La población en toda la región la encontramos asentada a lo largo de los principales ríos, sus afluentes, como también a lo largo de la línea costera por la cual los pobladores se comunican por mar, mediante la adición a los cayucos, de motores fuera de borda. Este patrón de distribución geográfica se da por la ausencia de vías terrestres de comunicación (carreteras y caminos) pues las vías de comunicación predominantes son el río y el mar.

---

[236] Herrera Ligia y Carmen Miró. "Región Centro Occidental del Atlántico. Un diagnóstico Sociodemográfico." En Carmen Miro, Guillermo Castro y Ligia Herrera. *Medio Ambiente y Sociedad en el Atlántico Centro Occidental Panameño.* Panamá: PROESA-BNP, 1984. Impreso. Pág. 64.
[237] Herrera Ligia y Carmen Miró. "Región Centro Occidental del Atlántico. Un diagnóstico Sociodemográfico." En Carmen Miró, Guillermo Castro y Ligia Herrera. *Medio Ambiente y Sociedad en el Atlántico Centro Occidental Panameño.* Panamá: PROESA-BNP, 1984. Impreso. Pág. 65.
[238] Herrera, Ligia y Carmen Miró. "Región Centro Occidental del Atlántico. Un diagnóstico Sociodemográfico." En Carmen Miró, Guillermo Castro y Ligia Herrera. *Medio Ambiente y Sociedad en el Atlántico Centro Occidental Panameño.* Panamá: PROESA-BNP, 1984. Impreso. Pág. 66.

Altos niveles de fecundidad y natalidad son otras de las características de la población del Atlántico Centro-Occidental, y esto lo corroboran los estudios de Miró y Herrera. En un análisis que realizaran las investigadoras en 1981 acerca de los datos censales en 1980, observan que la natalidad en algunos de los corregimientos alcanza casi los límites biológicos. Existe ausencia evidente de prácticas contraceptivas en la población. Sin embargo, observan que la mortalidad de la población es alta. Este hecho se aprecia en algunos indicadores como el promedio regional de la tasa de natalidad (44.76%) mientras que la mortalidad infantil para 1980 era de 81.96 por mil niños nacidos vivos.[239]

FOTO NO. 20 NIÑAS DE LAS COSTA ABAJO DE COLÓN

---

[239] Herrera, Ligia y Carmen Miró. "Región Centro Occidental del Atlántico. Un diagnóstico Sociodemográfico." En Carmen Miró, Guillermo Castro y Ligia Herrera. *Medio Ambiente y Sociedad en el Atlántico Centro Occidental Panameño.* Panamá: PROESA-BNP, 1984. Impreso. Pág. 73.

Datos en materia de Educación para 1980 revelaban bajos niveles. Se adiciona alta incidencia de analfabetismo, una de cada tres personas era analfabeta.[240] En el corregimiento de Calovébora, de población mayoritariamente indígena, la cifra de analfabetismo alcanzó 50% de acuerdo a las cifras oficiales.[241] Para 1980 sólo el 1% al 2% de la población regional había cursado educación secundaria completa.[242] Mientras que sólo alrededor del 22% de los jóvenes de los 15 a 19 años asistía a la escuela.[243] En materia de estudios universitarios sólo se registraron para ese mismo año, treinta personas que habían cursado algún grado de estudios superiores.[244]

Los datos relativos a la migración regional revelaban que esta zona no se había constituido en un espacio socioeconómico que reflejara dinamismo, sino se caracterizaba, por lo contrario. Se experimentaba en esa década una expulsión de la población hacia centros urbanos en especial hacia la ciudad de Colón. La región a su vez es receptora de población campesina de otras regiones de la vertiente del Pacífico de Panamá que migran al Atlántico buscando tierras libres.

El análisis de datos censales de 1980 reveló que alrededor de dos terceras partes de la población de los corregimientos de El Guásimo, Río Indio, Coclé del Norte y San José del General eran provenientes de La Pintada y Penonomé. Los corregimientos de Salud, Gobea y Calovébora en el Atlántico Central recibían un flujo constante de colonos procedentes en su mayoría de Capira (en la provincia de Panamá), Los Pozos (Herrera) y de Almirante en Bocas del Toro.[245] Este fenómeno es observable al comparar la tasa de crecimiento de la población de los corregimientos y el porcentaje de la población no nativa dentro de ellas. De un promedio regional de la tasa de

---

[240] Herrera, Ligia y Carmen Miró. "Región Centro Occidental del Atlántico. Un diagnóstico Sociodemográfico." En Carmen Miró, Guillermo Castro y Ligia Herrera. *Medio Ambiente y Sociedad en el Atlántico Centro Occidental Panameño.* Panamá: PROESA-BNP, 1984. Impreso. Pág. 80

[241] Herrera, Ligia y Carmen Miró. "Región Centro Occidental del Atlántico. Un diagnóstico Sociodemográfico." En Carmen Miró, Guillermo Castro y Ligia Herrera. *Medio Ambiente y Sociedad en el Atlántico Centro Occidental Panameño.* Panamá: PROESA-BNP, 1984Pág. 80

[242] Herrera, Ligia y Carmen Miró. "Región Centro Occidental del Atlántico. Un diagnóstico Sociodemográfico." En Carmen Miró, Guillermo Castro y Ligia Herrera. *Medio Ambiente y Sociedad en el Atlántico Centro Occidental Panameño.* Panamá: PROESA-BNP, 1984. Impreso. Pág. 80

[243] Herrera, Ligia y Carmen Miró. "Región Centro Occidental del Atlántico. Un diagnóstico Sociodemográfico." En Carmen Miró, Guillermo Castro y Ligia Herrera. *Medio Ambiente y Sociedad en el Atlántico Centro Occidental Panameño.* Panamá: PROESA-BNP, 1984. Impreso. Pág. 81.

[244] Herrera, Ligia y Carmen Miró. "Región Centro Occidental del Atlántico. Un diagnóstico Sociodemográfico." En Carmen Miró, Guillermo Castro y Ligia Herrera. *Medio Ambiente y Sociedad en el Atlántico Centro Occidental Panameño.* Panamá: PROESA-BNP, 1984. Impreso. Pág. 80

[245] Herrera, Ligia y Carmen Miró. "Región Centro Occidental del Atlántico. Un diagnóstico Sociodemográfico." En Carmen Miró, Guillermo Castro y Ligia Herrera. *Medio Ambiente y Sociedad en el Atlántico Centro Occidental Panameño.* Panamá: PROESA-BNP, 1984. Impreso. Págs. 82-83.

crecimiento de la población de la región de 3.5, el porcentaje de pobladores no nativos en la región en 1980 era de 23.67, casi un cuarto de los habitantes.[246]

En el censo de 1980 la población económicamente activa (de 10 años y más) en la región Central del Atlántico ascendió a 2,901 personas [247] quienes en su mayoría se dedicaban a las actividades primarias como la agricultura, la caza, la pesca a nivel familiar. Por ello señalaban Ligia Herrera y Carmen Miró que difícilmente estos registros son válidos para analizar datos como lo es el índice de desocupación para la zona. En la región imperaba el subempleo, el empleo eventual u ocasional de la población.[248]

Un análisis de los ingresos de la población de 10 y más años revela que éstos eran extremadamente bajos; el ingreso familiar promedio era de unos 260,00 balboas anuales.[249] A lo interno de la región existe un gran número en la población que no percibe ingresos, como evidencia el cuadro a continuación.

---

[246] Herrera, Ligia y Carmen Miró. "Región Centro Occidental del Atlántico. Un diagnóstico Sociodemográfico." En Carmen Miró, Guillermo Castro y Ligia Herrera. Medio Ambiente y Sociedad en el Atlántico Centro Occidental Panameño. Panamá: PROESA-BNP, 1984. Impreso. Pág. 76.

[247] Herrera Ligia y Carmen Miró. "Región Centro Occidental del Atlántico. Un diagnóstico Sociodemográfico." En Carmen Miró, Guillermo Castro y Ligia Herrera. *Medio Ambiente y Sociedad en el Atlántico Centro Occidental Panameño.* Panamá: PROESA-BNP, 1984. Impreso. Pág. 88

[248] Herrera, Ligia y Carmen Miró. "Región Centro Occidental del Atlántico. Un diagnóstico Sociodemográfico." En Carmen Miró, Guillermo Castro y Ligia Herrera. *Medio Ambiente y Sociedad en el Atlántico Centro Occidental Panameño.* Panamá: PROESA-BNP, 1984. Impreso. Pág. 92.

[249] Herrera Ligia y Carmen Miró. "Región Centro Occidental del Atlántico. Un diagnóstico Sociodemográfico." En Carmen Miró, Guillermo Castro y Ligia Herrera. *Medio Ambiente y Sociedad en el Atlántico Centro Occidental Panameño.* Panamá: PROESA-BNP, 1984. Impreso. Pág. 92.

CUADRO NO.4 DISTRIBUCIÓN DE INGRESO EN LA POBLACIÓN DEL ATLÁNTICO CENTRO OCCIDENTAL PANAMEÑO 1980 [250]

Distritos-Corregimientos	% CON INGRESOS	% SIN INGRESOS
Chagres	35.5	64.5
Donoso	35.9	64.1
Calovébora	13.5	86.5

Podríamos mencionar otras características de la región que igualmente reflejan el bajo nivel de vida de la población para 1980. Entre estas características se destacaban las condiciones mismas de infraestructura habitacional y social de servicio público precario o inexistente.

Respecto a las viviendas de la región Centro Occidental del Atlántico, se caracterizan en la misma década por ser sumamente precarias. En su mayoría ranchos hechos con troncos y hojas de palmas. En algunos casos las viviendas son de madera o cemento.

En la misma región sólo el 20% de las viviendas poseían acueductos en 1980. De ellas 6% dentro de la vivienda; 10% tenían baño y 7% alumbrado eléctrico. Para 1980 había 4 a 5 personas por vivienda y más de 3 personas por cuarto.[251]

Para finales de la década de 1970 El Proyecto Coclesito concebido como centro de desarrollo socioeconómico de la zona o polo de desarrollo luego de su transformación en Proyectos Especiales del Atlántico incrementó sus actividades de servicio en otras comunidades. De esas comunidades en especial lo eran Calovébora, Veraguas, Concepción, Guázaro, Coclé del Norte y Belén. Fue en la década de 1980 cuando se realizó la introducción de los salvadoreños a Panamá y la región, bajo la dirección de PROESA.

---

[250] Fuente: Herrera, Ligia y Carmen Miró. "Región Centro-Occidental del Atlántico Panameño. Un diagnóstico Socio-Demográfico." En Carmen Miró, Ligia Herrera y Guillermo Castro. *Medio Ambiente y Sociedad en el Atlántico Centro Occidental Panameño.* Panamá: PROESA-BNP, 1985. Impreso.

[251] Herrera, Ligia y Carmen Miró. "Región Centro Occidental del Atlántico. Un diagnóstico Sociodemográfico." En Carmen Miró, Guillermo Castro y Ligia Herrera. *Medio Ambiente y Sociedad en el Atlántico Centro Occidental Panameño.* Panamá: PROESA-BNP, 1984. Impreso. Pág. 86.

El grupo de salvadoreños empezó a compartir una historia de luchas junto al campesinado de la zona. Se les ubicó en la cuenca del Río Belén que constituyó un nuevo frente de colonización dirigida promovido por el Estado.

7. UN NUEVO FRENTE DE COLONIZACIÓN EN EL ATLÁNTICO CENTRO OCCIDENTAL PANAMEÑO. LA CUENCA DEL RÍO BELÉN

7.1 BREVE SÍNTESIS DEL PERIODO ANTERIOR AL INICIO DE LA COLONIZACIÓN SALVADOREÑA[252]

Como vimos en el Capítulo II de este libro, el grupo de colonos salvadoreños que habitaban Ciudad Romero, proceden del Departamento de La Unión situado al nordeste de la República de El Salvador. Es una de las zonas más pobre de ese país y en el que reside parte del proletariado rural salvadoreño.

Vimos que los campesinos de La Unión y en especial los de este estudio, subsistían con múltiples dificultades y en condiciones de extrema pobreza en su país de origen. Esta pobreza era causada por una serie de factores de tipo social, económico y político. Entre las principales, el alto grado de fragmentación de la propiedad sobre la tierra existente en esta zona de El Salvador, en la que se practica un uso intensivo de la tierra por una gran cantidad de colonos o arrendatarios que intentaban explotarla más allá de su capacidad agrícola, para la producción de alimentos y como la tierra que es poca cualitativamente, se reduce con gran rapidez. Esto es debido al alto crecimiento natural de la población salvadoreña que ha originado una alta densidad de población y en especial en las zonas rurales sobre las pocas tierras disponibles para la producción de alimentos. La situación de pobreza se explica por el proceso mismo de desarrollo socioeconómico y político de El Salvador como país agroexportador de café, desde principios del siglo Veinte a partir del que se dio progresivamente una orientación agroexportadora de la economía salvadoreña paralela a la concentración del poder económico y político del país en el que un sector ínfimo de la población era constituido por la burguesía agroexportadora de ese país. La burguesía agroexportadora salvadoreña desde entonces acaparó la mayoría y mejores tierras agrícolas del país en función de la exportación del café, caña de azúcar y algodón a la vez que relegó a la mayoría de la población del país a las regiones más pobres. A los campesinos no les quedó otra opción que

---

[252] Consideramos necesario realizar una breve síntesis que reiterará los antecedentes de los colonos salvadoreños en este capítulo. Las referencias bibliográficas de esta síntesis son las mismas que en II y III.

subsistir como agricultores parte del año y asalariarse a bajos precios en cosechas estacionales en las grandes haciendas de café, constituyendo en una gran cantidad de mano de obra movible y barata para la producción.

Vimos también en el Capítulo II y III como la burguesía agroexportadora salvadoreña y en función de sus principales intereses económicos, diseñó un tipo de Estado sumamente particular, el Estado agroexportador. Utilizó este tipo de Estado desde el nacimiento mismo de la República y para beneficio propio. Por ello la burguesía salvadoreña realizó solo los mínimos esfuerzos para mejorar la situación de miseria de la mayoría de la población del país debido a la necesidad de la clase dominante de garantizarse mano de obra barata y estacional para sus cultivos de agroexportación. Esto explica por qué la adopción de medidas redistributivas del Estado agroexportador fueron históricamente nulas. El Estado Salvadoreño recurrió a las más fuertes medidas represivas contra la población cuando éste ha pretendido luchar por algunos elementos reivindicativos mínimos e incluso de los más esenciales. Esto dio como resultado una larga historia de violencia y represión en El Salvador a partir de finales de la década de 1970. Provocó también una violenta guerra civil que fue la mayor crisis del modelo político y socioeconómico de la clase dominante.

La guerra en El Salvador enfrentó con gran violencia la mayor parte del pueblo salvadoreño y a la clase dominante, en especial a la oligarquía agroexportadora. Ésta recurrió a accionar a sus agentes tradicionales de Estado y de clase, provocando decenas de miles de asesinados en el país. También produjo miles de desplazados internos, torturados, encarcelados, así como una gran cantidad de población refugiada en varios países fronterizos de América Central, América del Norte y Panamá.

Como parte del campesinado pobre de El Salvador, el grupo de Ciudad Romero se vio afectado por la situación de guerra de su país de origen. Fueron hostigados por constantes ataques en operaciones militares de la Guardia Nacional Salvadoreña, así mismo como de grupos paramilitares. Se vieron en la necesidad de huir de sus caseríos en el Departamento de La Unión, a un punto fronterizo de la República de Honduras como refugiados.

Al prolongarse y agudizarse la Guerra en El Salvador, y al no ser óptima la situación del grupo en Honduras, aceptaron el ofrecimiento del Gobierno de venir a Panamá como refugiados.

Esta fue una experiencia novedosa en el país: la primera colonización dirigida con campesinos extranjeros en una de las regiones de mayor pobreza en el Atlántico Centro Occidental Panameño.

7.2 MICRO-REGIÓN DE COLONIZACIÓN EN LA CUENCA DEL RÍO BELÉN: COSTEÑOS, NGÄBE BUGLÉ, "CHOLOS COCLESANOS".

Ciudad Romero en la República de Panamá estaba ubicada en las márgenes del río Caño, afluente del río Belén. En el corregimiento de Coclé del Norte, distrito de Donoso, provincia de Colón a unos 5 kilómetros de la desembocadura del rio Belén. (8° Latitud Norte y 80° 51 Longitud Oeste). Estaba próxima a otros pueblos de la región como Concepción, Veraguas, Belén y Escribano. Cerca de caseríos ubicados en la cuenca del río Belén como Gallina, Belencillo, Los Castillos, Rojas y Sardina y también de la comunidad de Calle Larga en el curso alto de este río.

El río Belén constituye el límite natural que define la división político-administrativa de esta zona. Hacia su margen Oeste está la provincia de Veraguas y hacia el Este es la provincia de Colón.

La población de los pueblos y caseríos cercanos a Ciudad Romero tenían diferencias étnico-culturales y en la distribución espacial de la población de la siguiente manera: Hacia el interior de la cuenca del río Belén encontramos los caseríos que siempre en la margen Oeste del río son de población Ngäbe Buglé o al que la población de Belén se refería como Guaymí. Hacia la margen Este del río esta la población de los que en la región se autodenominaban cholos coclesanos, siendo el pueblo más importante del interior de la cuenca del Belén, Calle Larga. Ambos indígenas y cholos coclesanos dejaban la línea costera a la población negra y mulata de Afro-panameños, la que se autodenominaba costeños y cuyas principales actividades veremos a continuación (Ver, Mapa No. 7)

MAPA NO. 7 DISTRIBUCIÓN ESPACIAL DE LOS TERRITORIOS EN LA MICRO REGIÓN DE COLONIZACIÓN SEGÚN GRUPOS ÉTNICO CULTURAL [253]

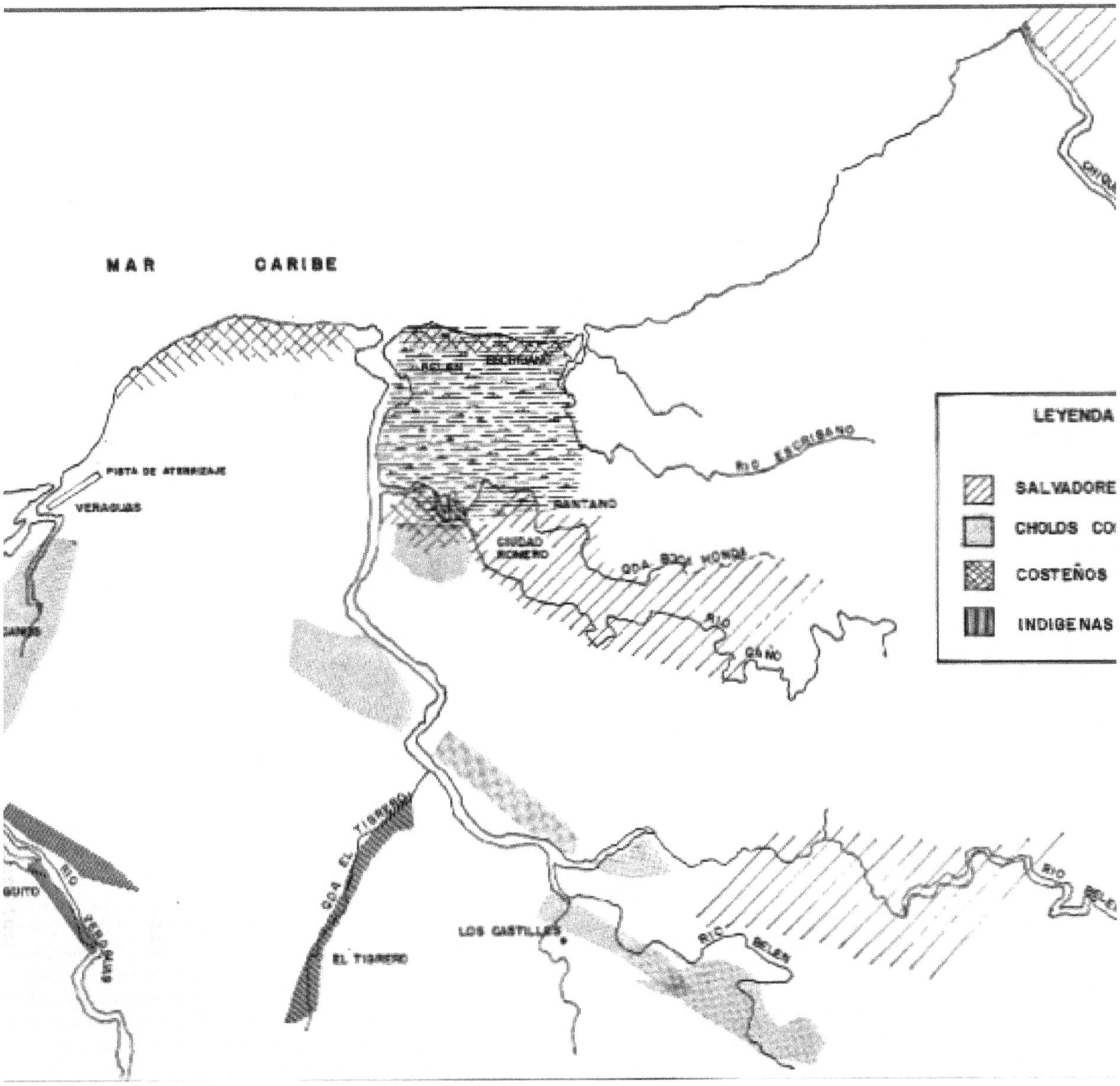

Los pobladores de esta región eran objeto de una política de integración al resto de la Nación por parte del Estado. La estrategia era reciente cuando los salvadoreños ingresaron a la zona. El aislamiento y abandono de los habitantes a su suerte fue la historia de la política del Estado Panameño, nótese lo expresado por el joven Alberto Navarro sobre el pueblo de Belén:

[253] Dixon Silvera, Marisín Isabel. Una Experiencia de Colonización Dirigida: El Caso de Ciudad Romero. Universidad Santa María La Antigua, 1986. Pág. 177.

"Belén esta siempre en la cola, como la cola de la vaca. Está en la cola de la costa, porque aquí nunca llega nadie".[254]

De los grupos cercanos a Ciudad Romero encontramos grupos étnicos Guaymíes o Ngäbe Buglé, costeños criollos, y de llegada más reciente también de población mestiza de Coclé. Los habitantes Ngäbe Buglé, cercanos a la comunidad de Ciudad Romero habitaban pequeños caseríos familiares en la margen occidental del río Belén. Tienen sus ranchos situados en pequeñas alturas cercanas a la principal vía de comunicación que es el río. En términos generales la población Ngäbe Buglé en la cuenca del Belén era poca en la década de 1980.[255] Esto no era así en los dos ríos más cercanos de Veraguas y Concepción en las que, río arriba, la población era mayoritariamente Ngäbe Buglé.

Las principales actividades productivas de los Ngäbe Buglé están vinculadas al consumo familiar, y es por ello que se dan en pequeña escala. Practican la pesca de río, crían ganado menor (aves, ñeque y cerdos), practican la cacería. Como principales actividades agrícolas están la producción de tubérculos (yuca y otoe) y frutales como el pixbae, banano y plátano que complementan con el cultivo de granos como el arroz y el maíz. Algunos Ngäbe Buglé migraron en la década de 1980 a los pueblos situados en el litoral, cercanos a Ciudad Romero, como Concepción y Veraguas; atraídos principalmente por la creación de algunos servicios públicos como las pequeñas tiendas de consumo en donde compran algunos productos de la ciudad. También migraron por la existencia de pistas de aterrizaje que les permite en ocasiones el viajar gratuitamente en avionetas del Estado, en especial de PROESA, para satisfacer sus necesidades médicas en Coclesito, Penonomé y Ciudad de Panamá. Otros, migraron hacia la costa por la existencia de escuelas primarias completas. Envían a los niños a estudiar, a pesar de las dificultades que esto representa. Al ingresar los niños empiezan solo a aprender primero el idioma español; hecho que consideran algunos les posibilita un mejoramiento en sus niveles de negociación y relaciones con los pobladores de la costa, el Estado y sus funcionarios, que en su mayoría visitaban y atendían a los pueblos del litoral.[256]

---

[254] Entrevista a Alberto Navarro, realizada por la autora en Belén, 1982.

[255] Resulta difícil cuantificarla por la no segregación étnica-cultural de los censos nacionales a partir del Censo de 1950. Pero pudimos apreciarlo en numerosas giras por el río Belén.

[256] Según nos lo indicaron Ngäbe Buglé de dichos pueblos que asistieron a las asambleas comunitarias que realicé en abril 1982 en los poblados de Concepción y Veraguas en el marco de un estudio publicado por Guillermo Castro. Ver, Castro, Guillermo. "Sociedad, Política y Desarrollo en el Atlántico Centro-Occidental de Panamá." En Carmen Miró, Guillermo Castro y Ligia

En Concepción y Veraguas, dos pueblos del litoral cercanos a Ciudad Romero, la migración de los 1980s de Ngäbe Buglé generó algunos problemas en la década de 1980. Los costeños por un lado consideraban esta migración Ngäbe Buglé como positiva, como nos comentó un costeño: *"el interés de los indios por civilizarse y progresar"*, sin embargo, ha causado problemas por la posesión y entonces uso futuro de las tierras de la franja del litoral Norte de la provincia de Veraguas cultivadas por costeños, cholos coclesanos e indígenas Ngäbe-Buglé hispanohablantes. Los Ngäbe Buglé y no indígenas las reclamaban como sus tierras en la entonces futura demarcación comarcal.

A pesar de haber suficiente tierra para ser trabajada por grupos Ngäbe Buglé y no indígenas, el problema de propiedad llevaba a desconocer la propiedad y uso de las tierras en ese momento. Por ejemplo, dos costeños cuyos nombres mantenemos en anonimato señalaban en noviembre de 1985 en Belén sobre el problema de la tierra:

"Los indios se meten siempre a cultivar en las tierras en rastrojo trabajados por la gente de la costa. A veces se roban los productos de nosotros: las cabezas de plátano sin siquiera pedir permiso para cogerlas". "Uno se las pudiera dar, pero ni le dicen al dueño del monte que van a cosecharle algo. Se la pasan aguaitando a ver cuándo están para cosechar lo que uno siembre rio arriba. Y es que a ellos no les gusta tumbar el monte. Sino que en los terrenos de uno cuando hay rastrojo se meten, si siembran algunos guineos y yucas en unos pedacitos y piensan que ya todo ese bajo con sus manchitas sembrados es de ellos. Y así de esta manera hasta quieren reclamar toda la costa como comarca."[257]

Por ello muchos costeños y cholos coclesanos adversaban quedar *"bajo la ley de los indios"*, alegando que éstos no vivían en la costa antes; por su parte los indígenas migrantes hacia los pueblos del litoral alegan, basándose en la historia, todo lo contrario, al señalar que todos esos territorios son Ngäbe Buglé y que sólo se habían acercado más a esos pueblos del litoral por la presencia de escuelas, las tiendas y las pistas de aterrizaje.[258]

Herrera. *Medio Ambiente y Sociedad en el Atlántico Centro Occidental Panameño.* Panamá: PROESA-BNP, 1984. Impreso. Pág. 99.

[257] Entrevista realizada por mi persona a un poblador de Belén. Noviembre 1985.

[258] Ver los formularios de las asambleas comunitarias que sirvieron al estudio de Guillermo Castro. Idem.

Tal como mencionamos anteriormente, Calle Larga es uno de los pueblos de la cuenca del río Belén. Está a unas seis horas en cayuco subiendo su curso. [259]

Los vínculos principales de los habitantes de Calle Larga *"hacia afuera"* de la región son con los pocos pueblos y caseríos del distrito de la Pintada y Penonomé como también con la Ciudad de Colón, utilizando la ruta de "bajar" el río Belén y "salir" por mar hasta el pueblo de Palmas Bellas cercano a la ciudad de Colón.

Los cholos de Coclé lograron una adaptación a las condiciones naturales de la región Centro-Occidental del Atlántico, a la que migraron a finales del siglo diecinueve y a principios del siglo Veinte en la que practicaron una explotación racional de los recursos y a la que contribuyó la abundancia en la región de tierras vírgenes o *"montañas"* como les llaman. Dada la baja densidad de la población regional, esto permitía el cultivo de especies del área y una rotación adecuada de sus montes o trabajaderos[260] en barbecho, período por el cual el campesino *"deja un terreno por algún tiempo sin laborar"* [261](de unos cinco a siete años como promedio) teniendo sus fincas pequeñas con café, plátano, yuca o banano, además de practicar la cacería, la pesca de río y cría de gallina o cerdos.

La búsqueda de servicios públicos básicos para la población y en especial escuelas para los niños, llevó a algunos pobladores de Calle Larga a migrar "río abajo" en un proceso lento y por etapas (dependiendo de los grados que tenían las escuelas públicas). Este proceso llevó a algunos cholos coclesanos a establecerse en pueblos del litoral y en este caso Belén.

Una de las familias migrantes hacia Belén fue la del señor Martín Navarro y de la señora Marta Rosa Quirós, originarios de Bajo Grande (provincia de Coclé). Vivían en el poblado de Calle Larga y hace unos cincuenta años migraron lentamente hasta llegar a Belén.

Según nos comentó en una ocasión el Señor Martín Navarro, la migración de su familia a Belén se debió principalmente a las siguientes razones:

---

[259] Dada la vinculación del hombre con la naturaleza de la región, atendiendo a las pendientes y límites dados por la topografía, el concepto de subir el río es ir contra la corriente, hacia la cordillera Central. Y bajar el río es lo contrario o ir hacia su desembocadura. El ir hacia afuera del Atlántico significa o ir a la ciudad de Colón o del otro lado de la cordillera Central, a la vertiente del Pacífico. El concepto de estar o no en el Atlántico Central es tan asumido por los pobladores que, en el caso de Belén, con los cuales tuvimos contacto, dicen cuándo van a la ciudad de Colón, Penonomé y Ciudad de Panamá que van *"pa' dentro"* o *"pa' fuera"* (del Atlántico Central).

[260] Trabajadero es como le llaman los habitantes a sus fincas donde van a trabajar.

[261] Santos de Morais, Clodomir. *Diccionario de la Reforma Agraria Latinoamericana.* EDUCA, 1983. Pág. 100.

"Los muchachos estaban creciendo y no quería que perdieran la oportunidad de ir a la escuela. Esa oportunidad que yo no tuve"[262]

Nos comentó un hijo del señor Navarro que unos cincuenta años atrás había unas escuelitas particulares de uno o dos grados, por lo que agrega el entrevistado que:

"Año con año fuimos bajando (el río) *hasta llegar a Belén donde nos quedamos a vivir"*[263]

Aclaró el señor Martín Navarro que en el pueblo (Belén) se quedaron su mujer y sus hijos porque él siguió trabajando río arriba y a lo largo de todo el río Belén por el que según afirmó tenía varios montecitos. Y nos comentó que a diferencia de la gente de Belén (refiriéndose a los costeños), que siempre viven en el pueblo, él seguía siendo *"hombre del campo y no del pueblo".* *"Yo llego siempre del monte un día, dos días a traerle algo a la familia (productos de cosechas o cacería) y me voy ligero al monte porque me siento mal de estar solamente aquí en el pueblo."*[264]

Nos agregó en nuestra entrevista del año 1982 que *"en Belén se ha quedado más bien la familia* que *ya están grandes y tienen sus propios compromisos."*[265] Lo que significa haberse casado con costeños o haber conseguido algún trabajo eventual con el Estado. Uno de los hijos, Alfonso o *"Foncho"* Navarro, consiguió trabajo con PROESA como operador de cayucos de motor. El otro hijo: Alberto *"Beto"* Navarro consiguió trabajo con PROESA en Belén como operador de la radio para comunicación con Coclesito y otros pueblos del Atlántico y también con la Ciudad de Panamá que transmitía comunicación con el entonces Aeropuerto Marcos A. Gelabert que estuvo localizado en el área de Paitilla, Ciudad de Panamá.

Esta era la situación típica de los casos de familia de origen coclesano migrantes al litoral y que continuaban vínculos con sus lugares de origen en Coclé y con sus actividades agrícolas en sitios de residencia anteriores.

Alberto Navarro nos corroboró el relato de su padre Martín explicando las razones que los hizo migrar a Belén cuando él era niño:

"El hecho de habernos establecido en Belén es que mis padres son de Bajo Grande de El Copé, más del interior. Pero allá los terrenos son problemáticos porque es poco ya lo que quedan. Acá en la selva es más distinto. Vivíamos en un lugar que le llamábamos El Embarcadero en Calle

---

[262] Entrevista realizada por mi persona al señor Martín Navarro en Belén, 1983.
[263] Entrevista realizada por mi persona a Alberto Navarro en Belén, 1982.
[264] Entrevista a Martín Navarro realizada por mí en Belén, 1983.
[265] Entrevista a Martín Navarro realizada por mí en Belén, 1983.

Larga. Hoy día Calle Larga ya es un pueblo. Hecho con las mismas luchas que aquí en Belén. Vivimos bastante tiempo ahí (en Calle Larga) *cuando nacimos nosotros, los más viejos como Silvia. Mi papá que ha sido siempre un hombre luchador, agricultor, trabajador se fue yendo más para "abajo" del Embarcadero donde vivíamos. A un lugar que se llama Guayabal que es un "brazo"* (afluente) *del río Belén. Ya estando por ahí, por ahí, había más familia y más familia: mis hermanos y se llegó el caso que teníamos que ir a la escuela y la única escuela más cercana era Belén. Ya teníamos que venir a las clases. Papá nos bajaba acá (Belén), acá no teníamos casa, pero nos quedábamos, apenas terminaban las clases volvíamos con todo para allá. Y eso fue año sobre año. Allá teníamos el trabajo, los montes, la cría de puercos, era un problema duro para mis padres. Cuando venían los maestros teníamos que "bajar" y cuando se iban teníamos que "subir". Y nosotros vivíamos de lo que cultivábamos y las aves que se encuentra uno por el bosque y teníamos los cultivos arriba y había que bajar la comida también. Cada año había más niños para la escuela y más carga* (de comida). *Se hizo una escuela en Belencillo que duró por dos años. Nos quedaba más cerca. Poco a poco bajamos hasta que nos vinimos a Belén y mi papá consiguió una casita del otro lado del río Belén mismo."*[266]

Otro motivo que hizo a esta familia migrar hacia Belén fue el atractivo representado por la oportunidad de trabajar en la recolección del caucho en el bosque según nos comentó en una oportunidad el señor Alberto Navarro quien acompañó a su padre Martín en esas tareas siendo niño. Esta actividad, agregó, cesó a mediados de la década de 1950.

Una vez iniciado el Proyecto Coclesito en 1971, la gente del pueblo de Calle Larga empezó a establecer mayores vínculos con esa comunidad. Así también al empezar a participar en algunos programas del proyecto Coclesito, principalmente a beneficiarse de los servicios públicos y sociales. Los vínculos entre estas dos comunidades se fortalecieron aún más a partir de la apertura de un camino para uso humano que comunicó Calle Larga con Coclesito, unas 4 horas a pie.

7.3 LOS COSTEÑOS DE BELÉN Y ESCRIBANO

El grupo de población que estaba más cercano a Ciudad Romero en Panamá y la comunidad con la que la población tenía mayor relación era Belén y Escribano. A pesar de que Belén y

---

[266] Entrevista a Alberto Navarro realizada por mí en Belén, 1982.

Escribano son dos localidades distintas, conforman una sola comunidad y unidad física en la línea costera entre dos ríos que les dan el nombre a los pueblos rodeados de un pantano y el mar[267].

FOTO NO. 21 NIÑOS Y NIÑAS DE BELÉN RECIBIENDO AL AVIÓN DE PROESA

La población de estas comunidades para 1987 era de menos de un centenar de personas y las actividades de los pobladores están muy vinculadas al grupo étnico-cultural al que pertenecen sus pobladores y a las relaciones de parentesco establecidas por ellos con los inmigrantes de otros pueblos de la costa, del interior y río arriba de la cuenca del río Belén y por las relaciones de la población con el Estado Panameño. (Ver mapa No. 8). Más que un agregado de individuos de diversa procedencia, Belén y Escribano son dos pequeños pueblos habitados por un pequeño grupo de familias cuyo núcleo central es la familia Mata quienes se asentaron allí desde principios del siglo Veinte. A partir de entonces esta familia fue incorporando a otros individuos y otras familias que migraron al sitio durante todo el siglo Veinte y posterior.

---

[267] De hecho, el pueblo llega hasta el río Escribano mas no existe gentilicio para los habitantes de las cercanías de este, sí para los de Belén (beleneños) y para los de Ciudad Romero (romereños). Cuando en adelante nos referimos a los habitantes de Belén, esto incluye a los de Escribano.

MAPA NO. 8 POBLADORES DE BELÉN Y ESCRIBANO

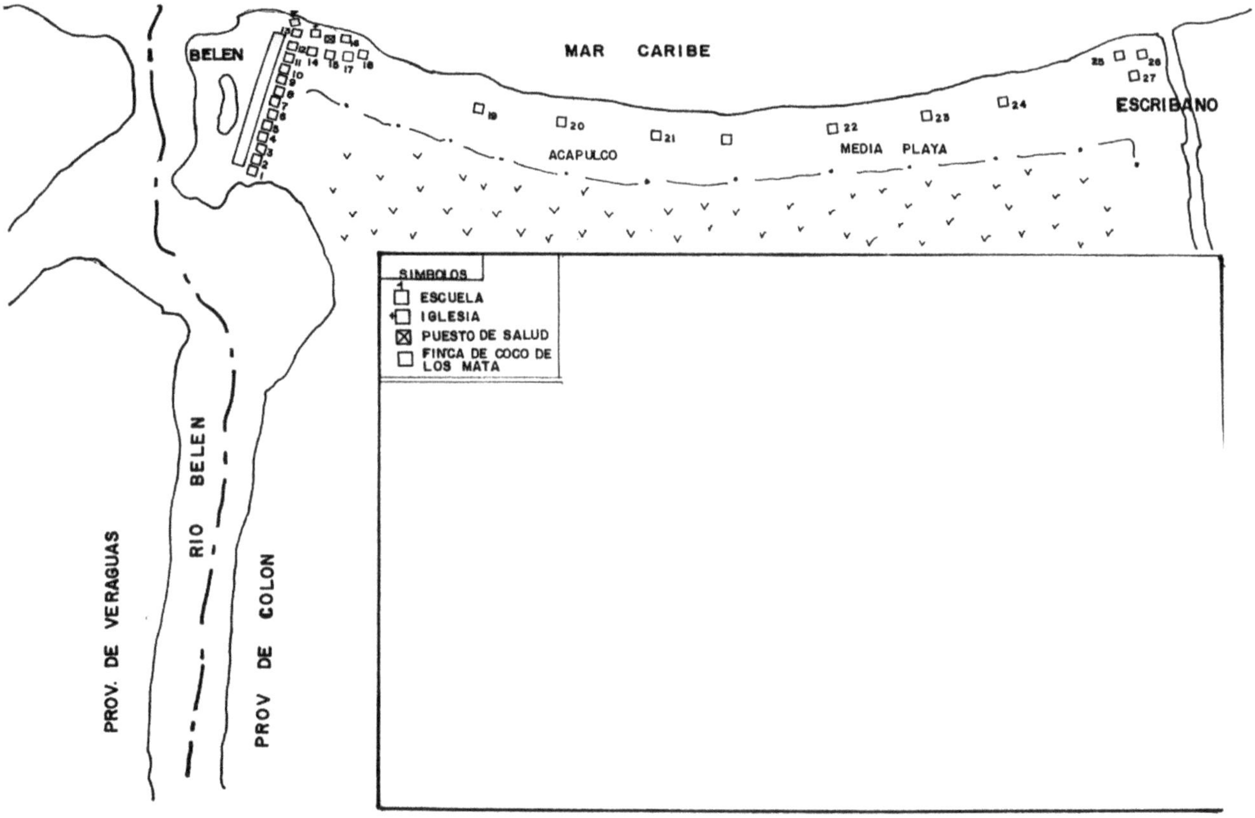

casa	Ocupante
1	Rafael Rivera. Nació en Belén. De origen coclesano. Trabajaba eventualmente en PROESA. Y María Hooker. Nació en Chiriquí Costa, Bocas del Toro. Criolla, de Bocas del Toro.
2	Olivio Borbúa. Nació en Guázaro. Costeño y criollo. Trabajaba con el IRHE en registros pluviométricos.
3	Ana O'Neil. Nació en Colombia. Costeña y criolla. Trabajaba con PROESA originalmente como cocinera para los técnicos de terreno de PROESA en Belén. Luego esta actividad fue cedida a su hija Juliana. Juliana Mata. Nació en Belén. Costeña y criolla. Trabajaba como cocinera de los técnicos de terreno de PROESA en Belén. También lavaba la ropa de los técnicos
4	Teodoro Delgado. Nació en Rio Diego. Costeño. Trabajaba en las Fuerzas de Defensa como policía del Pueblo de Belén. Y Aguatina Mata. Nació en Belén. Costeña.
5	Elías Mata. Nació en Belén. Y Eusebia Torres. Nació en Belén.
6	Felipe Ortega. Criado por los Mata desde niño. De origen Coclesano. Y Eusebia Rivera. N. en Belén. (de origen Coclesano)

7	Dámaso Rivera. Nació en Belén. De origen Coclesano. Y Porfiria Ortega. Nació en Calle Larga. De origen coclesano.
8	Tienda de la Cooperativa La *"Conquista del Atlántico"* , RL.
9	Residencia de los técnicos de PROESA.
10	Oficina de PROESA, Radio y deposito.
11	Ermenegildo Lan. Nació en Cocle del Norte. Llegó a Belén en 1970. Y Celedonia Archibold. Nació en Calovébora. Trabajaba en PROESA como cocinera.
12	Bruno Archibold. Nació en Calovébora. Y María Torres. Nació en Calovébora. Llegó a Belén circa 1970.
13	Bruno Archibold Jr.
14	Adelaida Archibold. Nació en Calle Larga. Llegó a Belén con sus padres circa 1972.
15	Martín Navarro. N. Bajo Grande. De origen coclesano. Llegó a Belén circa 1970. Y María Rosa Quirós. Nació en Bajo Grande. De origen coclesano.
16	José A. Ortega. Nació en Calle Larga. De origen coclesano. Llegó a Belén circa 1970. Y Candelaria Mata. Nació en Belén. De Origen coclesano.
17	Domingo Lan Orozco. Nació en Coclé del Norte. Llegó a Belén en 1984. Trabajaba con las Fuerzas de Defensa. Y Rosa Munoz. Nació en Escribano.
18	Bernardo Cedeño. Nació en Santiago de Veraguas. Funcionario Público. Agrónomo de PROESA para Ciudad Romero. Llegó a Belén en 1981. Edelmira Arrasti. Nació en Calovébora. Maestra de la Escuela de Belén.
19	Leoncio González. Nació en Guázaro. Peón del Señor Arturo Sanders.
20	Arturo Sanders. Nació en Bocas del Toro. Llegó a Belén procedente de Palmilla. Era pariente de los Mata y trabajo con PROESA, dirigente de la Cooperativa *"Conquista del Atlántico"* . Y Silvia Navarro. Nació en Calle Larga. De Origen Coclesano. Emigró a Belén con su familia circa 1970.
21	Pablo Mata. Nació en Belén. Y Olivia Racero.
22	Herminio Mata. Nació en Belén. Trabajaba con PROESA como motorista. Y Josefa Rodriguez. Nació en Cahuita (Bocas del Toro).
23	Octavio Ortega. Nació en Calle Larga. De origen coclesano. Llegó a Belén como criado del señor Pablo Mata. Y Amada Mata. Nació en Belén.
24	Patricio Taylor. Nació en Catalina (Bocas del Toro). Llegó a Belén en 1979. Y Angelina Mata. Nació en Belén.
25	Víctor Mata. Nació en Belén. Y Elvira Hooker. De Chiriquí Costa (Bocas del Toro)
26	Benita Mata. Nació en Belén.

El más antiguo de los habitantes de Belén en 1986 era el señor Víctor Mata, quien desde principios del siglo Veinte vivía en Belén. El señor Mata nos explicó los orígenes de la gente que habitaba Belén, la historia del pueblo y su familia.[268]

Al nacer el señor Víctor Mata en Belén en la primera década del siglo Veinte, en el pueblo había entonces sólo unas pocas viviendas habitadas por familias como la de él (indígenas e inmigrantes de otras partes de la Costa Abajo y Colombia). Algunos procedían de Cartagena como la familia de su primera esposa, la señora Ana O'Neil que llegó a Belén siendo adolescente. Con la señora O'Neil o *"la abuela"* como la llamaba toda la comunidad, el señor Víctor Mata tuvo una docena de hijos. Al separarse y unirse con la señora Elvira Hooker (su segunda esposa) oriunda de Chiriquí Costa en Bocas del Toro, el señor Víctor Mata se fue a vivir a Escribano donde tuvo también varios hijos. La señora O'Neil me comunicó entre otras cosas que gran cantidad de norteamericanos solían ir a Belén cuando ella era niña a cazar cocodrilos. Los cocodrilos en los años que visitamos la región ya no existían más por la sobre-cacería.

Antes nos referimos brevemente a la época de principios de siglo veinte durante la cual migró a Panamá una gran cantidad de población extranjera para la construcción del Canal Interoceánico. Culminado el proyecto parte de los inmigrantes se establecieron en algunas zonas rurales del país, entre ellas en el Atlántico central panameño. Se dedicaron a actividades agrícolas de subsistencia que complementaron con la explotación del banano para mercados fuera de la región. Además, se dedicaron a la pesca y al transporte por mar, por lo que no haremos más referencias a ese período.

A partir del cese de la compra de banano a los habitantes de los pueblos del litoral y entre ellos Belén, la población se quedó con actividades que los vinculaban hacia afuera de la región con la venta de conchas de tortuga (en especial la clase carey), explotación del caucho vegetal, y cocos, que intercambiaban por mercancías llevadas por lanchas procedentes de Colombia. Estas lanchas colombianas vendían a los costeños productos como sal de cocina, azúcar, harina de trigo, vestidos, gasolina, kerosene y aguardiente. Hasta la década de 1930 un breve período de auge en el pueblo cesó al descubrirse formas de producción de caucho sintético en los países

---

[268] A falta de otras fuentes locales que evidenciaran la historia del pueblo nos remitimos a los relatos de uno de los pobladores más mayores de Belén en 1986 que dada su avanzada edad, entonces octogenario lo hace no ser muy preciso en muchas afirmaciones. Entrevista al señor Víctor Mata, Belén. Entrevista realizada por mi persona en Belén en los años 1983.

industrializados; como también al expandirse la producción natural en nuevos centros a gran escala en Asia y Brasil. [269]

A principios de la década de 1940 la actividad de recolección de caucho se reinició en toda la Costa Abajo y en Belén, cesó a mediados de la década de 1950. Fue un periodo de auge en el que hubo mayores ingresos en la zona y que los beleneños recuerdan como época de muchos cambios en el pueblo (principalmente en materia de dinero).

La Segunda Guerra Mundial provocó la disminución de la producción de caucho natural de los principales productores como Indonesia, Malasia, Tailandia, Ceylán, Vietnam y Cambodia. Mientras, los principales países industrializados, en especial los Estados Unidos de América y Gran Bretaña no lograban cubrir sus demandas ni aún con la producción de caucho sintético a nivel mundial. Este hecho los obligó a abrir nuevas posibilidades de obtención de resina de caucho en otras partes del mundo.[270]

En Belén y Escribano la recolección de caucho del níspero causó nuevamente un auge de mediados de la década de 1940 a la de 1950 tiempos en los que afirman los beleneños hubo más habitantes y dinero en el pueblo. Desgraciadamente el incremento de la población a nivel de comunidad no es posible verificarlo con cifras censales debido a que para entonces no se realizaban registros por lugares poblados sino a nivel de corregimientos. Sin embargo, como un indicativo el señor Víctor Mata nos señaló que para entonces en Belén había *"cuatro tiendas, cuando ahora* (en 1983) *hay solo una; cuatro veces más casas que ahora, y hasta había una cantina... Poco a poco la gente se fue yendo cuando no quedaba plata en el pueblo*".[271]

La actividad de recolectar goma de níspero, según señalan los costeños, resultaba ser sumamente rentable. Estos son árboles silvestres del bosque, como nos comentó el señor Pablo Mata, hijo del señor Víctor. El señor Pablo precisó que la resina del árbol de níspero se llegaba a vender de $0.40 hasta $0.60 la libra a los barcos que pasaban por toda la costa comprándola todas las semanas. Agregó que otra de las ventajas que tenía recolectar caucho era la facilidad de almacenaje y transporte de ésta. Se podía guardar la resina durante largos períodos de tiempo hasta tener la posibilidad de venderla en la ciudad de Colón, en donde la *"Colon Import & Export*

---

[269] Ver, Polhamus, Loren. *Rubber: Botany. Production and Utilization.* Leonard Hill Books Ltd and Interscience Pub, Inc. 1962. Págs. 2-7, 13, 15, 376 - 379.
[270] Idem.
[271] Entrevista a el poblador Víctor Mata realizada por Marisin Dixon en Belén, 1983.

Company" constituía un comprador seguro a todas las cantidades de resina que le ofrecieran los costeños. [272]

Según atestiguan los habitantes de Belén y Escribano en 1983, para aquella época sus pueblos tenían más habitantes permanentes y más visitas por un mayor contacto con lanchas y cayucos que pasaban por la costa comprando y vendiendo productos y mercancías.

Al cesar ambos períodos de auge económico en que los pobladores obtuvieron algunos ingresos, el pueblo quedaba relegado a otras actividades que, a menor escala, les proveían escasos ingresos durante todo el siglo Veinte: la pesca de tortugas para vender la concha y carne y de la venta del coco.

La pesca de tortugas, en especial la variedad carey *(eretmochelis imbricata)* se convirtió en una de las principales actividades de los costeños durante los meses de marzo a mayo. La concha o caparazón de tortugas siempre tuvo una gran demanda en comercios de los asiáticos, en la Ciudades de Colón y Almirante, en Bocas del Toro. Las tortugas carey por su alta demanda bien podrían ser vendidas directamente a tiendas de los orientales, a lanchas colombianas compradoras de coco, o a *"motoristas"*[273] que compraban y vendían productos por toda la Costa Abajo. Una vez cesado el auge de la recolección de caucho, en la década de 1950, a los problemas de bajos ingresos de los costeños se agregó el problema del transporte, al disminuir el número de barcos compradores y vendedores de toda la costa.

A finales de la década de 1950 parte de los habitantes del pueblo emigraron hacia otras zonas de la República de Panamá, y entre ellos parte de los descendientes de los dos matrimonios del señor Víctor Mata hacia a la ciudad de Colón algunos y otros hacia los pueblos de la carretera que va desde la Ciudad de Colón hasta el pueblo de Gobea, en 1987. Emigraron principalmente las mujeres, a quienes fueron a estudiar en la ciudad y en dónde se casaron y se establecieron. Quedaron en Belén y Escribano, así como en otros pueblos de la Costa Abajo, los hijos varones, que se incorporaron rápidamente al trabajo de pesca, agricultura y al transporte de río y mar.

Debido a que cada día se fue haciendo más difícil para los pobladores de Belén la venta del coco y al cesar el auge de caucho, debido a la disminución de la visita de lanchas compradoras se cerraron las bodegas y tiendas del pueblo. Algunos de los costeños afirman que el pueblo

---

[272] Entrevista a el poblador Víctor Mata realizada por Marisin Dixon en Belén, 1983.

[273] Motorista es el que conduce un cayuco con motor fuera de borda. En este caso es aplicable a los propietarios de motores dedicados al transporte como intermediarios.

empezó a tener menos ingresos y las embarcaciones colombianas limitaron su compra de coco a las costas de Panamá más cercanas a Colombia, principalmente en la región de Guna Yala, ya que llegar a Belén era muy costoso. La frecuencia a partir de la década de 1950 se limitó a una vez al mes y en ocasiones hasta dos a tres meses.

Constituía otra posibilidad de transporte el cayuco de algún costeño que se dedicara al comercio o fungiera como intermediario hacia los mercados de la ciudad de Colón. Según señalan los habitantes de Belén y Escribano, esta última opción no resultaba ventajosa la mayoría de los casos. Se suscitaban frecuentes inconvenientes:

"Las veces en que uno mandaba algún puerco con alguien que comerciaba, resultaba que después a la hora de pagar se decía que el animal había perdido peso porque se había maltratado en el cayuco hasta Colón y nos daban menos plata. Y uno que no tenía más remedio. O si se mandaba café en algunos casos hasta decían que se había volteado el cayuco entrando a alguna "boca" (desembocadura) *de algún río de por aquí, camino a vender..." "*[274]

Estos sucesos y accidentes en la mayoría de los casos no eran ciertos, o, según lo consideran los costeños de Belén y Escribano, no había forma de verificar supuestos accidentes o percances clamados por intermediarios.

Al emigrar parte de los habitantes de Belén y Escribano a fines de la década de 1950, los Mata se dedicaron al cultivo y venta de coco y también a la pesca de tortugas como sus actividades comerciales. Esto explica por qué a mediados de los años 1980 periodo de este estudio, eran los *"dueños"*[275] de toda la franja costera de Belén y Escribano y también de algunas fincas en Palmilla y Petaquilla. Las mujeres de esta familia también son consideradas *"dueñas"* a pesar de que no trabajan las fincas. Ellas contratan algún peón que coseche las fincas y les pagan con producto de las ventas. A pesar de que las mujeres de esta familia se casan y son sus esposos los que trabajan las fincas, sólo los Mata conservaban potestad de decidir sobre el trabajo en sus fincas, contratar trabajadores, cederlas o venderlas.

A partir del decenio de 1950 muchos de los problemas de los pobladores de Belén se agudizaron por el grado de aislamiento del sitio respecto a otras zonas del país. Al disminuir los

---

[274] Entrevista a Arturo Sanders realizada por Marisín Dixon en Belén, 1982.

[275] A pesar de que entonces no tenían títulos de propiedad, los Mata se consideran dueños de estas tierras como me comunicaran en 1986.

barcos de visita, los pobladores buscaban medios propios para transportar sus cosechas hacia los mercados extra-regionales.

Al destacar el abandono y aislamiento de esta comunidad, uno de los líderes de esta comunidad nos comentó en 1982:

"Prácticamente las únicas visitas que tenía el pueblo antes del gobierno de Torrijos eran cada cuatro años, cuando llegaba algún político que venía a que le prometieran el voto y después nadie más llegaba ni resolvía nada".[276]

Sanders agrega como otro de los indicadores de aislamiento del pueblo:

"Hasta hace pocos años para acá (unos 15 años) es cuando se empezó a escuchar alguna emisora de radio de Panamá. Las pocas que siempre entraban y entran más todavía son las de Colombia (por lo que) ... *ni noticia de lo que pasaba en Panamá mucho se sabía ni se sabe por aquí. Y por el lado del transporte que es uno de los problemas principales de esta costa... las formas de movilizarse por aquí es usando cayucos hasta Palmas Bellas,* (ocho horas en cayuco de motor) *sólo si el mar no está grueso* (sin oleaje) *o subir* (el río Belén) *hasta Calle Larga que son seis horas... de ahí a Coclesito cuatro horas de camino para salir a Penonomé* (1 hora y media). *Todo eso para hacer una diligencia que en otra parte uno la hace por teléfono."*[277]

Además, agrega el señor Sanders:

"Mucha de esa situación de nosotros de la costa comenzó a cambiar cuando el gobierno del General Torrijos empezó a llegar por aquí y más con la llegada de los salvadoreños".[278]

---

[276] Entrevista a Arturo Sanders realizada por Marisín Dixon en Belén, 1982.
[277] Entrevista a Arturo Sanders realizada por Marisín Dixon en Belén, 1982.
[278] Entrevista a Arturo Sanders realizada por Marisín Dixon en Belén, 1982.

FOTO NO. 22 AVIÓN DE LA FUERZA AÉREA PANAMEÑA DISTRIBUYENDO ALIMENTO Y ENSERES AGRÍCOLAS Y DE USO PERSONAL A LAS FAMILIAS

En un estudio que realizara Guillermo Castro en 1981, anotaba sobre la percepción de la política del Estado por los pobladores de varias comunidades del Atlántico central que en muchos casos percibían sus vínculos con el Gobierno bajo una óptica de relación personal con algunos individuos a su servicio, sobre todo con el General Omar Torrijos, durante la década de 1970.

Torrijos estableció una relación con los pobladores de Belén y Escribano y con otras comunidades de la región en el marco de una política que denominó su *"patrullaje doméstico,"* en el que visitaba pueblos y caseríos sumamente aislados de Panamá con algunos funcionarios públicos *"que el General les llevó para que los ayudaran".*[279]

"Llegaba al pueblo a visitarnos, a conversar con nosotros de nuestros problemas, de cómo era la vida por aquí... y nos mandó al equipo de PROESA para ayudarnos en algunas actividades de la comunidad".[280]

---

[279] Ver, Castro, Guillermo. "Sociedad, Política y Desarrollo en el Atlántico Centro Occidental de Panamá." Op. Cit. Pág. 105.
[280] Entrevista a Alberto Navarro realizada por Marisín Dixon en Belén, 1982.

A mediados de la década de 1970 concibió la idea de la creación de un ciclo básico de producción agropecuaria en el pueblo de Concepción.

A partir de entonces *"los pobladores de Belén empezaron a ver y trabajar para brindar algún aporte a ese proyecto"*, como los que nos comenta uno de los costeños: *"si era necesario aportar algún trabajo voluntario y hasta si era necesario que construyéramos la escuela nosotros mismos. Pero ese proyecto no logró ser aprobado por el Ministerio de Educación"*. A partir de entonces comenzaron a darse actividades voluntarias en las comunidades ... *"para ver cómo se podía organizar la comunidad para mejorar su propia situación"*. Lo realizaron con algún tipo de ayuda del Estado. De estas ayudas, los beleneños y habitantes de Escribano destacan las ofrecidas por algunas personas que estuvieron vinculadas a la comunidad. Más que señalar las entidades del Estado nos enumeraron al Dr. Carmelo Ciniglio de la Universidad de Panamá, que entonces coordinaba el Centro de Desarrollo y Capacitación Nacional (CEDECANI) y al entonces director del Instituto para la Formación y Aprovechamiento de Recursos Humanos (IFARHU), el profesor Hugo Guiraud.

A pesar de que durante la mayor parte de la década de 1970 estas instituciones no contaban con objetivos o programas concretos a desarrollar en esas localidades, se desplegaron algunas acciones en función de fortalecer el desarrollo de la comunidad. Estas instituciones asignaron un pequeño equipo de Trabajo Social que intervino para mejorar el nivel organizativo de estas comunidades según comentó la Lic.Yira Alvarado quien era parte de dicho equipo. Este trabajo se hizo principalmente en Concepción, donde se proponían crear un ciclo básico de producción.

La Lic. Alvarado también indicó que este programa, en cuanto a objetivos de más largo plazo, tendió a ubicarse en zonas de extrema pobreza y de escaso nivel de desarrollo en las que se contemplaba aún entonces remotas posibilidades de ejecutar actividades productivas vinculadas a la minería. Según señalan algunos pobladores de Belén, Escribano, Concepción y Veraguas, mayor presencia del Estado a través del Proyecto Coclesito estas comunidades lograron mejorar algunos problemas. Los principales según la percepción de los: El transporte desde fuera y hacia la región y el servir de intermediario en gestiones institucionales e incluso personales o familiares de las comunidades:[281] Transportar gratuitamente mediante servicio aéreo del Estado a los estudiantes de

[281] Información sustraída de comentarios por líderes de las comunidades de Belén, Escribano, Concepción y Veraguas en la aplicación de una encuesta y asambleas comunitarias que realicé para un estudio del Dr. Guillermo Castro durante abril de 1982. Referencia en: Castro, Guillermo. Sociedad, Política y Desarrollo en el Atlántico Centro Occidental de Panamá. Op. Cit. Impreso.

secundaria de los pueblos del litoral al Ciclo Básico de Coclesito a principio y fin del calendario escolar y vacaciones. Transportar gratuitamente en avioneta a maestros de los colegios primarios de la cuenca del río Belén, río Veraguas, Concepción, Guázaro y Calovébora desde las ciudades de Panamá y Penonomé dejando a los pasajeros en las pistas de aterrizaje más cercanas a sus puestos de trabajo. También la embarcación El Viejo transportaba de Ciudad de Colón a algunos que desearan viajar a Belén, si su entrada a la región coincidía con los viajes a aprovisionar Ciudad Romero y la Cooperativa *"Conquista del Atlántico"*. Éste hecho garantizaba. cómo nos comentara un campesino de la zona:

"Que se dieran clases, porque los maestros en esta zona los nombraban, pero llegaban cuando les daba la gana porque algunos no tenían facilidades para transportarse desde sus casas a aquí. Por ello los niños pasaban gran cantidad de días sin clase. Además de que uno se preguntaba cómo podía el Ministerio (de Educación) *verificar si se daba clase o no si ninguno de ellos llegaba por aquí".*[282]

Otros servicios eran el transportar gratuitamente a cualquier habitante de la región que necesitara trasladarse para atender problemas urgentes a otras zonas de país.

Gestionar solicitudes de los costeños ante cualquier entidad del Estado a quienes por el grado de incomunicación y aislamiento en que se encuentran se les hace difícil resolver por cuenta propia.

Transportar materiales de construcción o didácticos asignados por el Ministerio de Educación hacia las escuelas de la región, pues eran entregados en la mayoría de los casos en la ciudad de Colón. Quedaba a maestros y pobladores el tener que resolver cómo hacerlos llegar hasta las escuelas. Lo mismo sucedía con las tuberías de acueductos o materiales de construcción otorgados por el Ministerio de Salud. De estos servicios, el equipo enviado por el General Torrijos se convirtió en intermediario de la capacidad de negociación de las comunidades con las entidades públicas. Como lo explica un poblador de Belén, el señor Herminio Mata, este equipo actuaba en:

"Orientarnos para saber a quiénes dirigirnos para resolver alguna necesidad de la comunidad en algún ministerio. O saber quién es el ministro, o algo así. Porque los cambian tanto que uno acá no tiene ni periódico para enterarse. Sólo si lo trae alguien que venga en el avión.

---

[282] Entrevista a Herminio Mata, realizada por Marisín Dixon en Belén, 1985.

También el ayudarnos en resolver alguna diligencia, de ver a algún familiar enfermo en la ciudad, cosa que nos lleva a nosotros mucho tiempo".[283]

Considero que fueron estas acciones del Estado las que propiciaron la recepción positiva en Belén de la propuesta de realizar un programa de colonización cercana a la localidad. Mucho más al ser presentada la solicitud a los habitantes de Belén por el General Omar Torrijos, creador del Proyecto Coclesito y orientador hacia los pueblos del litoral de los servicios públicos que mencionamos.

El señor Arturo Sanders, quien fuese uno de los líderes naturales de Belén y quien como la mayoría de los Beleneños era miembro de la familia Mata nos comentó que:

"Una vez (en diciembre de 1980) *llegó por aquí* (a Belén) *el General Torrijos, el Viejo, que aquí le llamábamos, con el profesor Hugo* (Guiraud) *y creo que también vino el Mayor Ruiz Valdés. Nos reunió y nos preguntó también a varios de qué pensábamos los moradores de Belén y los de por aquí que vinieran unos salvadoreños que tenía refugiados en Panamá. Que eran campesinos. Que qué pensábamos nosotros de que vinieran aquí a un proyecto, a trabajar. Nosotros le contestamos de una vez que, General que eso no era problema, porque aquí había suficiente tierra para ellos y para nosotros trabajar. Y que, si había más gente por estos lugares, eso nos beneficiaba porque así había más compañía y también era posible que el pueblo progresara más, con más gente.*[284]

Con relación si en ese momento se le dio a la población de Belén más antecedentes de los salvadoreños que irían a establecerse o sobre cómo se realizaría la colonización con ellos, el señor Sanders nos dijo que más bien prevaleció en ellos la confianza en esa propuesta al venir del General Torrijos en persona:

"Nosotros no preguntamos mucha información, pero sí se nos dijo que la situación de ellos (los salvadoreños) *en Panamá, lo que habían sufrido. Que muchos de ellos habían perdido familiares, hijos, esposas en la Guerra de el Salvador y que iban a necesitar ayuda de nosotros para que supieran cómo son las cosas aquí en esta costa. Él nos pidió que los acompañáramos para que se ambientaran aquí y nosotros les dijimos que sí, que aquí había suficiente tierra para que ellos vinieran"*[285]

---

283 Entrevista al señor Herminio Mata. Belén. Idem.
284 Entrevista realizada por Marisín Dixon al Señor Arturo Sanders en Belén, 1982.
285 Entrevista al señor Arturo Sanders. Idem.

Un mes más tarde llegaría a Belén el primer grupo de colonos salvadoreños y ese es el tema que abordaremos en el siguiente capítulo.

8. LA FORMACIÓN DE CIUDAD ROMERO

8.1 LOS OBJETIVOS DEL PROGRAMA DE COLONIZACIÓN

Los objetivos de la comunidad de Ciudad Romero estuvieron dados por el Estado panameño, a través de Proyectos Especiales del Atlántico (PROESA) y el Alto Comisionado de las Naciones Unidas para los Refugiados (ACNUR).

El ACNUR, organismo internacional que financiaría la mayor parte de los costos de la colonización y de las necesidades de los salvadoreños solo esbozó en términos generales el objetivo del programa: el lograr la autosuficiencia del grupo.

Hasta entonces, en América Latina los principales programas desarrollados por este organismo se habían caracterizado por un alto grado de asistencialismo individual a refugiados dado el carácter de la población de extracción urbana que caracterizó a las principales migraciones de refugiados en América Latina como la del Cono Sur durante la década de 1970.[286]

El caso centroamericano a partir de finales de la década de 1970 con los casos de Nicaragua y El Salvador se inició grandes migraciones de población campesina que huía hacia países fronterizos transformándose en refugiados o que se convertían en desplazados al interior de su mismo país de residencia.

Luego de la experiencia acumulada por el ACNUR en otros países, especialmente en los continentes de África y Asia donde se dio desde la década de 1960 un tipo de migración similar a la del caso centroamericano, se encaró el resolver la situación de estos grupos campesinos salvadoreños de la Unión en formas grupales. Y en el caso de Ciudad Romero mediante la construcción de una comunidad exclusivamente para ellos.

El tipo de actividad a desarrollar estuvo enmarcado entonces en el objetivo que el ACNUR denomina programas de solución durable[287] que proporcionaría a los refugiados alternativas de subsistencia en el país de refugio. Actividades que permitirían cubrir necesidades luego del

---

[286] Según nos lo afirmó la licenciada Mérida Morales quien hasta 1984 fungió como funcionaria de protección a refugiados en la oficina del ACNUR en San José, Costa Rica.
[287] Ver, Alto Comisionado de Naciones Unidas para los Refugiados. Ayuda de Emergencia y Proyectos de Solución Durable. Cruz Roja Internacional, ACNUR, Cáritas Costa Rica. San José. S.f.e. Impreso. Págs. 1 y 2.

financiamiento de programas productivos y sociales por agencias internacionales de ayuda y el Estado Panameño. De acuerdo a ese criterio de solución durable, habría un periodo inicial en que se daría un alto grado de dependencia del grupo de ayuda externa, seguido por la transferencia paulatina de los programas y a los propios refugiados, así como de los servicios. Los Estados de los países atenderían a los refugiados en igualdad de condiciones que a sus nacionales. En el caso de Ciudad Romero, de prolongarse la estadía de los salvadoreños en Panamá, las agencias de ayuda internacional se ahorrarían costos de manutención de los refugiados en el largo plazo y éstos podrían a la vez auto sostenerse de acuerdo al criterio de ser este programa de solución durable.

Al haber sido además Ciudad Romero un programa de colonización, el estado panameño a través de su agencia ejecutora definiría cómo se realizaría el programa y que pasos se darían en función de la cobertura de necesidades y el posterior logro de autosuficiencia del grupo en Panamá.

El ACNUR para entonces solo señaló algunos elementos a tomar en cuenta para la planificación y ejecución del programa. Fueron los siguientes:

"La autosuficiencia o autonomía se considera que ha de ser el motivo final de todo programa de asentamientos rurales para refugiados. La autosuficiencia de un asentamiento rural se refiere a la posibilidad de que los miembros de la comunidad de atender sus necesidades básicas en forma sostenida (de alimento, alojamiento, educación, etc.), mediante el mayor aprovechamiento de los recursos disponibles (tierra, trabajo, etc.). [288]

Esta definición aclara que un refugiado siempre se inserta en un contexto externo y por lo tanto distinto al de su país de origen. En este caso el ACNUR aclara que:

"La autonomía no implica necesariamente la idea de comunidad cerrada. En la actualidad difícilmente cabría encontrar una comunidad totalmente aislada... La autosuficiencia, por el contrario, requiere también intercambios económicos y culturales de la comunidad rural con el mundo exterior. Conceptos tales como autosuficiencia y autonomía no son absolutos y deberían definirse de nuevo en el contexto de cada país o región donde se vaya a ubicar el asentamiento rural. Por muchos motivos, las condiciones de vida de la población que habite las zonas inmediatas proporcionan indicadores adecuados para medir el nivel de desarrollo que un asentamiento rural para refugiados debería alcanzar. Cuando el nivel de vida de la población

---

[288] Sant'Ana Diegues, Antonio Carlos. "Experiencia del ACNUR en Planificación de Asentamientos Rurales para Refugiados en África." ACNUR-SSU. Specialist Support Unit. Mimeografiado presentado en el marco del 1er Seminario Regional para Centroamérica de Planificación de Asentamientos Rurales, 1982. Pág. 6.

local o regional es muy bajo, sin embargo, deberían tomarse en consideración objetivos y metas de los planes regionales o nacionales de desarrollo."[289]

Debido a este concepto de ACNUR, los objetivos, planes y metas fueron definidos por el estado panameño y en su política de desarrollo y colonización hacia la región del Atlántico Centro Occidental Panameño.

Los objetivos dados al inicio de la colonización siguieron siendo válidos en su transcurso. Año a año se fueron definiendo algunos objetivos sectoriales para el asentamiento dadas las necesidades crecientes de la población. Se distinguieron tres etapas señaladas por PROESA[290] por las que debería transitar el asentamiento. Son ellas:

- **Una etapa pionera**: en la que se realizarían todas las actividades de establecimiento del poblado y sus servicios básicos. Se daría inicio a las actividades productivas y sociales destinadas a crear las condiciones para la conversión del centro poblado a construir una comunidad. Estas acciones pioneras comprenderían desde el traslado de los colonos, las actividades de derriba del bosque, construcción de la infraestructura, ofrecimiento de servicios, hasta la creación o introducción de formas organizativas e institucionales, para lograr la adaptación e integración del grupo a la zona.
- **Una etapa de consolidación**: en la que se haría énfasis en las actividades productivas más importantes para procurar el autoabastecimiento mediante la generación de ingresos monetarios suficientes y respaldados por una organización creciente de la población con miras a la integración de Ciudad Romero a los programas estatales de desarrollo. Esta etapa terminaría una vez que el grupo de colonos fuera autosuficiente. El parámetro para definir el nivel de autosuficiencia lo sería cuando poseyeran igualdad de condiciones de auto-sostenimiento que los pobladores de comunidades vecinas. Sería esta la etapa en que disminuiría y finalizaría la ayuda de ACNUR. El asentamiento sería transferido a los beneficiarios y al Estado plena responsabilidad sobre la colonización.

---

[289] Sant'Ana Diegues, Antonio Carlos. Idem.
[290] Ver, Dixon, Marisín. Primera colonización dirigida con refugiados en Panamá. Seminario de Planificación de Asentamientos Rurales. Managua. ACNUR, 1984. Págs. 15, 16 y 17.

- **Etapa de crecimiento y desarrollo**: Una vez el asentamiento lograra su autosuficiencia y efectuada su transferencia total a los beneficiarios, se iniciaría la ejecución de planes de desarrollo que lograrían imprimirle a la región y al asentamiento un crecimiento auto sostenido.

A pesar del carácter especial del grupo por ser refugiados, PROESA y ACNUR trabajó con los colonos como si se fueran a establecer definitivamente en Panamá pues el carácter de refugiado es voluntario y podría terminar con la solicitud de repatriación. Ambos organismos definieron sus niveles de cobertura de las necesidades. Por su parte el ACNUR con los costos de alimentación, insumos en la construcción de infraestructura, inversión y mantenimiento de los programas productivos, costos de transporte. El Estado Panameño cubriría algunos servicios sociales a la población como la educación, la salud, la asistencia técnica. Toda la asistencia fue de carácter no reembolsable.

Todos los fondos externos fueron donación a los refugiados, pero su administración estuvo en manos de la agencia ejecutora (PROESA). El ACNUR como medida generalizada no estima el dar la ayuda financiera en efectivo a los refugiados en ninguna circunstancia y bajo el argumento de no fomentar altos niveles de dependencia de los beneficiarios. Por su parte los refugiados, con su aporte local de fuerza de trabajo, complementaron la ayuda financiera de los donantes. Este hecho hizo que la totalidad de los recursos financieros para Ciudad Romero fueran entregados en insumos a los colonos en este caso por PROESA que decidió sobre los tipos de ayuda y los programas a efectuar.

Los objetivos y metas de la etapa pionera de Ciudad Romero fueron establecidos rápidamente a pesar de la falta de experiencia de PROESA y ACNUR en efectuar una colonización dirigida.

Se esbozó como meta principal en 1980, establecer un centro poblado que poseyera una infraestructura familiar y social, que contara además con servicios básicos a la población de manera que se lograra hacer de lo que era una selva hasta entonces, un lugar habitable por los colonos.

Fue importante garantizar una efectiva participación de los salvadoreños en todo el proceso a pesar de que en ese momento poseían un alto grado de dependencia del Estado, del ACNUR y también de los habitantes de Belén quienes serían un apoyo inestimable en contribuir a la adaptación e integración de los colonos a la región

.

8.2 LAS INSTITUCIONES QUE PARTICIPAN

La colonización salvadoreña estuvo a cargo de Proyectos Especiales del Atlántico, PROESA; una oficina del gobierno panameño que el gobierno convocó en el Caribe Panameño para la *"Conquista del Atlántico"*. Era considerada oficina de gobierno. Tenía un carácter regional y de pre-inversión. Trabajó con miembros asignados o prestados, de varias oficinas del Estado y también de la Guardia Nacional. Su estructura la constituían un director y un equipo de trabajo de profesionales y logística incluyendo mensajeros, compradores, veterinarios, agrónomos, entre otros. Incluía además un contador, secretarias, mensajeros, pilotos y mecánicos de avión, choferes, una unidad de estudios y planeamiento con agrónomos, sociólogos y también personal en el campo asignados por ministerios como el MIDA y otros. Por medio de la organización de las comunidades en consejos directivos de comunidad y otras estructuras se facilitaba apoyo de acuerdo a prioridades y necesidades. Como la mayoría de las instituciones de gobierno tenían mucha dificultad de trasladarse en el área y carecían de medios de transporte adecuados, PROESA facilitaba la logística y movilización de los oficiales de gobierno en el área y sobre todo de interpretar las peticiones locales de los pobladores a estas instituciones. Como personal de campo figuraban un agrónomo de nivel técnico, Bernardo Cedeño, coordinador en el terreno para los rubros de alimento y a cargo de las actividades productivas de animales. Posteriormente se nombró un agrónomo con estudios universitarios, el Ingeniero Francisco Jiménez a quien se encargó todo el tema del cacao y a quien se entrenó con cursos de postgrado en este rubro. También se nombró al ingeniero Manuel Barrera para el cultivo del coco y se benefició con cursos de Maestría en este tema. El ingeniero Barrera poseía especialidad en el cultivo del coco luego de estudiar en Costa de Marfil, África. La autora de este estudio, en Ciudad de Panamá y también en el área, fui la coordinadora de proyecto luego que se separaran de cargo el exsacerdote José María Morillo y el Doctor Guillermo Castro Herrera. La logística del proyecto incluía motoristas, cocinera y lavandera en Belén, y en Ciudad de Panamá de choferes, contadores como César Guillen, secretarias y compradores, así como mecánicos de avioneta y otros cargos de esa índole. Muchas de las acciones del proyecto se veían beneficiadas de la logística en Coclesito y otras comunidades que contaban con oficinas de radio frecuencia para emergencias, así también para los vuelos de avioneta y lanchas. Veterinarios, doctores, odontólogos y también por un periodo de tiempo había una nutricionista viviendo en Ciudad Romero, así como un enfermero con conocimiento a nivel universitario. En ciudad de Panamá la planificación de ingresos fue realizada por la Ingeniera Agrónoma Magali de Pacheco y el director de PROESA el profesor Hugo Guiraud, firmaba los acuerdos financieros todo en conjunto con ACNUR Costa Rica.

8.3 LOS INICIOS

Los verdaderos sujetos de la colonización, los salvadoreños, no veían su propia vida y futuro en términos teóricos y en etapas. Más bien percibían el conjunto de situaciones nuevas: ser refugiados en un país extraño y en una región rural con condiciones muy distintas a las de su país de origen. El desafío inmediato para ellos fue adaptarse a su nueva situación muy a pesar de que el centro de sus expectativas estaba todavía en El Salvador, según nos aseguraron varios colonos. Entonces evaluaban que la guerra en su país de origen no se iba a resolver de inmediato. Por lo tanto, sus necesidades más cercanas coincidieron con las dadas por el proyecto de colonización para ese primer momento: resolver algunas necesidades básicas y restablecer una vida familiar.

Como lo ilustra una madre de familia de esa comunidad:

"En El Salvador desde unos 6 meses antes del bombardeo vivíamos en el monte. Nos tocaba quedarnos de noche en el monte porque de noche iban por todos los caseríos a buscarlo a uno. Le quemaban las cosas de la casa y las cosechas. Allí nos quedábamos con niños y todo. Cuando estaban los operativos difíciles. En Honduras lo mismo. Nos quedábamos todos amontonados en el fango durmiendo cuando lo único que teníamos era una cartona [cartón o lona] *para ponerse en lo llano de ahí del fango. En Cimarrón que nos dieron alojamiento de todo, pero nos quedábamos las mujeres y los niños en uno de los barracones y los hombres en otros porque no había espacio... para quedarse en Belén cuando nos quedamos en la Casa Comunal estábamos los primeros días como murciélagos: todos colgados en hamacas y colchonetas. Y aquí también el primer grupo que llegó. Dormíamos todos en la escuela. Por eso es que yo creo que muchos de estos zipotes* [niños] *no obedecen ni a los padres. Aunque ahora es más distinto y cada uno dispone de lo suyo: arregla cada "tiempo"* [comida del día] *como mejor le va a la familia, a su esposo y a los hijos... Esos tiempos de atrás fueron difíciles"*[291]

[291] Entrevista a la señora Amalia Avelar. Realizada por Marisín Dixon en Ciudad Romero. 1984.

Por eso para los salvadoreños de Ciudad Romero la primera etapa la recuerdan como la de hacer el pueblo para cada uno tener su casa. Y de acuerdo a ello se realizaron las tareas de traslado de los colonos al Atlántico para construir el pueblo.

Como campesinos trabajadores y laboriosos durante toda su vida, por razones de autoestima y desarrollo político del grupo, tuvieron otras razones para estar deseosos de resolver los problemas de la vida familiar, resultado de vivir constantemente en tránsito. Uno de los del grupo nos dijo al respecto lo siguiente:

"Para nosotros empezar a trabajar en el Atlántico era una forma de probarle a los militares de El Salvador que nosotros no éramos unos desordenados y que sólo lo que necesitábamos en nuestro país era tierra. *"Así que en ese momento tampoco queríamos que nos dieran todo y sin nosotros trabajar o no hacer nada. Porque cada día que se oiga de todo lo que hacemos nosotros acá en Panamá eso es un golpe duro para la Junta* [salvadoreña]"[292]

En la mañana del 25 de febrero de 1981 se inició el traslado de un primer grupo de colonos a Belén que viajaron en un avión Twin-Otter de la Fuerza Aérea Panameña desde Ciudad de Panamá a Coclesito y luego fueron trasbordados los pasajeros a un helicóptero de la Fuerza Aérea de Panamá hasta llegar a Belén. Uno de los participantes de ese primer viaje nos comentó lo siguiente:

"Desde el avión vimos un poco más como es Panamá, y cómo hay gran cantidad de selva. Ese otro avión que nos trajo [a Ciudad Romero] *era de la FAP, como el que usaba el General cuando llegó por aquí a vernos."*[293]

Uno de los hechos que asombraba al grupo en su traslado al Atlántico y su llegada a él era la gran cantidad de tierras libres; que para ellos era un concepto y realidad totalmente nueva.

Ese primer grupo que viajó de Fuerte Cimarrón hacia el frente de colonización en el Atlántico Central estaba constituido por 20 hombres, 4 mujeres y 2 niños, que de manera voluntaria decidieron ser los primeros en irse a vivir a Belén y empezar a construir el nuevo pueblo.

Dejaremos que precisamente uno de los protagonistas de ese inicio nos relate esta historia:

"Estando nosotros en Cimarrón, vinimos a trabajar en el Atlántico. Una región montañosa en donde había una población que se llama Belén. Pero en el lugar donde íbamos a llegar, el

---

[292] Entrevista a Neftalí Velásquez en Ciudad Romero por Marisín Dixon. 1983.
[293] Idem.

hombre no había derribado un árbol. Era una selva virgen. Para nosotros era entonces muy difícil, claro... por donde veníamos. Allá [en El Salvador] *no se encuentran selvas como éstas. A nosotros nos alegraba mucho cuando viajamos de Cimarrón hacia Belén. Salimos un grupo de 20 hombres, incluso venían algunas mujeres. Fue el 25 de febrero del ochenta y uno. Entonces nos instalamos en una escuela y un rancho que hay en Belén. Y de allí partimos al día siguiente hacia este lugar* [Ciudad Romero]... *Llegamos en un cayuco de motor."*[294]

La primera noche en el Atlántico, el primer grupo de salvadoreños la pasó en Belén; en donde los esperaban los pobladores de Belén y Escribano, que hicieron todo lo posible por crear condiciones para recibirlos y alojarlos lo mejor posible. Además, ellos ya habían buscado y elegido un sitio cercano en el que se podía construir el pueblo:

"De manera desinteresada, las mujeres del Club de Amas de Casa de Belén, se encargó de preparar los alimentos. Los hombres, por su parte, se repartieron las tareas de cortar leña, y lavar platos. Para protegerse de la brisa de la noche, típica del litoral costeño, el grupo tuvo que protegerse con hojas de palma real. La Casa comunal, cerrada hasta media altura solamente con jira, otro de los materiales típicos de la región; que tan útil sería más tarde para construir las casas. La noche se pasaba haciendo cama de la hamaca, o bien utilizando pedazos grandes de "foam" que servían de colchoneta. Así de concretos y reales fueron los primeros acontecimientos."[295]

Sólo al día siguiente de la llegada del grupo pionero a Belén, embarcaron por primera vez en su vida en un cayuco. Los llevó remontando el río Caño, afluente del río Belén y la quebrada Boca Honda en la que desembarcaron en un bajo pantanoso hasta remontar los puntos más elevados cercanos donde se construiría el pueblo. Neftalí Velásquez nos dice:

"Desde que nos desembarcamos, llegamos ya chapeando [socolando] *para empezar a ver dónde encontrábamos sitio para ver dónde empezábamos a construir las viviendas. Para nosotros fue una situación bastante difícil porque no estábamos adaptados a esto. Pero sí teníamos la disposición de trabajo. Y fue así como empezamos socolando y derribando y entonces encontramos los primeros lugares para instalar las primeras dos viviendas que son las escuelas que tenemos ahora. Hicimos la primera casa grande. Después de eso hicimos otra casa igual, de*

---

[294] Idem.

[295] Morillo, José María y Marisín Dixon. Programa de Colonización Dirigida con Refugiados Salvadoreños. Originales. Págs. 30-31.

la misma manera. Teníamos dos viviendas y cuando las teníamos [construidas] *tuvimos la necesidad de ser reforzados por más personal de trabajo y exigimos que se trajera más refuerzos. Vino otro grupo de otros Veinte... que no se quería traer desde el principio porque no había donde alojarlos. Que de acuerdo que íbamos haciendo y se tenían las cantidades más o menos encontraran donde ir a alojarse para también trabajar. Pero cuando tuvimos las dos primeras casas, vino otro grupo. Y fue así cuando llegamos a ir abriendo el trabajo más fuerte. Y entonces esas casas, que eran provisionales y que con el tiempo iban a quedar comunales, eran la primera vivienda de nosotros"*[296]

Para este primer momento los pobladores de Belén fueron de inestimable ayuda para todas las acciones. Casi todos los hombres de Belén y Escribano trabajaron a la par de los salvadoreños: enseñándoles cómo se debía trabajar en el bosque, cómo usar las herramientas de trabajo, derribar árboles, qué materiales del bosque buscar y utilizar para la construcción de las casas. Al respecto, en una ocasión Alberto Navarro, un campesino de Belén de origen Coclesano, nos dijo:

"A ellos [a el grupo salvadoreño] al *principio había que estar cuidándolos, mucho más cuando había derriba. Nosotros les enseñábamos a usar el hacha porque ellos nunca habían derribado árboles. Se ponían todos juntos y no se cuidaban de saber para dónde iba a caer el palo* [árbol]; *por donde iba el viento, ni nada. Había que estarle diciendo qué hacer. Ir ubicándolos en la montaña. Decirles donde darle al palo. Cuáles eran los palos que servían para la construcción de las casas, cuales la palmas para el techo* [de las casas], *las "jiras" para el piso, las paredes. Para ellos, al principio, cualquier palma decían que era jira. Nosotros les decíamos que no. Poco a poco con el trabajo, aprendieron a hacer las casas. Nosotros les decíamos qué árbol utilizar porque en el bosque hay muchos, pero duran diferente tiempo. Hay maderas que duran un año, dos años, tres y así.*

La primera casita que se hizo la levantó mi Papá que fue uno de los que ayudó mucho con todos nosotros también."[297]

La gente de Belén y Escribano acompañó al grupo de salvadoreños en todas las tareas desde su llegada a Belén como por ejemplo transportarlos en cayucos. Para esta actividad algunos alquilaron sus cayucos. Mientras otros se asalariaron contra como motoristas eventuales o

---

[296] Entrevista a Neftalí Velásquez realizada por Marisín Dixon en Ciudad Romero, 1982.
[297] Entrevista a Alberto Navarro realizada por Marisín Dixon en Belén, 1982.

"capitanes de cayuco" como se hacen llamar quienes los conducen. Otros lo hicieron como guías en el bosque y muchos otros sólo ayudaron en muestra de solidaridad.[298]

Como afirman los costeños y coclesanos de Belén, había que estarlos cuidando al principio. Por ejemplo, cuando había que transportarse por río pues ninguno de ellos sabía nadar y debido a que sus regiones de origen tenían muchas diferencias. Neftalí Velásquez nos explica:

"Allá (en El Salvador) *sólo habíamos andado por pozas* [ríos o quebradas] *más pequeñas. Pues allá* [en El Salvador] *no había que andar en cayuco, sino a pie y cuando más a caballo."*[299]

FOTO NO. 23 BAÑÁNDOSE EN CIUDAD ROMERO: LOS SALVADOREÑOS PERDIERON EL MIEDO AL RÍO Y APRENDIERON A NADAR

---

[298] El salario de los pobladores de Belén por algún servicio de ayuda a los salvadoreños era de $3.00 Balboas diarios por día trabajado.

[299] Entrevista a Neftalí Velásquez realizada por Marisín Dixon en Ciudad Romero, 1982.

ILUSTRACIÓN NO.1. MEDIOS DE TRANSPORTE USUALES EN EL SALVADOR Y PANAMÁ UTILIZADOS POR LOS COLONOS

omo la planificación inicial del asentamiento se caracterizó por un alto nivel de empirismo, también lo fueron las acciones desarrolladas al inicio de la colonización. Estas resultaron de un aporte de ideas de la agencia ejecutora, de los pobladores locales, y de las necesidades de los colonos. En poco tiempo los colonos, con la ayuda de los campesinos de Belén y Escribano, desmontaron y socolaron alrededor de 4 hectáreas de bosque. Ahí construyeron las viviendas del pueblo con los materiales típicos de la zona. Algunos logros fueron los siguientes:

El primordial objetivo de establecimiento: el centro poblado de acuerdo a un concepto que el General Omar Torrijos llamara la creación de condiciones para *"habitabilidad"* de la zona.[300]

Se construyeron al cabo de cuatro meses 69 viviendas iniciales, iguales a los ranchos de los pobladores locales. Diferentes sólo por el tipo de cocina o fogón utilizado.[301]

Todas las casas construidas en Ciudad Romero fueron de unos 40 m^2 como promedio. De techo, paredes y pisos de tronco de palma de *"jira"* (socratea duríssima). A las viviendas con el paso del tiempo cada familia les fue agregando más cuartos y ambientes de acuerdo a sus necesidades.

El procedimiento de entrega de vivienda fue que luego de construidas cada una, una familia (la que tuviera más necesidad por el número de miembros) la ocupaba.

Otros logros durante el inicio de construcción del pueblo fueron las siguientes:

1. Un puesto de salud atendido por enfermeros permanentes de Sanidad Militar de las Fuerzas de Defensa de Panamá que se encargaron en un primer momento (años 1981 y 1982) de brindar atención curativa y preventiva en la comunidad.
2. El establecimiento de una escuela primaria.
3. La construcción de un acueducto por gravedad para el abastecimiento de agua potable de los colonos, que sirvió como una llave de agua externa cada cinco casas. Al no existir este servicio en Belén y Escribano; se construyó simultáneamente allí un acueducto también con financiamiento del Ministerio de Salud de Panamá.
4. Se colocó un puesto de radio comunicación en Belén, que serviría para tener comunicación con algunas comunidades del área, entre ellas Coclesito y con las oficinas de PROESA en Ciudad de Panamá. Este servicio permitiría una comunicación más fluida y constante entre el coordinador local de la colonización, un agrónomo en Belén y las oficinas centrales de PROESA. Ello además permitió un control situacional de la población y sus necesidades; de los niveles de avance en el trabajo y serviría también para reportes climáticos a transportes que viajaran a la zona.

Debido a que la infraestructura de comunicación en la micro-región de colonización se limitaba a una pista de aterrizaje en Concepción (a una hora y media de Ciudad Romero en lancha

---

[300] Castro, Guillermo. El Desarrollo del Atlántico Panameño: Elementos para una Estrategia. UEP-PROESA, 1981.Págs. 34-35.

[301] Los fogones en Belén y Escribano son camas de cemento con tres piedras y leña. Los de Ciudad Romero eran hornos de barro.

a motor), en la que podían recibirse vuelos desde Coclesito, se previó la posibilidad de construir una pista de aterrizaje en Belén. Coclesito funcionaba como centro aéreo de la región del Atlántico Central. La construcción de la pista de aterrizaje en Belén se previó desde un principio en la escogencia misma del sitio de colonización dada su topografía plana. También se habilitó un helipuerto en Ciudad Romero. Ambos, una vez construidos, facilitaron la comunicación extra-regional hasta entonces circunscrita a las vías más tradicionales que eran el mar hacia la ciudad de Colón o utilizando pistas de aterrizaje más lejanas. Desde la llegada misma del grupo de colonos a Belén, parte de ellos construyeron el helipuerto de Ciudad Romero y la pista de aterrizaje de Belén, de unos 1,600 pies de longitud

FOTO NO. 24 GENERAL OMAR TORRIJOS EN LA PISTA DE ATERRIZAJE DE BELÉN CONSTRUIDA POR LOS POBLADORES DE BELÉN, ESCRIBANO Y CIUDAD ROMERO

Luego de la construcción del pueblo, se aprovecharon las tierras internas del pueblo para la siembra de algunos cultivos agrícolas que evitaran el lavado de los suelos. Se sembraron de esta manera cultivos de pimentón, zapallo, papayas, marañones, naranjas, limones, naranjillas, pinos, bananos, plátanos y pixbaes. También se iniciaron crías de aves de patio: gallinas y patos. Un problema frecuente en el Atlántico era en el caso de gallinas y patos la gripe aviar. En ocasiones pollos y patos eran enviados a Coclesito con anterioridad para aclimatarse y recibir vacunas veterinarias.

Para realizar las actividades agrícolas del pueblo se realizó una primera asignación tentativa de tierras entre los salvadoreños y el resto de los pueblos cercanos. Los salvadoreños cultivarían las tierras de la margen Este del río Caño y dejarían a los pobladores de Belén la margen Oeste del mismo, hasta llegar a donde se localizaba Ciudad Romero, sitio a partir del cual todas tierras de ambas márgenes eran del grupo colono. Adicionalmente, a los salvadoreños no se les restringió ninguna otra área para cultivar. Podían hacerlo donde mejor lo deseara el grupo, cada agricultor, o a nivel familiar; siempre que no fuera en tierras cultivadas ya por un poblador local. Ello se realizó mediante un acuerdo verbal de los moradores de Ciudad Romero, Belén, Escribano y PROESA.

8.4 DE CÓMO SE LE DIO NOMBRE AL PUEBLO

Nuestro entrevistado Neftalí Velásquez nos relató cómo se dio la elección del nombre de la comunidad. Esa fecha nadie la recuerda con exactitud[302] Fue un domingo del mes de abril de 1981:

"Después de la construcción de las casas, la escuela, el puesto de salud, nosotros ya teníamos un pueblo, que había nacido de la noche a la mañana. Porque en otra parte para ver un pueblo, un caserío como éste tarda mucho tiempo. Nosotros llegamos aquí y solo había selva y en poco tiempo [tres meses] *se vio un pueblo que es más grande que Belén y en ese momento pensamos que esto era ya un pueblo y que ya debía tener nombre."*

---

[302] En Ciudad Romero sólo recuerdan que estaba recién pasado el primer aniversario de la muerte de Monseñor Oscar Arnulfo Romero que se celebra el 24 de marzo. Incluso el exsacerdote José María Morillo quien estuvo en el pueblo nos comentó que no recuerda con exactitud el día del bautizo.

"No sabíamos de las leyes de este país, si teníamos que ir a pedir permiso, o algunas opiniones, o si podía salir el nombre directamente por las personas de aquí mismo panameñas o algo así. Entonces nos dijeron los de PROESA y Belén que aquí éramos libres; que podíamos pensar en la forma que nosotros pensáramos mejor para el nombre y que no había ningún problema. Me acuerdo de que fue una tarde, y no tengo presente la fecha, pero si lo que me recuerdo era que veíamos una necesidad de ponerle nombre a este pueblo y fue así cuando el Padre Morillo estaba haciendo una misa y dijo: Ésta misa va a ser en honor y agradecimiento por todo lo que se ha hecho. Y dijo, por todos los que han muerto en el país de ustedes y en general por todos los que aquí han colaborado y han trabajado junto con ustedes. Vamos a dar gracias, y yo espero que ustedes cojan un nombre para que este pueblo ya pueda ser bautizado con el nombre que ustedes le pongan y no queremos ponérselo nosotros."

"Nosotros sacamos tantas opiniones y llegamos a un acuerdo: nosotros veníamos de un lugar en donde la gente y nosotros teníamos un conocimiento de lo que es ser religioso, de lo que sufrían los que si hablaban la verdad y no tenían temor de hablar la verdad. Nosotros teníamos tan presente a Monseñor Romero que dijimos: Venimos de allá [de El Salvador] *donde él era un obispo que fue mártir de la represión en El Salvador sólo porque defendía los derechos de los pobres. Dijimos que por el sufrimiento de él acordamos darle el nombre recordando a Monseñor Oscar Arnulfo Romero."*

"Ese día decidimos que íbamos a bautizar el pueblo con el nombre de "Ciudad Romero", aunque esto no es una ciudad, pero la verdad, es que nosotros solo queríamos que tuviera un nombre en honor al Obispo mártir de la represión de la dictadura de la Democracia Cristiana en El Salvador. Fue así como lo bautizamos Ciudad Romero. Muchos de nosotros lo conocimos a Monseñor Romero, fue un hombre que nunca fue conformista y como Jesucristo si supo llevar la cruz que lo llevó hasta la muerte. Pero para nosotros no ha muerto. Pues si pensaron que con la muerte de Monseñor Romero el pueblo salvadoreño se iba a callar, eso fue en vano porque nosotros tenemos hasta un pueblo que se llama Ciudad Romero como él"[303]

Pasaremos ahora a describir cómo se organizaron para adaptarse a su nueva situación y el apoyo que el Estado Panameño les brindó.

---

[303] Entrevista a Neftalí Velásquez García realizada por Marisín Dixon en 1982, Ciudad Romero.

9. LAS FORMAS DE ORGANIZACIÓN DE CIUDAD ROMERO

9.1 UNA *JUNTA* SALVADOREÑA EN SUELO PANAMEÑO

Los salvadoreños de Ciudad Romero optaron por estructurar formas de organización social en su comunidad para resolver sus principales problemas y necesidades distintas a las practicadas en sus sitios de origen caracterizadas por un alto sentido de comunidad. Estas formas fueron surgiendo espontáneamente durante los primeros meses de iniciada la colonización, producto del trabajo mismo. Incluiremos algunas de las principales justificaciones que de ellas realiza la comunidad.

Para el momento en que se le dio nombre al pueblo luego de haber construido las viviendas, la escuela, el acueducto, y el puesto de salud, el grupo institucionalizó la principal forma de organización de la comunidad de tipo comunitario por excelencia, y a la que el director de PROESA, Hugo H. Guiraud, considera una versión salvadoreña de la Junta Campesina de Panamá. Surgió a la llegada misma del grupo al Atlántico, como nos explica uno de los colonos:

"Cuando empezamos a construir las primeras casas, llegamos a un acuerdo de que íbamos a trabajar unidos y que nadie iba a trabajar individual. Algunos plantearon que cada uno hiciera su casa, pero nos reunimos y llegamos a un acuerdo de que era hacer juntos el lugar. Pues en una selva mucho podía hacer uno solito, pero no iba a llegar a ningún lado porque mucho no se conocía. Mientras que entre todo el trabajo unido tenía más fuerza. Llegamos a el acuerdo que íbamos a construir las viviendas todas del mismo tamaño, y todos íbamos a tener una vivienda a última hora y todos habíamos trabajado en todo, conocido de todo."

"Y de acuerdo con que se iban hacienda [las casas], *la gente se iba acomodando en ellas. Nos dimos cuenta de que el trabajo unido vale mucho."*[304]

Para establecer las reglas del juego mínimas en materia de trabajo, se elaboró una lista de los hombres aptos para el trabajo. Fueron seleccionados 110 hombres en edad productiva, en su mayoría jefes de familia. Se hicieron cargo de todo el trabajo de construcción y habilitación del pueblo. Previamente se había elaborado una lista de la posible fuerza laboral de la comunidad, dependientes y grupos vulnerables. Reconocieron que sobre los primeros recaería el peso de

---

[304] Entrevista a Neftalí Velásquez realizada por Marisín Dixon. Ciudad Romero, 1982

trabajar y sostener al resto de los pobladores en una relación de 1 trabajador por cada 3 dependientes.[305]

Los hombres eligieron un líder por cada 10 trabajadores que los orientaría en los trabajos de construcción de toda la infraestructura y de todas las áreas consideradas como prioritarias, tal como lo explica el señor Calixto Sosa:

"Éramos 110 hombres trabajando para construir el pueblo y había un responsable cada 10 unidades que recogía el pensar de los que trabajábamos. Se reunían con los de PROESA... Se llegaban a acuerdos y a los trabajos que había que apoyar y de allí como se distribuía el trabajo se distribuía la gente. Sólo cuando había algún problema delicado se hacía una Asamblea del Pueblo y ahí se discutían los problemas y los directivos quedaban tranquilos al ver que tenían el apoyo de toda la gente."[306]

Luego de hacer la lista del pueblo, nos comentó unos de los salvadoreños, se dieron cuenta de que había varias familias que no podían satisfacer sus necesidades por no tener quien trabajara para ellos. En especial, se daba el caso de algunas señoras que eran jefes de familia, viudas o solas al tener a sus esposos en El Salvador, o también a algunos ancianos o jóvenes adolescentes sin padres.

Las mujeres de la comunidad que no tenían que cuidar muchos hijos, se ofrecieron voluntariamente a procurar las condiciones para optimizar la labor de los trabajadores. Ellas entonces sumaban alrededor de 70 y se repartieron las tareas de acarrear agua, lavar la ropa, cortar leña, cocinar colectivamente para toda la comunidad y distribuir todos los enseres caseros, vestidos y alimentación.

Las mujeres de la comunidad luego de construidas las viviendas, y en especial el acueducto, al considerar que se hacía más fácil lavar y cocinar al no ser necesario acarrear agua desde alguna quebrada, iniciaron otras tareas: cuidar a los ancianos, viudas u hombres solos que no tenían quien les hiciera las comidas o les lavara la ropa. Con una donación de implementos de costura, en diciembre de 1981 se instaló un pequeño taller en el que cualquiera de las mujeres podía acudir a reparar y aprender a coser vestidos. Aquellas que sabían algo de costura, enseñaban a otras en

---

[305] De 110 trabajadores de 353 personas que formaban el grupo al inicio.

[306] Entrevista a Calixto Sosa Mancilla realizada por Marisín Dixon en Ciudad Romero, 1982.

horarios diarios establecidos y de manera voluntaria, por grupos de aprendices. A su organización la llamaron el Comité de Amas de Casa, de forma similar al que tenían las mujeres de Belén.

FOTO NO. 25 LA SOCIÓLOGA LOURDES LOZANO EN SU VIAJE DE CREACIÓN DEL COMITÉ DE AMAS DE CASA.

De estas dos primeras organizaciones de la comunidad surgieron numerosas inquietudes e ideas durante los dos primeros años, que fueron reforzando el sentido de comunidad del grupo.

Estas organizaciones coincidieron con los objetivos de la denominada etapa pionera de la colonización. Cada poblador adulto, incluso aquellos incapacitados para el trabajo productivo, hizo su espacio para contribuir con el resto al bienestar del pueblo. Algunos se dedicaron a actividades que habían aprendido a hacer: servir de carpinteros para hacerle a cada casa, puertas y ventanas; servir de fontaneros, cuidar y reparar el acueducto, ser barberos gratuitos del pueblo o acudir a amenizar reuniones como integrantes del Conjunto Musical de Ciudad Romero.

Una vez restablecida la vida familiar y cubrir se ya cubiertas algunas necesidades de toda la comunidad con dependencia material de los pobladores y ayuda externa, los salvadoreños decidieron estructurar las formas de administración y distribución de los recursos donados como vestidos, enseres caseros y el mobiliario familiar e incluso herramientas de producción. El razonamiento del grupo para entonces en 1981 era el siguiente:

"Tratar de no cometer aquí los errores de divisionismo y preferencia de unos sobre los otros. Porque eso nos haría fracasar en Ciudad Romero. Y esa era la mismita causa que nos hizo salir de El Salvador, había siempre unos tenían o querían tener más y otros nada. El divisionismo era solo el principio de que nos empezáramos a explotar unos sobre otros."[307]

De acuerdo con ese principio compartido, el 31 de julio de 1981 se formalizó tanto la Directiva de Trabajo como el Comité de Amas de Casa, las dos principales organizaciones del pueblo. A ella se agregarían otras más adelante. A la Directiva de Trabajo se le otorgó el 31 de Julio de 1981 en asamblea comunal algunas responsabilidades bastante simples y de dirección que ratificaron a los 11 líderes naturales, elegidos en un principio a la llegada del grupo.

La directiva de Ciudad Romero era el organismo de máxima autoridad de la comunidad. Una organización de desarrollo *desde abajo* que, mediante reuniones generales con los pobladores, elegidos por voto anualmente mediante una Asamblea General planteaban sus necesidades a PROESA, recibían todos los insumos y los distribuían asimismo planeando con el personal de PROESA las tareas a cumplir. El libro de Nohé Reyes describe la directiva de la Comunidad de Ciudad Romero de la siguiente manera:

"El 30 de junio de 1981 se había formado en Asamblea General la primera Junta Directiva Comunal encabezada por Simón Guzmán [cariñosamente llamado Moncho por todos los salvadoreños]. *Todos los proyectos que se desarrollaban eran dirigidos y administrados por PROESA. Los hombres estaban organizados en grupos de diez, donde cada grupo de trabajo tiene un encargado. El encargado se reunía con la directiva para informarse de los proyectos que tenían que realizarse. Las mujeres también se organizan en grupos de 10. Las mujeres coordinan el trabajo de cocina para llevar la comida a los campamentos de trabajo. Tanto los grupos de mujeres como hombres se rotaban en los diferentes campamentos. De manera que toda la gente se mantenía ocupada permanentemente."*[308]

---

[307] Entrevista a Neftalí Velásquez realizada por Marisin Dixon en Ciudad Romero, 1982.
[307] Reyes, Nohé. Llenos de Vida. La comunidad de Ciudad Romero en el Bajo Lempa. 29 de agosto 2006. Pág.77.

Había una elección anual de la directiva de la comunidad. Se reunían con el equipo de PROESA semanalmente y más frecuente de acuerdo a necesidades, para solicitar los recursos a nivel local. Los funcionarios llevaban las solicitudes a PROESA Panamá para materiales, necesidades y proyectos. Los responsables eran nombrados de acuerdo a los diferentes comités de la comunidad. El secretario fue siempre Matías Ramírez, quien tenía cuadernos en los que documentaba todas las peticiones y decisiones tomadas por la directiva de la comunidad con PROESA y registraba todas las visitas de personas a la comunidad. Había comités de porqueriza, producción agropecuaria, ganadería, amas de casa, salud, educación, deportes, y otros. También con la formación de la cooperativa *"Conquista del Atlántico"*, Ciudad Romero fue agregada como un miembro colectivo de dicha organización. A través de PROESA se dirigían las necesidades a Ciudad de Panamá, y de acuerdo con el presupuesto otorgado por el ACNUR se hacían las compras en Colón, Panamá o Penonomé. Como principales funciones dadas por la asamblea del pueblo a la directiva figuran las siguientes:

1. Reunirse a discutir asuntos de trabajo y necesidades del pueblo.
2. Representar al pueblo ante las autoridades y visitas.
3. Estar atento a las necesidades de la comunidad para planteárselas a ACNUR.
4. Coordinar el reparto de alimentos, herramientas y equipos.
5. Reunir a la comunidad siempre que fuera necesario.
6. Repartir los grupos de trabajo por tareas necesarias aprobadas por ellos.
7. Ser jefe de grupo (compuesto cada grupo por 10 trabajadores)[309]

En 1981 se estructuró internamente la Directiva de Trabajo por un período de un año los siguientes cargos: Presidente, Secretario, Tesorero, Administrador de herramientas y recursos de propiedad comunal; Responsable de producción; y cinco (5) vocales.

La elección de la Directiva de Trabajo, hasta 1987 fue realizada por la Asamblea de Pueblo, mediante votación de todos los asistentes a ella (mayores de 15 años, incluyendo las mujeres) quienes propusieron los candidatos a cada cargo. Al momento de elegir, hacían una fila detrás del candidato de su preferencia. Se elegía en cada "ronda" a quien tuviera la fila más larga detrás suyo, indicativo de su elección al puesto de directivo. No había términos por ronda, solo el desempate.

---

[309] Tomado del cuaderno del secretario de la primera directiva de trabajo, el Señor Matías Ramírez, uno de los pocos quien al llegar a Panamá, sabía leer y escribir. El cuaderno del Señor Matías Ramírez es un archivo de visitas, reuniones, nacimientos, bautizos y registro de todas las donaciones llevadas a Ciudad Romero.

Para el primer año de la colonización se formaron otros grupos o comités del pueblo que reforzaron el sentido de comunidad. Estas organizaciones fueron las siguientes: Un *club de padres de familia* que coordinaría con los maestros y la escuela los apoyos que podían brindar el pueblo a la escuela mediante trabajos voluntarios. Este club propició las actividades de alfabetización en clases nocturnas para mujeres y hombres adultos, interesando a los campesinos adultos en ir a la escuela.

Un *comité de salud* que se organizó para desplegar actividades de letrinación, procurando que cada familia poseyera una letrina. Vigilaba y organizaba la actividad de confeccionar huecos que sirvieran para enterrar la basura; realizaba actividades de salud ambiental como limpieza de quebradas, aguas estancadas y alrededores que estaban entonces llenos de troncos de árboles, basura y especialmente de desechos o envases de la ciudad. Realizó así mismo las primeras acciones para la prevención de cría de mosquitos y plagas en general.

Un grupo se artesanos que se dedicaba en sus horas libres a la producción de hamacas de algodón de muy buena calidad, que se vendían en Ciudad de Panamá a través de funcionarios de PROESA a unos $70.00 balboas por unidad.

Un *frente de mejoras de la comunidad* que, como nos dice uno de los salvadoreños, era toda la comunidad trabajando los días siete (7) de cada mes, en trabajos comunales de limpieza, la construcción de puentes, limpieza de quebradas, construcción de calzadas (caminos de piedra), pues durante todo el primer año el pueblo era un lodazal. El responsable del Frente de Mejoras de la Comunidad era quien recogía desde 1981 las opiniones de los diferentes grupos y familias sobre las tareas más prioritarias en beneficio de todos, y organizaba el trabajo en ellas. El día siete era de mucha actividad en Ciudad Romero. En él participaban los hombres trabajando, los niños y mujeres en las tareas menos pesadas; las mujeres cocinaban y preparaban refrescos para todos. De esta actividad surgió la idea de crear jardines, huertas y eliminar la basura de la comunidad.

Una vez que surgieron éstos nuevos grupos organizados en el pueblo, la Asamblea General amplió las funciones de los "directivos de la comunidad", dándoles a cada uno una tarea de "enlace" con cada comité o club que fue creándose con el objetivo de recoger las inquietudes y actividades de acuerdo a la prioridad que tuvieran, para incluirlas en la programación de actividades que requirieron destinar parte de la fuerza laboral del asentamiento para proporcionar apoyos. A partir de esa actividad, la directiva de trabajo se renombró como Directiva de la Comunidad.[310]

9.2 EL CONJUNTO MUSICAL DE CIUDAD ROMERO

El Conjunto Musical de Ciudad Romero que amenizaría todos los actos y celebraciones de la comunidad se creó en 1981. Éste fue posible gracias a la donación de cuatro guitarras; 1 violín, tambores y maracas por parte de las Fuerzas de Defensa. Con estos instrumentos acompañaron musicalmente desde entonces varias canciones folklóricas salvadoreñas y otras de producción propia. Entre las más escuchadas, compuestas ese año figuran *"Los Humildes Campesinos"* y *"el Emigrado"* que hacen un recuento de la historia compartida por el grupo colono desde su salida de El Salvador hasta su llegada a Panamá. La letra de ellas que transcribiéramos de una grabación, figura a continuación:

"Los Humildes Campesinos"
Voy a contar una historia
Lo que mi pueblo sufría
Por una junta asesina
Que compasión no tenía.
Cuando un primero de mayo
Dos aviones bombardearan
Y los soldados quemaron
La casita que tenía.
De allí salimos a Honduras
Nos fuimos a Las Estancias
Allí vivimos seis meses
Bajo mucha vigilancia.

---

[310] La función de enlace consiste de saber que se propone hacer cada grupo, recursos con los que cuenta el grupo y vigilar por el nivel de afectación que los programas de cada organización causen a la comunidad. En el caso de que la Directiva de la comunidad considere que es prioritaria alguna tarea de alguna organización que se le proponga a través del "directivo de enlace" y se decida apoyar las tareas del grupo, lo hace bien hacienda alguna solicitud formal de apoyo material a PROESA o de distribución de la fuerza laboral de la comunidad de apoyo a la organización.

El gobierno panameño

Fue el que asilo nos dio

Y el Señor Omar Torrijos

General de División.

Vinimos a Panamá

Nos fuimos pa' Cimarrón

Allí estuvimos un tiempo

Solo en recuperación.

Con el pueblo panameño

Hoy sentimos su dolor

Porque ha perdido un gran hombre

Hombre de mucho valor.

El General fue un líder,

Líder de fama mundial

Y que luchó por los pobres

Sincero y muy popular.

Ya con esta se despiden

Los humildes campesinos

Que viven fuera de su Patria

Por un gobierno asesino."[311]

---

[311] Los Humildes Campesinos. Composición del Conjunto Musical de Ciudad Romero. Compuesta en el año de 1981. Grabada por mi persona el 9 de enero de 1982 en Ciudad Romero. 1982 "Tarde de Fiesta luego de la Asamblea General de Ciudad Romero."

"El Emigrado"

Me voy de mi tierra
Me voy emigrado
Por un gobierno asesino.
Yo era pobre y un humilde campesino.
Crucé la frontera
En busca de auxilio
Y me encontré otro gobierno asesino,
Pues ese gobierno, él era hondureño,
Que también buscaba salvadoreños.
Estando en la muerte
Se da cuenta Omar que estamos sufriendo
Mando a Guillermo pa' que le entregaran
Trescientos salvadoreños.
No puedo olvidar a ese General
Y al gobierno panameño
Son hombres valientes y bien decididos
Que siguen luchando con su ideario.
Con esta me voy
Yo ya me despido,
Ya les canté mi canción.
Yo quiero decirles que siempre confíen
Que siempre confío en la revolución.[312]

---

[312] Conjunto Musical de Ciudad Romero. *"El Emigrado."* Idem.

FOTO NO. 26 CONJUNTO MUSICAL DE CIUDAD ROMERO

FOTO NO.27 EL CONJUNTO MUSICAL EN PLENA FAENA

FOTO NO.28 ANTONIO AMAYA CANTANDO EN EL CONJUNTO MUSICAL DE CIUDAD ROMERO

FOTO NO. 29 SERAPIO REYES (VIOLINISTA) CONJUNTO MUSICAL DE CIUDAD ROMERO

9.3 SERVICIOS DE SALUD BRINDADOS POR EL ESTADO PANAMEÑO

Los principales servicios públicos ofrecidos por el estado panameño a los colonos salvadoreños en Ciudad Romero fueron en materia de salud, educación, transporte y asesoría técnica. Las atenciones en materia de salud a la comunidad durante el primer año de 1981 las brindaron las Fuerzas de Defensa de Panamá en un pequeño puesto de salud. Se contó durante 1981 y 1982 con una presencia de enfermeros permanentes de Sanidad Militar, residentes en Ciudad Romero.

En 1982 se entrenó en el Hospital de la ciudad de Penonomé durante 5 meses, a dos hermanos del grupo: Jorge Villatoro y Carmen García Villatoro para que atendiesen el Puesto de Salud. Como un paso previo para la incorporación de Ciudad Romero al sistema integrado de salud de Panamá. A partir de 1983, la atención primaria de la población de la comunidad de Ciudad Romero, la efectuaban estos jóvenes entrenados como asistentes de salud, ayudados por enfermeros de Sanidad Militar de las extintas Fuerzas de Defensa de Panamá y también por estudiantes universitarios de enfermería. A estos estudiantes PROESA les solicito efectuar sus prácticas de licenciatura de la Universidad de Panamá en Ciudad Romero. Luego de 1986 el Puesto de Salud de Ciudad Romero era atendido por dos asistentes de salud para brindar atención primaria curativa y preventiva.

A partir de 1985 se nombró un enfermero permanente en Belén que les brindaba servicios por lo menos a unas siete comunidades de la región. Entre ellas estaba Ciudad Romero, como una de las más próximas.

En Ciudad Romero, por lo menos a partir de 1983, no se registraron casos de desnutrición en la población, según lo corroboraron informes de visita de una nutricionista de ACNUR, la señora Silvia Derpic, que visitaba frecuentemente a la comunidad. La Nutricionista Derpic evaluaba periódicamente el estado de salud de la población.[313] También los médicos del Centro de Salud de Coclesito, visitaban Ciudad Romero por lo menos una vez al mes. Los salvadoreños, al igual que otros pobladores de la región del Atlántico Centro Occidental Panameño daban respuesta a sus necesidades médicas en el Centro de Salud de Coclesito. Al igual que el resto de

---

[313] ACNUR. *Evaluación Nutricional Semestral de los Niños de Ciudad Romero: 1ero de Enero- Julio 1985.* ACNUR-NAL. 5 de sep., 1985. Pág. 2.

las comunidades de la región, Ciudad Romero era atendida por el sistema nacional de Erradicación de la Malaria (SNEM) en visitas periódicas para controlar la presencia de mosquitos y focos de cría de larvas del insecto. Esta actividad se complementaba con acciones del Comité de Salud de Ciudad Romero que realizaba fumigaciones periódicas en las casas del pueblo contra diversas plagas como ratas y cucarachas. Los recursos de esas fumigaciones eran donados por PROESA. La comunidad contaba con seis fumigadores voluntarios que realizaban esas tareas.

FOTO NO. 30 GRIFO DE DISTRIBUCIÓN DE AGUA DEL ACUEDUCTO POR GRAVEDAD DE CIUDAD ROMERO

Respecto a la salud mental en Ciudad Romero, los pobladores tenían mayor incidencia de enfermedades psiquiátricas como el estrés postraumático y la depresión, probablemente debido a lo vivido en la guerra y el estar alejados de sus familiares en El Salvador. Algunos tuvieron noticias constantemente sobre desgracias sucedidas a familiares cercanos en El Salvador producto de la Guerra Civil. Los pobladores eran transportados a Penonomé para citas médicas de psicología en un hospital cercano a Penonomé. El perfil de enfermedades de los salvadoreños de acuerdo al enfermero de la comunidad de Belén era diferente al de las comunidades costeñas. Sus patrones de automedicación variaban con los de la población panameña, lo que causaba problemas de interpretación por parte de los médicos y enfermeros panameños que les atendían. El enfermero de la comunidad era de origen nicaragüense, con residencia en Panamá. La ascendencia centroamericana del enfermero Francisco Alcocer, contribuyó a una mejor atención de la población de Ciudad Romero, podía entender y manejar mejor los problemas de dicha población. Muchas de las enfermedades y síntomas eran llamados de otra forma por el grupo. También los remedios caseros eran diferentes, según el enfermero Alcocer.[314] Por propia iniciativa, Alcocer hizo estudios de salud de la población durante su formación en la Universidad de Panamá.

En Ciudad Romero, al igual que en el resto de las comunidades del Atlántico, era un problema frecuente la escasez de medicinas a pesar de que existía un Puesto de Salud. El Centro de Salud de Coclesito, según nos señalara su entonces director, el Dr. César Recuero, procuraba abastecer a Ciudad Romero de medicamentos y también hacer citas médicas localmente para tratar de satisfacer al máximo las demandas de la población. Esto abarataba los costos de salida de los pobladores de su pueblo para comprar medicinas. La atención de todos los colonos era gratuita. Cuando llegaban a la ciudad de Penonomé se hospedaban en una pensión cuyos costos eran cubiertos por PROESA. Algunas veces se hospedaban en casas de familiares de los coclesanos que conocían. Había un *tráiler* (casa móvil o carro casa) que hospedaba a algunos en Penonomé. PROESA sufragaba los costos de consulta médica y las medicinas. En Ciudad de Panamá los colonos se hospedaban en pensiones en su mayoría localizadas en el Casco Antiguo de la Ciudad y Santa Ana. PROESA cubría los costos, transportaba a los pobladores al hospital a sus citas médicas. Los conductores de PROESA, y el personal encargado del proyecto transportaban a los pobladores a sus pensiones, citas médicas en Ciudad de Panamá, Colón y Penonomé. En ocasiones los pobladores se quedaban en casa de algún conocido costeño con familia en Ciudad de Colón que los ayudaban desinteresadamente a acudir a los mercados locales, para comprar enseres básicos. Eran muy populares en compras: chancletas, pailas de cocinar, peinetas, peinillas, collares, ropa interior, peticotes, brassieres, zapatos y todos aquellos enseres de casa que no era común encontrar en Ciudad Romero.

---

[314] Comunicación personal del enfermero Alcocer a mi persona.

Un problema serio de la comunidad lo representaba la odontología y la gran incidencia de caries.

El presupuesto de ACNUR no contemplaba la compra de muchos enseres básicos como pasta dental y cepillo de dientes en muchos años. Tampoco así cuando los años pasaron la compra adicional de vestimenta. Las extracciones por carie eran frecuentes a pesar de que en Coclesito había un odontólogo que realizaba calzas. La nutricionista Derpic del ACNUR recomendó entonces a los pobladores cepillarse los dientes con ceniza del horno de carbón, alternativa que a su parecer era apropiada para lavar los dientes. Adicional, que trataran de comprar cepillos dentales por cuenta propia.

9.4 SERVICIOS DE EDUCACIÓN BRINDADOS POR EL ESTADO PANAMEÑO

Como ya mencionáramos, a la llegada de los salvadoreños a Panamá, su situación en materia de educación era precaria. El 93% de la población en edad escolar en adelante no sabía leer y escribir. Durante la estadía en el Fuerte Cimarrón, como lo señaláramos en el Capítulo III, se les impartió cursos de alfabetización a los adultos y luego de ser trasladados al Atlántico central y una vez construidas las viviendas en mayo de 1981, se dio inicio a la alfabetización de adultos y a la educación a la población en edad escolar. Los dos salvadoreños con mayor nivel de escolaridad, Jorge Villatoro y Carmen García Villatoro (hermanos) fueron seleccionados para dirigir el Centro de Salud. Participaron en 1981-82 en cursos de entrenamiento para ser ayudantes de Salud en Coclesito, ciudad de Panamá y Penonomé. Jorge vive actualmente en Houston Texas con su familia y Carmen en Santiago de Veraguas de donde su esposo Anel Rivas (entonces Maestro en Ciudad Romero) es oriundo. Posteriormente Mario Ordoñez fue entrenado también como asistente de salud.

Durante 1981 y 1982, la escuela de Ciudad Romero funcionó de manera especial con colaboración de las antiguas Fuerzas de Defensa de Panamá, que destinó a dos unidades con profesión de maestros para realizar un estudio de la población en edad escolar. Este estudio determino el nivel en que fueron colocados los estudiantes ya de manera regular.

Anel Rivas, contrajo matrimonio en 1986 con Carmen García Villatoro para entonces educadora de Salud, hermana de nuestro entrevistado Neftalí Velásquez García. Fue uno de los primeros matrimonios entre personas salvadoreñas y panameñas pues la comunidad se mantuvo endógama. En 1982 se inició el primer periodo escolar de la Escuela primaria de Ciudad Romero.

La primera persona graduada para iniciar estudios de maestra fue la joven Eusebia Sosa quien en la actualidad vive en Penonomé. Eusebia pudo atender hasta nivel de grado en la Universidad de Panamá

Una ayuda vital en toda la logística y atención a los pobladores fue la Misión de Padres Claretianos que fungía en Donoso hasta hace unos años. Hubo una serie de misioneros en la comunidad como el exsacerdote José María Morillo que estuvo en el área hasta 1983 cuando abandono el sacerdocio. También mi compañero de estudios en la Universidad Santa María La Antigua, el padre Celestino Sáenz y en visitas también del entonces Obispo de Colón Carlos María Ariz. Otros sacerdotes Claretianos visitaban el área, así como monjas de la Ciudad de Colón y Ciudad de Panamá. Muchos de los habitantes de Ciudad Romero visitaban frecuentemente a las religiosas en Colón Panamá producto de la amistad y el apoyo dado para negociar el permiso de padres de la comunidad, para que algunas de las niñas pudieran asistir a una escuela gratuita de secundaria y en algunas instancias de educación primaria en la Ciudad de Colón. El padre Celestino, Sociólogo también realizaba giras de evangelización y desarrollo a toda la región. La misión claretiana conseguía fondos para actividades de desarrollo en toda la región y en diciembre de 2007 la misión tuvo su fin en el distrito de Donoso por orden del Obispo Audilio Aguilar [315] Era una evangelización práctica y de desarrollo, acompañando a las comunidades en sus necesidades, agrícolas, socioeconómicas, de educación, familiares. Frecuentemente el Padre Celestino Sainz llamaba a la oficina de PROESA para conversar en cuanto podría hacerse cooperación entre ellos en proyectos de desarrollo humano. Algunas hermanas como Pilar llamaban a mi casa para ponerme en contacto con ellos si había necesidad de algún salvadoreño a su cuidado en Ciudad de Panamá o Colón. Varias fueron las niñas salvadoreñas llevadas a estudiar en ciudad de Colón en colegios religiosos por esta intercepción. Los padres de las niñas en Ciudad Romero en muchas oportunidades no querían que sus hijas, una vez terminados los estudios primarios, viajaran al Centro Escolar de Coclesito, por no poder vigilarlas de cerca. Las madres por su parte deseaban que las niñas se dedicaran a ayudarlas en tareas domésticas. No era lo mismo para los hijos varones a los que los padres si dejaban ir a atender escuela a Coclesito. Había que

---

[315] Mateo, Luis Gonzalo Cfm. "Los Claretianos Salen de la Diócesis Colón-Panamá." *Ciudad Redonda.* 26. Dic. 2007.

conversar mucho con los padres para convencerlos de que la educación de esta población era importante, fueran niñas o niños.

A partir de 1983 la escuela fue incorporada al Ministerio de Educación de Panamá, con iguales programas que el resto de las escuelas primarias oficiales del país. En ese año el Ministerio de Educación nombró adicionalmente dos maestros para la comunidad al crecer el número de educandos.

En diciembre de 1985, con una matrícula escolar de 140 estudiantes, se efectuó la primera graduación de 10 estudiantes salvadoreños de la escuela primaria de Ciudad Romero que continuaron estudios secundarios en la comunidad de Coclesito donde se beneficiaron con becas comunitarias del internado. Además, por relación estrecha con los equipos evangelizadores de la Diócesis de Colón, en especial con la Misión de Padres Claretianos, varias jóvenes tuvieron la posibilidad de estudiar becadas en la ciudad de Colón.

En 1986 la situación en materia de servicios educativos fue posible la matrícula escolar de 170 estudiantes. Alrededor de 70 adultos ya alfabetizados de manera voluntaria asistía a clases nocturnas en la escuela. Luego de haber convencido a los maestros que vivían en la comunidad de darles clases a ellos también, aunque no poseían programas oficiales o condiciones materiales para ello. A pesar de que el pueblo no contaba con fuentes de iluminación eléctrica, maestros y estudiantes colectaban gasolina para utilizar energía de una planta eléctrica del puesto de salud, o bien llevaban *"mechones"* (lámparas de aceite) para ver de noche. En las clases nocturnas, los salvadoreños que asistían utilizaban solo un cuaderno y lápices obtenidos por el grupo mediante rifas de gallinas, realizadas por el Club de Padres de Familia. Algún poblador que deseara colaborar donaba una gallina y se vendían números en la misma comunidad y en Belén-Escribano. La rifa se jugaba con tres premios de la Lotería Nacional de Beneficencia de Panamá cuyos números recogían los que la oían por radio.

9.5 SERVICIOS DE TRANSPORTE

El transporte se proporcionado por PROESA era aéreo, marino y en auto para los salvadoreños de Ciudad Romero. Así mismo para otros panameños.

9.6 ASESORÍA TÉCNICA

La asesoría técnica era la impartida en el área por el personal de PROESA, Coclesito y también otras entidades que colaboraban con el proyecto en el área de influencia de PROESA.

9.7 MUCHAS ALTERACIONES: REPARACIÓN DE VESTIDOS

Comprar ropa para una comunidad entera era materia difícil. En ocasiones se hacían listas para calzado por tallas y se compraban especialmente botas de trabajo. Muchas veces se obtenían donaciones para el vestido de todos los días y de toda la población, pero una vez distribuidos los recursos no siempre resultaban a la medida. Había necesidad de alterar la ropa en gran cantidad. En 1983 dos mujeres de la comunidad de los salvadoreños, recibió en ciudad de Panamá durante un mes, cursos de corte y confección de vestimenta. Un año después se envió a la comunidad salvadoreña un maestro de costura quien brindó un seminario sobre la materia. Las clases se realizaron en el local del Club de Amas de Casa. A las clases se invitó a las amas de casa de Belén que quisieran participar. Unas pocas de la comunidad operaban como costureras del Club de Amas de Casa entre ellas la señora Juana Sosa. Como primera pieza hicieron una camisilla o panasilla para cada uno de los trabajadores y realizaban proyectos de costura para toda la vestimenta donada que tenía que ser alterada.

9.8 IR A LA CIUDAD A CONOCER LOS MERCADOS, LUEGO DE AHORRO GENERADO

Como una medida de estímulo al trabajo de los salvadoreños y producto del ahorro generado por el financiamiento otorgado, en 1984, cien de los colonos elegidos por el grupo como los más trabajadores, fueron premiados con una visita a Ciudad de Colón y Panamá. En esas ciudades pudieron conocer los mercados de la ciudad, visitar medios de prensa y radio (como en la emisora *La Exitosa* en el programa *El Cañonero de Domplín*). También visitaron oficinas públicas como el IPACOOP, El Banco de Desarrollo Agropecuario, MIDA, la Universidad de Panamá. Pudieron ponerle una ofrenda floral a la tumba del General Omar Torrijos Herrera que estaba localizada en el Mausoleo de Amador, Ciudad de Panamá.

Una vez publicado el libro de Nohé Reyes tuve acceso a la información sobre una situación que pasaba desapercibida al personal de PROESA. Los niños nacidos en Ciudad Romero tenían mucha curiosidad de la ciudad y hasta inventaban malestares graves para ser trasladados a Colón o a Coclesito. Se entusiasmaban con la ciudad, la tecnología, los automóviles y avionetas, los mercados y los productos visibles de la modernidad.[316] Esto no era conocido por nadie de PROESA ni tampoco por los asistentes de salud. Imagino así mismo hubiese sido en el caso de otros niños del área. Igualmente, no sabíamos que los niños se confundían con las plantas de El Salvador. En una oportunidad varios niños de Ciudad Romero fueron trasladados en helicóptero durante un fin de semana por envenenamiento masivo con unas frutas de árbol que ellos aducían eran comestibles en El Salvador y las del Atlántico Centro-Occidental eran parecidas.

9.9 LAS ORGANIZACIONES RELIGIOSAS DEL PUEBLO

A partir de 1982 se crearon algunas agrupaciones de carácter religioso en Ciudad Romero. Ello fue producto de la acción de Padres Misioneros Claretianos en muchos pueblos de la Costa Abajo de Colón y Norte de Veraguas.

Debido a la religiosidad que caracteriza al grupo de Ciudad Romero, desde su llegada a Panamá, los pobladores tuvieron una magnífica aceptación de la acción de la Iglesia Católica. Ello fue por la labor del Vicariato Apostólico de Colón y Darién que financió en 1985 la construcción de una pequeña iglesia en el Pueblo. Gestionaron además en 1985-1986 la obtención de algunas donaciones internacionales adicionales para proyectos productivos.

La acción de la iglesia católica en la Comunidad logró formar grupos catequistas y de delegados de la palabra que oficiaban celebraciones y misas diarias. Los jóvenes de la comunidad tenían un grupo juvenil católico dirigido por los catequistas que orientaba a los adolescentes hacia actividades sanas en sus ratos de ocio. Los jóvenes de este grupo sembraron parcelas de alimentos y también se propusieron incrementar los frutales en especial el banano y el plátano.

Las Madres Maestras fue un grupo compuesto por mujeres que voluntariamente se reunían tres veces por semana con niños preescolares. En el año 1986 eran alrededor de 60 niños. Les

---

[316] Reyes Nohé. Llenos de Vida: La Comunidad de Ciudad Romero en el Bajo Lempa. 29 de agosto 2006.Pág. 97

enseñaban aspectos de socialización como cortesía, buenos modales, juegos, el sentido de compartir con otros niños y canticos infantiles y religiosos.

9.10 EL CLUB DEPORTIVO

Propiciado por los maestros de la comunidad y PROESA desde 1983 existió un Club deportivo cuya afición principal era jugar fútbol. A mediados de ese año el club tenía como miembros activos cincuenta (50) salvadoreños, divididos en cuatro equipos. En días de fiesta era una actividad a la que no faltaba nadie en el pueblo. Había en Ciudad Romero un bajo plano que naturalmente permitía jugar fútbol y se usaba como una cancha de fútbol. Lamentablemente en el Atlántico en la comunidad de Ciudad Romero; el fútbol era jugado solamente entre los propios salvadoreños pues en comunidades de panameños el deporte por excelencia era el béisbol.

9.11 DÍAS DE FIESTA Y DUELO EN CIUDAD ROMERO

Los salvadoreños de Ciudad Romero aceptaron y celebraron los días nacionales panameños de fiesta y duelo además de mantener las de su país de origen. Esto hizo que hubiera más días de duelo y fiesta que en los pueblos panameños de los alrededores. Sin embargo, no hubo proliferación de bebidas alcohólicas. La directiva de trabajo estableció desde su formación una ley seca en el pueblo: Nadie podía estar ebrio en Ciudad Romero y se le decomisaban los licores. Si algún poblador deseaba tomar licor, lo hacía en Belén o fuera de Ciudad Romero. Tampoco hubo crímenes cuando el grupo estuvo en Panamá. Todos los crímenes en el área siempre fueron cometidos por panameños.

La festividad más celebrada en Ciudad Romero era la del 24 de marzo en honor a Monseñor Oscar Arnulfo Romero. También era celebrado el día del Cristo patrono de San Salvador del Mundo el 6 de agosto. La imagen de este Cristo en forma de estatua fue donada por la misión de Padres Claretianos de la Costa Abajo de Colon. En algunas oportunidades Monseñor Carlos María Ariz visitaba para esa fecha la comunidad. Los salvadoreños paseaban al Cristo en la Comunidad y realizaban una misa. También muchos bautizos, matrimonios y fiestas se realizaban en ese día. El patrono de Ciudad Romero, el Cristo San Salvador del Mundo explicaba el misterio de la Transfiguración de Cristo que se celebraba en ese día. Los salvadoreños celebraban casi toda esa semana de agosto.

FOTO. NO 31 FUNERAL EN CIUDAD ROMERO [317]

9.12 EL PROBLEMA DE LA INFORMACIÓN

En 1981, el General Torrijos decidió resolver el problema de la falta de información que tenía el grupo sobre su país de origen. Esta necesidad de saber qué estaba pasando, era expresada por los colonos salvadoreños desde su llegada a Panamá y en especial al trasladarse al Atlántico Panameño. El General Torrijos obsequió a la comunidad 20 radios de onda corta que fueron rifados entre 69 familias originales, una vez construidas las casas. A partir de entonces, los salvadoreños de Ciudad Romero pudieron escuchar noticias nacionales e internacionales en especial las referentes a la Guerra Civil de El Salvador. Era cotidiano en Ciudad Romero escuchar en muchas viviendas las emisiones matutinas y vespertinas de *"Radio Venceremos"*, que era una emisora

---

[317] PROESA. Circa 1983.

clandestina del ejército popular y voz oficial del Frente Farabundo Martí para la Liberación Nacional (FMLN). Esta emisora era fácilmente sintonizada en Ciudad Romero. De hecho, Radio Venceremos era la emisora radial noticiera escuchada por la población de la comunidad diariamente. Además de "*Radio Venceremos*" los salvadoreños escuchaban con frecuencia todas las emisoras que tenían noticieros que informaban sobre El Salvador y el conflicto centroamericano. De las emisoras nacionales algunos de los habitantes nos comentaron, preferían Radio Nacional de Panamá. Probablemente esto no era un asunto de preferencia por emisoras panameñas sino de la frecuencia que se podía sintonizar. Pocas emisoras nacionales eran captadas con claridad en toda la región. PROESA tuvo la iniciativa de construir una emisora a partir de 1985 y quería convertirla en emisora regional de educación a distancia. Era sintonizada en Coclesito más no tenía alcance a toda la región. De las emisoras extranjeras además de *Radio Venceremos* de El Salvador, se escuchaba *Radio 15 de septiembre*, voz de las fuerzas antisandinistas. Todas estas emisoras permitían, según los colonos, tener una visión más completa del conflicto centroamericano que definitivamente seguían de cerca. Radios de onda corta adicionales a los 20 donados por Omar Torrijos, los pobladores los obtuvieron comprándolos con mínimos ingresos logrados y con algunas donaciones, principalmente de las Fuerzas de Defensa bajo la administración del General Rubén Darío Paredes en los primeros meses de 1982.

En 1982 PROESA donó a Ciudad Romero y Belén dos televisores, los primeros y únicos que ambas comunidades tuvieron. Fueron administrados para emisiones de noticias y series familiares vespertinas y nocturnas. Voluntariamente las familias donaban gasolina o dinero para comprarla y conectar los televisores a las pequeñas plantas eléctricas en el Puesto de Salud de Ciudad Romero y de la Oficina de PROESA en Belén.

Cuando el avión de PROESA visitaba el Atlántico, enviaba los periódicos del día comprados en la oficina para que los habitantes de la región pudieran leerlos. Algunos periódicos populares donaban ejemplares. Especialmente durante celebraciones de aniversarios del Proyecto Coclesito y del General Torrijos con fotos como el caso del Periódico Bayano. Miembros de las comunidades del Atlántico también recibían revistas diversas que traía el personal de la oficina y circulaban en las comunidades. A falta de arte popular gráfico pictórico, muchas familias pegaban en las paredes de sus casas construidas con tronco de palma de jira, artículos, fotografías de periódicos y revistas que llegaban a las comunidades. Una revista o periódico traído en el avión de PROESA o por el personal técnico que trabajaba en Belén y Ciudad Romero, circulaba por toda la comunidad. Algunos visitantes y el personal tomaban fotos las revelaban y regalaban a miembros de las comunidades. Los campesinos no tenían cámaras fotográficas en ese tiempo, pero todavía publican en medios como Facebook en su localidad en el Salvador en el Bajo Lempa, fotografías de su estadía en el Atlántico y Panamá en general.

9.13 REUNIFICACIÓN DE FAMILIAS Y PARENTESCO

Debido al carácter repentino de la huida de El Salvador y por el carácter altamente móvil de la fuerza laboral en ese país las familias de Ciudad Romero llegaron incompletas a Panamá. Este problema fue de preocupación para los campesinos desde su salida misma de El Salvador y mientras estuvo en territorio hondureño. Este hecho provocó que algunos del grupo original que se refugió en Honduras decidieran burlar la vigilancia nocturna de la policía hondureña para volver a sus caseríos a ver cómo estaban sus parientes. Algunos de los que lo hicieron se quedaron en El Salvador, otros volvieron a la Estancia, y según nos cuentan varios colonos de otros nunca más se supo nada. Del grupo de alrededor de 500 salvadoreños que huyeron hacia Honduras en mayo de 1980, quedaron solo 353 en Honduras que luego viajaron a Panamá.

Era por lo tanto gran motivo de preocupación para los colonos de Ciudad Romero desde su llegada a Panamá, la suerte de su país inmerso en una violenta guerra civil. En una de las primeras visitas que realizó el General Omar Torrijos a Ciudad Romero los salvadoreños le expresaron esa preocupación. Por su parte Torrijos les aseguró la disposición del gobierno panameño de solucionar el problema. Para ello se levantó un listado de los parientes del grupo familiar de los colonos por relación de parentesco, edad y direcciones en El Salvador. De acuerdo a ello se estableció un acuerdo entre las autoridades del gobierno panameño y los salvadoreños de reunificar prioritariamente al grupo familiar primario. El listado se envió a mediados de 1980 al ACNUR y a la Cruz Roja Internacional que los localizaría en El Salvador. Se les plantearía a los familiares la posibilidad de viajar a Panamá a reunirse con sus parientes de Ciudad Romero. Para efectuar la reunificación de familias se dieron algunos problemas. Por un lado, parte de los parientes del grupo en El Salvador, producto de los desplazamientos internos de la población que causa la guerra civil, no fueron localizados en sus caseríos de residencia. Quedó por ello una lista de familiares contactados en 50 personas a las que se les hizo la propuesta de viajar a Panamá a finales de 1981.

Los parientes de los campesinos de este estudio en El Salvador, luego de casi dos años de separación de sus familiares, desconocían la suerte del grupo, e incluso su calidad de refugiados en Panamá. Respecto a Ciudad Romero, varias de las personas que vivían en El Salvador, nunca habían oído hablar de esta comunidad. Producto del nivel de desconfianza e inseguridad que genera la guerra, muchos de los contactados, manifestaron temores a la propuesta. Algunos pensaban hasta que era un engaño más de las autoridades salvadoreñas que estaban haciéndose pasar por la Cruz Roja Internacional, intentando sacarlos de sus pueblos para hacerlos desaparecer como aseguran había sucedido con mucha gente de los pueblos cercanos. Debido a ello, solo aceptaron el riesgo de viajar a Panamá y encontrarse con sus parientes cuatro esposas de habitantes de Ciudad Romero, acompañadas por veinticuatro niños[318]. En marzo de 1982 fue el primer reencuentro de la gente del pueblo de Ciudad Romero con familiares o vecinos de El Salvador. Este primer grupo de familiares trajo noticias a los colonos sobre lo sucedido en El Salvador desde la salida del grupo. Afortunadamente, estuvimos en Ciudad Romero a la llegada de los familiares y compartimos con ellos algunos días posteriores a la llegada. Fueron días de alegría para muchos y de tristeza para otros al saber la suerte de sus amigos, familiares y conocidos en El Salvador. Supieron quienes ocupaban sus casitas, quien cultivaba sus tierras o quienes se habían quedado con sus pertenencias. Algunos parientes incluso para entonces eran refugiados en otros países centroamericanos, principalmente en Honduras y Nicaragua. Otros se habían trasladado a otras zonas del Este del país, como desplazados internos. Algunos fueron reclutados por el ejército salvadoreño, otros fallecieron o incluso desaparecieron.

A partir de la primera reunificación de familias, casi todo el grupo pudo actualizar las direcciones de sus parientes en El Salvador. Pudieron establecer correspondencia con El Salvador, escribirle a sus parientes ubicados en campamentos de refugiados en Honduras (principalmente en el de Colomoncagua), Nicaragua, Belice e incluso a parientes que producto de la crisis política y socioeconómica causada por la guerra optaron por migrar a los Estados Unidos, principalmente a Texas. Un problema acaecido con la reunificación fue que algunos varones en Ciudad Romero, a pesar de contar con esposas en El Salvador, se unían informalmente con nuevas parejas de corta edad. Común es en el campesinado panameño y salvadoreño la unión con menores. No se

---

318 Comentado por la señora Maura Umanzor Villatoro, una de las esposas de salvadoreño, que llegó con el primer grupo de parientes transportado de El Salvador a Panamá en marzo de 1982.

efectuaba ningún tipo de acusación policial por estas uniones. La tradición de los salvadoreños de Ciudad Romero en la comunidad era de acompañarse de su pareja paulatinamente hasta la unión de hecho. Casi no había periodo de noviazgo y el matrimonio o unión era seguido de embarazo. Cuando los sacerdotes Claretianos visitaban entonces se formalizaban las uniones y bautizos así mismo con las autoridades de la comunidad de Belén que realizaban los registros de nacimientos, matrimonios y defunciones de esta comunidad también oficialmente.

9.14 CARTAS Y TELEGRAMAS

Además de enviar cartas a sus familiares, enviaron fotografías a sus parientes, principalmente aquellos que en la primera oportunidad no tuvieron voluntad de viajar a Panamá. Las fotografías permitían darle mayor confianza en caso de presentarse oportunidades como la que se dio en enero de 1985 cuando se logró trasladar a Panamá a otros siete familiares del grupo. Las fotografías fueron tomadas por el equipo de PROESA.

La mayoría del pueblo estaba relacionada por relaciones parentesco y familia. Se conocían desde El Salvador con algunas excepciones, especialmente aquellos procedentes del poblado de El Chilamate.[319]

Las cartas permitían comunicación entre El Salvador y Ciudad Romero. En ellas enviaban semillas de árboles salvadoreños, sin que ello fuera monitoreado por los correos nacionales. PROESA no se inmiscuía en ello debido a la confidencialidad de la correspondencia. Muchos de Ciudad Romero argumentaban que algunas plantas que luego prosperaron eran procedentes de semillas enviadas a ellos por familiares. Algunos se quejaban de que muchas cartas no llegaban a Panamá o El Salvador debido a la ineficiencia de Correos Nacionales, a pesar de que PROESA las llevaba al correo.

---

[319] Según conversación del señor Jesús Fuentes a mi persona.

9.15 CAMBIOS EN EL ESTATUS LEGAL: DE REFUGIADOS A RESIDENTES

En enero de 1985 la Oficina Nacional de Migración (dependencia del ministerio de Gobierno y Justicia de Panamá) documentó a todo el grupo de salvadoreños de Ciudad Romero, quienes tenían vencido sus permisos originales (tres meses de estadía) proporcionados en el año de 1980. El hecho de que los permisos en Panamá estuvieran vencidos no impedía que el grupo se movilizara a ciudad de Panamá, Colón, Coclesito, y otras ciudades de la República de Panamá. Las oficinas, escuelas y el público en general conocía a los salvadoreños y les trataba bien. Nunca presentaron problemas para ser devueltos a El Salvador por asuntos relacionados con los documentos. Se valían dc contactos, relaciones con grupos locales del área de Belén y otras comunidades para visitar ciudad de Colón. Establecieron relaciones con familiares de costeños en Ciudad de Colón que les enseñaban donde eran los mercados, donde estaban las pensiones y otras necesidades en estas ciudades que para ellos dejaron de ser extrañas.

A diferencia de los de otros grupos de refugiados en la República de Panamá, se les otorgó estatus especial por lo que eran residentes en Ciudad Romero por diez años a partir de enero de 1985.[320] Ello significó que no tuvieron necesidad de verse sujetos a realizar trámites migratorios para continuar viviendo en Panamá por lo menos hasta el año de 1995. Esto fue solicitado por PROESA a la Oficina Nacional de Migración. Una particularidad en el otorgar nombres en El Salvador a diferencia de Panamá, era que muchos de los salvadoreños se ponían los apellidos paternos y maternos de modo inverso (materno primero, y paterno después) dependiendo si los padres estaban casados oficialmente o no. Esta particularidad de nombrar los apellidos al revés según la tradición panameña (en la que el apellido paterno es primero, seguido por el apellido materno) causaba confusión. Los educadores aconsejaban a los salvadoreños adoptar la convención panameña de nombrar a las personas de acuerdo al apellido paterno. Aquellas mujeres estuvieran casadas o no, optaban por conservar el apellido de los progenitores, ya sea el materno o paterno.

[320] El resto de los refugiados de origen salvadoreño y centroamericano en general y que en su mayoría vivían en Ciudad de Panamá, eran sujetos a renovar sus permisos de residencia en el país por lo menos cada 3 a 6 meses, según nos indicara la Oficina Nacional de Atención al Refugiado (ONPAR), dependencia del Ministerio de Gobierno y Justicia de Panamá.

10. ACTIVIDADES ECONÓMICAS DE LOS COLONOS SALVADOREÑOS

La base productiva de Ciudad Romero se orientó durante por lo menos los dos primeros años del inicio de la colonización (a los que se le denominó la etapa pionera) hacia la producción de alimentos. Esto tuvo como propósito reducir el alto grado de dependencia extra-regional de la población, especialmente el de tipo alimentario. Estas actividades productivas correspondieron también al objetivo general de la colonización, de lograr autosuficiencia del grupo. Se procuró producir la mayor cantidad posible de alimentos para autoconsumo con la participación de la fuerza laboral masculina de la comunidad, la de 110 hombres mayores de 15 años y en capacidad de trabajar.

Las principales actividades agrícolas realizadas durante los dos primeros años de la colonización se realizaron en las fincas de "bajos" más cercanos a la comunidad, en las márgenes del río Caño.[321] Aún así, las actividades de auto sostenimiento no fueron capaces de cubrir todas las demandas alimenticias de la población. Veremos las principales actividades a continuación.

10.2 EL CULTIVO DEL MAÍZ

Neftalí Velásquez, en entrevista de 1982 comentaba los diferentes tipos de maíz producidos en El Salvador y relataba leyendas salvadoreñas en las que se decía que los salvadoreños eran hijos del maíz. La referencia de nuestro entrevistado viene también de los diferentes colores de maíz asociados con diferentes tipos de tonalidad de piel de la población como parte de la aproximación mitológica del país de origen. Según Velásquez, el cultivo del maíz era realizado en pequeñas parcelas comunitarias. Eran sembradas a riego, luego de derribar y socolar el bosque. Se daban dos periodos de siembras y cosechas anuales que iban respectivamente del mes de febrero a junio y del mes de septiembre a diciembre. Dadas las características y condiciones naturales de la zona, los rendimientos de este cultivo pudieron considerarse sumamente bajos debido a varios factores. La rudimentaria tecnología de los pobladores locales y también que para el maíz no se realizó ningún tipo de fertilización en Ciudad Romero. Un aproximado de los rendimientos del cultivo del

[321] En la región del Atlántico se le denomina bajos a las tierras aluviales de las márgenes de los ríos que poseen una topografía poco ondulada y con poca pendiente o inclinación, que se utilizan para cultivos agrícolas. Casi todas las tierras cultivables en la zona de donde los campesinos tienen sus fincas y trabajaderos o montes, como les llaman ellos mismos, están localizados en bajos aluviales cercanos a algún río, que a la vez les facilita el transporte de producción o cosecha, dado que la vía de transporte es el río.

maíz en Ciudad Romero es un promedio de 10 hectáreas anuales sembradas con un aproximado de 11 kilogramos de semilla/hectárea y se obtenía como promedio unos 545 kilogramos de producción por hectárea sembrada.[322] Éste no era un rubro de importancia comercial de acuerdo a PROESA, mas constituía una parte importante de la dieta salvadoreña. En tiempo libre de sus actividades productivas muchas familias sembraban particularmente maíz. Afectaciones de pájaros que comían el maíz, especialmente los pericos eran comunes. El maíz era también un cultivo muy practicado por comunidades indígenas en la región.

10.3 EL CULTIVO DEL ARROZ

El arroz era plantado en los mismos meses que el maíz, de febrero a julio y de septiembre al mes de enero. En el arroz las técnicas de cultivo utilizadas eran similares a las del maíz. En el caso del arroz, por la disponibilidad de semillas mejoradas más adaptables a las condiciones de la región, se lograron mejores rendimientos que en el caso del maíz. De alrededor de 10 kilogramos de semilla utilizada por hectárea (también con un promedio de cosecha de 10 hectáreas/año) se obtenía un promedio de producción de unos 800 kilogramos de arroz por hectárea. Era el requerimiento laboral del cultivo del arroz en Ciudad Romero de unos 40 días/hombre por hectárea.

En algunas ocasiones, a pesar de la aplicación de fertilizantes, no se lograron mayores rendimientos en ambos cultivos de arroz y maíz. Si bien tendieron a disminuir parcialmente la dependencia alimentaria del grupo, no fueron capaces de satisfacerlas plenamente debido a varias razones entre ellas las siguientes: Limitaciones de orden natural. Debido a que los suelos tienen escasa fertilidad, o bien su delgadez y poca capacidad agrícola. Los suelos se agotan rápidamente luego de dos cosechas, requiriendo un periodo de descanso o barbecho de unos 5 a 7 años.

También dada la escasa ocupación de la cuenca del río Belén y de las cercanías al sitio de colonización, no existían al inicio montes en descanso o barbecho que pudieran usar los salvadoreños para producir sus alimentos. Al inicio ese bosque era prácticamente virgen. Debido a ello el grupo de colonos requirió hacer mayor trabajo inicial de derriba del bosque para crear sus trabajaderos. Ello requirió mayor número de jornales de preparación de suelo desde la derriba

---

322 Información suministrada por el agrónomo PROESA a Ciudad Romero que brindaba asistencia técnica. 1985.

inicial del bosque, su limpieza, destroncado y luego la siembra. Este problema no lo tenía la mayoría de la población vecina panameña, pues ellos contaban con tierras en barbecho disponibles para sus siembras años tras años.

En los primeros años hubo limitaciones en materia de aprendizaje y conocimiento práctico dados por la experiencia, pues al inicio de la colonización el grupo salvadoreño empezaba a conocer el bosque y adquirir destreza en el uso de herramientas. En El Salvador ellos utilizaban como herramientas básicas de trabajo las "cumas" (hoces) y "corvos" o machetes cortos y en el Atlántico los machetes eran largos y las hachas eran los instrumentos de trabajo fundamentales. También se usaban motosierras que tenían una depreciación tremenda para este proyecto.

Otros factores que contribuyeron a la baja rentabilidad de las actividades agrícolas de subsistencia lo constituyeron aquéllas en materia de investigación relacionadas con la producción de semillas apropiadas a ecosistemas del tipo del Atlántico central y para el nivel de tecnología utilizado por el pequeño campesino de las zonas tropicales de Panamá. Al respecto, según comentó en octubre de 1985 el Dr. Ferrer del Instituto de Investigaciones Agropecuarias de Panamá (IDIAP), los mayores esfuerzos en materia de investigación agrícola que se realizaban en Panamá eran orientadas a los problemas de producción de variedades de semillas de maíz y arroz para otras zonas del Istmo y en función de aumentar la producción de estos con la utilización de maquinaria agrícola. En la vertiente del Pacifico de Panamá casi toda la producción de arroz y maíz era mecanizada. Este problema llevó los salvadoreños como al equipo de asesoría técnica de agrónomos a un alto grado de desorientación, al pretender probar una gama de variedades de semillas, comparar sus rendimientos y adecuarlos a las condiciones de la zona. Según comentó en Ciudad Romero el agrónomo Bernardo Cedeño, hubo buenas cosechas de arroz, y de maíz también, aunque menos productiva. En ocasiones el río creció y en algunas partes la inundación afectaba la producción. Llovía demasiado; se tenían que realizar muchas limpiezas de maleza, afectación de plagas, o cultivar con herbicidas. Esto definitivamente resultaría sumamente costoso y poco rentable. Estos cultivos no constituían una alternativa para autosuficiencia del grupo por los hábitos de consumo de la población. Un salvadoreño nos indicó:

"Para nosotros un tiempo [cada una de las tres comidas del día] *lo podemos pasar si tenemos unas dos tortillas, un poco de frijol y algo de carne. Pero, aunque nos hemos acostumbrado*

bastante [en Panamá] *al arroz, a la yuca, a el dasén.* [323]*Siempre nos gusta más la tortilla* [de maíz], *por lo que hay quienes que dicen que nosotros los salvadoreños venimos de una cultura del maíz y que se dice que somos hijos del maíz. Y aunque nos acostumbramos a la comida de aquí, es un poco difícil adaptarse"*[324]

En casi ningún desayuno, almuerzo y cena en Ciudad Romero, cuando había maíz, se dejaban de comer tortillas asadas. Además de un plato de comida completo que tenía arroz, carne, frijoles o lentejas. Cada adulto hombre comía como promedio unas 3 tortillas de maíz (20 centímetros de diámetro y 1 centímetro de espesor). Mujeres adultas unas dos tortillas y los niños de una tortilla a dos.

La comunidad, por este factor cultural de tipo alimentario, era capaz de consumir toda la producción de granos de una cosecha luego de un mes y medio.

Un problema más de adaptación del grupo ocurrió el primer año de iniciada la colonización. Se produjo en varias ocasiones: a pesar de programarse periodos de siembra de cultivos estacionales de acuerdo a lo sugerido y programado por los pobladores locales y el personal de PROESA, previo a acuerdo de la directiva de trabajo de Ciudad Romero, parte del grupo de trabajadores con incredulidad no manifiesta, guardaba o conseguía en los alrededores semilla de cultivos de grano (arroz y maíz) y sembraba un poco para "probar si daba". Ellos se guiaban por las épocas de "primaveras", que les llamaban ellos a los periodos de siembra de El Salvador.

En periodos de cosecha para 1981 y 1982 salvadoreños de Ciudad Romero practicaban sus propios sistemas de cosecha y almacenaje, desconociendo las recomendaciones de los pobladores locales y del equipo técnico de PROESA, arguyendo que ellos sabían cómo se podía optimizar la productividad. Un ejemplo de ello fue la cosecha de arroz en enero de 1982 cuando el grupo no atendió las recomendaciones de los pobladores locales y de los agrónomos de cosechar el arroz en manotada para ponerlo luego a secar en los tabancos.[325][326]

Cosechar en manotada es una tradición panameña del Atlántico que es justificada por el alto grado de humedad y lluvia que no permite secar al sol las cosechas. El grupo salvadoreño, a pesar

---

[323] El dasén, es una especie de otoe de toda la Costa Atlántica también conocida como malanga en el Caribe y alrededor del mundo como raíz de Taro *Colocasia esculenta.*

[324] Entrevista a Neftalí Velásquez realizada por Marisín Dixon en Ciudad Romero. 1982.

[325] Cosechar el arroz en manotadas consiste en dejarlo por racimos que quedan en una mano y amarrarlos (Ver ilustración No. 2)

[326] Tabanco es un entrepiso cercano al techo de la casa que se construye en los ranchos típicos del Atlántico. Frecuentemente en la cocina. En ellos por el calor de los fogones es posible conservar sin humedad las cosechas.

de ser advertido de que perderían la cosecha, decidieron tratar de secarla al sol luego de cosecharla, desgranarla y pensando incluso poder ensacar la producción.

En 1982 se dio una de las mayores cosechas de la comunidad, y ante la imposibilitad de conservar el grano, a riesgo de que se enmoheciera, PROESA busco remediar el problema con la alternativa de vender rápidamente al Instituto de Mercadeo Agropecuario (IMA) lo que el grupo califico luego como su primer excedente de arroz. A partir de entonces, la experiencia les mostró que era mejor hacerle caso a los pobladores de la región cuando les recomendaban algo.

10.4 LOS TUBÉRCULOS

Otros cultivos para el consumo sembrados por los salvadoreños desde el inicio de la colonización fueron los tubérculos típicos de la región atlántica como la yuca y el dasén (una variedad de otoe de la región). Se siembran y reproducen vegetativamente, puede ser sembrados durante todo el año. No requieren de épocas de siembra, lo que permitía subordinarlos al calendario de los cultivos estacionales. Estos tubérculos se cosechaban a partir de unos ocho a trece meses luego de ser plantados. A diferencia de los granos (arroz y maíz); los tubérculos poseían rendimientos agrícolas bastante altos. En el caso de la yuca, de un promedio de 10,000 semillas/hectáreas, era posible obtener de producción hasta unos 15,000 kilogramos/hectárea. En el caso del dasén los rendimientos fueron aún mayores.[327]

La fuerza laboral calculada en Ciudad Romero para la producción de tubérculos es de alrededor de 100 días-hombre por hectárea.[328]

Cada familia fue reconociendo una delimitación mediante la siembra de plantas ornamentales, frutales, cultivos varios, todo documentado en los registros agrícolas del pueblo.

[327] Según comentarios de Ingeniero Agrónomo Bernardo Cedeño, quien brindó asistencia técnica a Ciudad Romero este fue el rendimiento promedio de lo producido en estos tubérculos. Entrevista en Belén del año de 1986.
[328] Entrevista realizada por mí al Ingeniero agrónomo Bernardo Cedeño 1986. Belén 1986.

10.5 PRODUCCIÓN FAMILIAR: LAS MUJERES, LOS NIÑOS, LAS NIÑAS

Había producción por parte de la familia (niños y mujeres) pero más bien asociado a cualquier huerta en los alrededores de la casa. No era una actividad prioritaria o de mayor seguimiento de la junta directiva de la comunidad. Se sembraron frutales en las casas y las mujeres tomaban cuidado de las plantas. Sembraron ornamentales con plantas donadas por amigos de comunidades vecinas. Era un trabajo de las mujeres en el círculo de vida familiar. Se comentaba con algunos funcionarios de ACNUR la posibilidad de incorporar a las mujeres al trabajo productivo conjunto, pero eran tantas las actividades diarias de mujeres de la comunidad en sus casas, aunado a las dificultades de la división de trabajo por prejuicios de género que resultaba dificultoso. Su tiempo libre era casi inexistente como para ser incorporadas a producción comunal. Una evaluación sobre este tema es en 1982 realizado por la socióloga Lourdes Lozano para el establecimiento del Club de Amas de Casa, establecía el reducido tiempo libre para las mujeres luego de las actividades del campo doméstico. Sus actividades como acarrear agua de plumas de agua comunales, lavar ropa en el río, cocinar con leña, limpiar, les dejaba poco margen para otras actividades. En ocasiones las mujeres del Club de Amas de Casa sembraron huertos comunales pero su prioridad estaba en los huertos familiares caseros. Con la llegada de los cultivos de producción para el mercado, en especial el cacao, muchas de las mujeres se trasladaban río arriba para cocinar y hacer todas las tareas domésticas necesarias del grupo de trabajadores cuando estos se trasladaban temporalmente a los campamentos de cultivo de cacao. Era necesario cocinar para todos cuando los trabajadores, hombres adultos, plantaban, podaban, fertilizaban y daban cuidado al cacao.

ILUSTRACIÓN NO.2
PRINCIPALES HERRAMIENTAS UTILIZADAS POR LOS CAMPESINOS DE CIUDAD ROMERO EN EL SALVADOR Y EN EL ATLÁNTICO PANAMEÑO. DOS ECOSISTEMAS DISTINTOS.

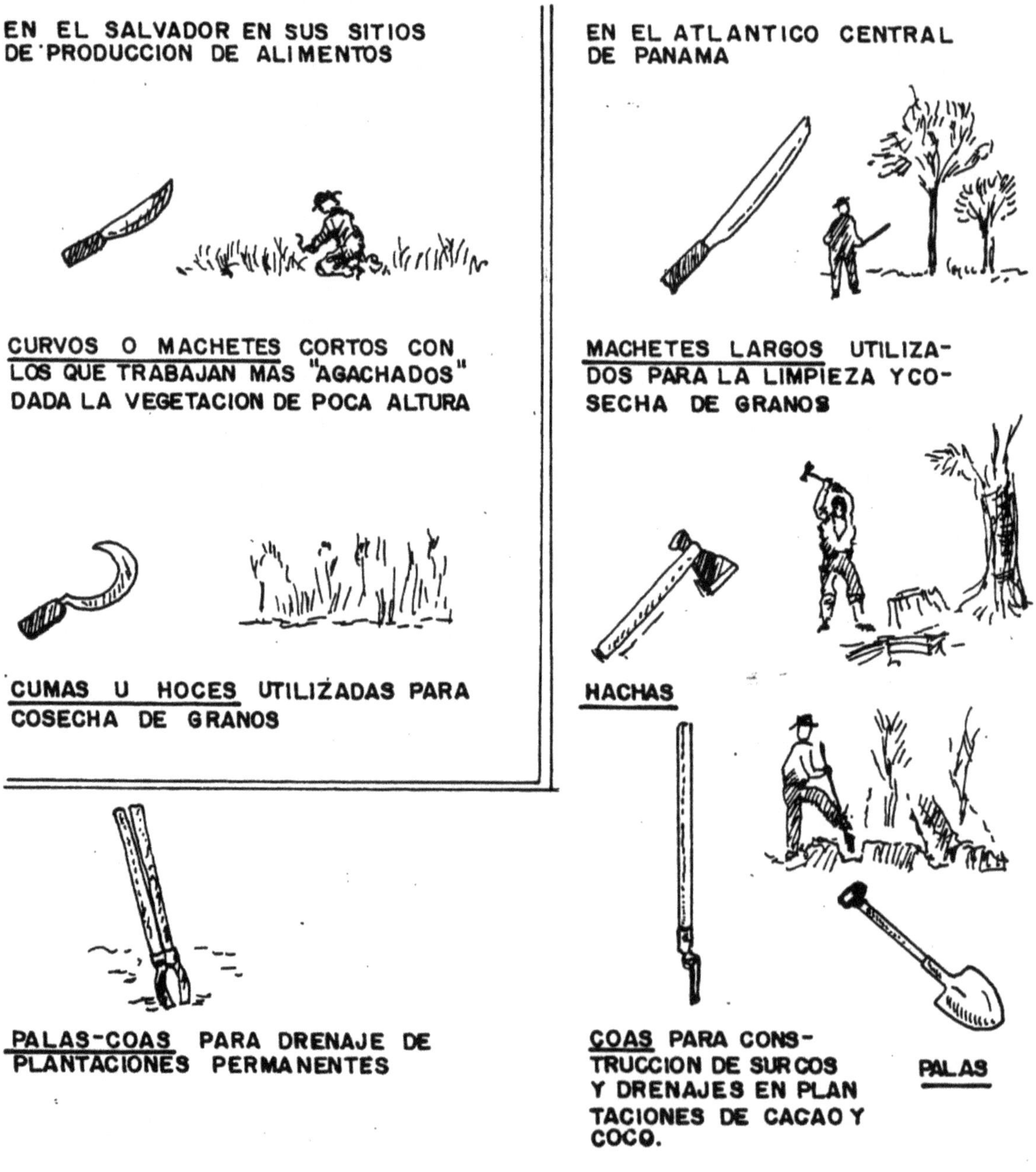

CUADRO NO. 5 CENSO DE CULTIVOS INDIVIDUALES Y COLECTIVOS DE CIUDAD ROMERO. AÑO 1984 [329]

SIEMBRA INDIVIDUAL	UNIDADES
Yuca	1018 plantas
Dasén	1200
Caña	858
Banano	620
Piña	1042
Papayos	68
Achiote	262
Naranjos	196
Limoneros	101
Marañón	150
Guanábana	156
Coco	16
Nance	40
Café	299
Almendra	25
Naranjilla	139
Guayaba	193
Pixbae	193
Otoe	29
Ñampí	73

[329] Registro Agropecuario de Ciudad Romero. PROESA, 20 de enero de 1984.

SIEMBROS COLECTIVOS

Pinos	40
Yuca	20,000
Dasén	30,000
Bananos y Plátanos	1,000
Pixbae	400
Piñas	300
Cacao	64,000
Cerdos	20
Coco	3,700
Ajíes	59
Arroz (estacional)	20 hectáreas

CUADRO NO.6.CENSO DE AVES Y ANIMALES. CIUDAD ROMERO AÑO 1984 [330]

ANIMAL	UNIDADES
Cerdos	23
Gallinas	264
Patos	17
Huevos de Gallina	168 Unidades/Semana

10.6 CRÍA DE AVES Y ANIMALES

Consistió en cría de gallinas, gallos y patos en el ámbito familiar. Fueron la primera fuente de proteína animal en Ciudad Romero. En un principio (1981) con la falta de pie de cría avícola

---

[330] Registro Agropecuario de Ciudad Romero. PROESA, 20 de enero 1984.

PROESA compró al MIDA gallinas para cada familia (un promedio de 10 gallinas y un gallo). La variedad que logró mayor adaptación luego de altas mortalidades de pollos fue la variedad *"arcoiris"* con los que se repuso el pie de cría. Mortandad por resfriado de pollo era frecuente en el área en general. Sin embargo, varias familias de Ciudad Romero optaron por cebar cerdos criollos, dada la escasez de proteína animal producida en el pueblo. Esta fue una actividad de la cual algunos pobladores obtuvieron ingresos monetarios. Al ser estos cerdos criollos, es decir de la región Atlántica, no requieren mayores cuidados que el grupo proporcionaba a los de la variedad *"Landrace Duroc"* de la porqueriza comunal, y podían ser criados sobre la base de una dieta de tubérculos, frutas y maíz. Los técnicos agrícolas que brindaban asistencia técnica en Ciudad Romero residían en Belén en donde estaban las oficinas de PROESA para Ciudad Romero. La presencia de esta oficina en Belén generó actividad económica para los pobladores por servicios que prestaban algunos beleneños a los agrónomos tales como la lavandería y la cocina.

Los salvadoreños obtenían el pie de cría de cerdos criollos principalmente río arriba en la cuenca de Belén, en caseríos indígenas Ngäbe Buglé, y también en comunidades cercanas a Guázaro en la costa al Oeste. Los cebaban en Ciudad Romero. En ocasiones compraban los cerdos listos para matanza y posteriormente los daban a crédito o vendían con facilidad carne a lo interno de Ciudad Romero y a los pobladores de Belén y Escribano. En estas comunidades, los habitantes tenían mayores ingresos derivados de sus trabajos permanentes o eventuales en alguna entidad del Estado y principalmente con PROESA. Sin embargo, por ser una actividad que generaba dinero, era considerada por la mayoría de los pobladores salvadoreños de Ciudad Romero, no así por los panameños, como una actividad deshonesta por el simple hecho de que generaba ganancias y especulación. Beneficiaba solo a unas pocas familias entre las que se destacaba la de los Bonilla-Granados. Muchos del grupo aseguraban que estos comerciaban en El Salvador y que lo hicieron en Panamá desde su llegada a Ciudad Romero. A pesar de que pocos de la comunidad se dedicaban a la venta y negocio de carne fresca, muchos en el pueblo procuraban no comer tanta carne enlatada.

En función de la producción de proteína animal a partir de 1985 se practicó la ganadería mayor vacuna contemplada como una alternativa productiva para reducir progresivamente la dependencia alimentaria externa de los colonos. A pesar de haberse concebido desde 1982, se inició efectivamente desde mayo de 1985. Durante 1982 y 1985 solo se trabajó en la conversión del pasto artificial de los primeros años del asentamiento (1981, 1982 y 1983) dedicadas entonces principalmente a la producción de maíz, arroz, yuca, otoe y piña.

El programa ganadero estaba ubicado en las márgenes del río Caño, muy cercano al pueblo. Cubría una superficie de 60 hectáreas sembradas en pasto de ratana, dividido en tres potreros de unas 20 hectáreas cada uno.

A pesar de que se había ideado originalmente para ganado bufalino, se efectuó con ganado vacuno debido a que no había disponibilidad de pies de cría de ganado bufalino para la venta en Panamá y especialmente en Coclesito en donde se pensaban obtener los animales según indicara el director de PROESA, Hugo H. Guiraud.

En mayo de 1985 se inició la ganadería vacuna con un pie de cría de 16 animales que fueron elegidos con doble propósito: producción de carne y de leche. Fue comprado a la Junta Campesina de la Comunidad de Río Diego, de la región central del Atlántico; el semental necesario para la reproducción se compró al programa ganadero del Proyecto Coclesito: un toro 3/4 de la variedad Holstein.

El ACNUR proporcionó los recursos para la inversión y los costos de mantenimiento de la ganadería; los salvadoreños la administraban. Para efectos del manejo del programa ganadero, cinco personas del grupo que tenían más conocimientos del trabajo en materia ganadera recibieron un curso de nueve semanas impartido por la Dirección Regional del MIDA en Coclesito bajo la dirección del veterinario Alfonso Núñez, sobre manejo de animales bovinos y porcinos. Los cinco encargados de la ganadería, como se autodenominaron, realizaron los cuidados que esta actividad requería, incluyendo la alimentación suplementaria de las reses con sales minerales, control de parásitos internos cada dos meses y desparasitación externa cada mes. Dieron mantenimiento a las cercas y pastos que, considerando la baja densidad de ganado en 1986, requería una tarea de limpieza sumamente ardua. Esto no hubiese sido necesario si se hubiese introducido el Búfalo de agua pues estos comen pasto de hoja ancha lo que requiere menos mantenimiento. Es difícil evaluar lo que hubiese sido con otra variedad animal pero los residentes de Ciudad Romero estaban muy contentos con el programa de ganadería pues producía leche, carne y sobre todo queso. Los encargados del programa de ganadería recibían medicinas preventivas para el ganado del veterinario Nuñez. El programa de ganadería no fue concebido para vender ganado a mercados extra-regionales si no para el consumo de la comunidad y Belén.

En Ciudad Romero el manejo y consumo de ganado estaba asociado a la mitología Maya sobre la existencia de "la sierpe", la "serpiente alada", o también conocida en otras latitudes como "la serpiente emplumada" que se come la lengua del ganado visitado de noche influenciando el mundo terrenal. De acuerdo a los pobladores de Belén como Arturo Sanders se trata de la incidencia de la manifestación de la enfermedad de la Brucelosis que hace que aparezcan los animales con lengua putrefacta. Nos comentan los pobladores de Ciudad Romero que ellos en El Salvador consumían el resto del animal que aparecía muerto de un día para otro sin lengua. Referencias a la misma putrefación de ganado vacuno sin lengua aparece en un escrito del antropólogo Stanley Heckadon Moreno en el escrito *"Las Vacas Sin Lengua del Búcaro"* [331]

La asistencia técnica a la actividad ganadera era brindada por un funcionario de PROESA coordinador local del asentamiento, Bernardo Cedeño, que vivía en Belén, además de un veterinario supervisor que trabajó como director regional del MIDA en Coclesito y que trabajaba brindando asistencia técnica a muchos productores de la región.

10.7 CACERÍA Y PESCA

La cacería, actividad que a falta de proteína animal pudiesen haber desarrollado los salvadoreños, no la realizaron por razones vinculadas a su status de refugiados. A pesar de que el grupo estuvo siempre deseoso de cazar para lograr la captura de animales silvestres abundantes en la zona como el ñeque (una variedad de conejo silvestre), la iguana, el tapir o macho de monte y jabalíes, esta actividad fue restringida por PROESA si involucraba armas de fuego. La cacería que se realizaba en el área utilizaba rifles y se consideró no adecuada. Algunos beleneños e indígenas atrapaban con trampas de jira y otros materiales algunos animales como el ñeque para su domesticación. Los conservaban en jaulas de jira y madera y luego los domesticaban y consumían. Se optó por no tener ninguna arma de fuego en la comunidad de Ciudad Romero, tratando de evitar cualquier malentendido sobre las actividades de los salvadoreños en esta comunidad.[332]

---

[331] Heckadon Moreno, Stanley. "Las Vacas sin Lengua del Búcaro" *El Panamá América.* 6 de junio, 2016.

La pesca de río es otra de las que empezó por aprender a nadar, como tarea inicial. El grupo a partir de la construcción del pueblo de 1981 a 1982 se limitó a la práctica de pesca con cuerda y anzuelo desde las orillas de los ríos y desde los cayucos. A partir de octubre de 1982 la complementaron con la pesca de trasmallo o red. Las Fuerzas de Defensa les donó dos trasmallos. La directiva de Ciudad Romero promovió grupos de voluntarios de pesca desde el año quienes acudían de noche a pescar al río Cano y Belén. Estas actividades finalizaron por la prohibición de poner trasmallos en las bocas de los ríos debido a regulaciones ambientales de las oficinas del Estado en Ciudad de Colón. Eran actividades que los salvadoreños realizaban cuando no estaban cansados y cuando había mucha necesidad de proteína animal en el pueblo. El grupo de voluntarios de pesca era de alrededor de 10 personas, que repartían el producto de la pesca entre las familias del pueblo. El reparto lo realizaban sumamente ordenados y llevando estricto control. Por ejemplo: una noche de pesca en que se obtuviesen 40 libras de pescado, se repartían entre 10 casas a 4 libras por familia. Luego de otra actividad le correspondía el pescado a otro grupo de familias, y así sucesivamente. La pesca de río con cuerda y anzuelo constituyó incluso una actividad muy generalizada entre los niños y adolescentes en sus ratos de ocio.

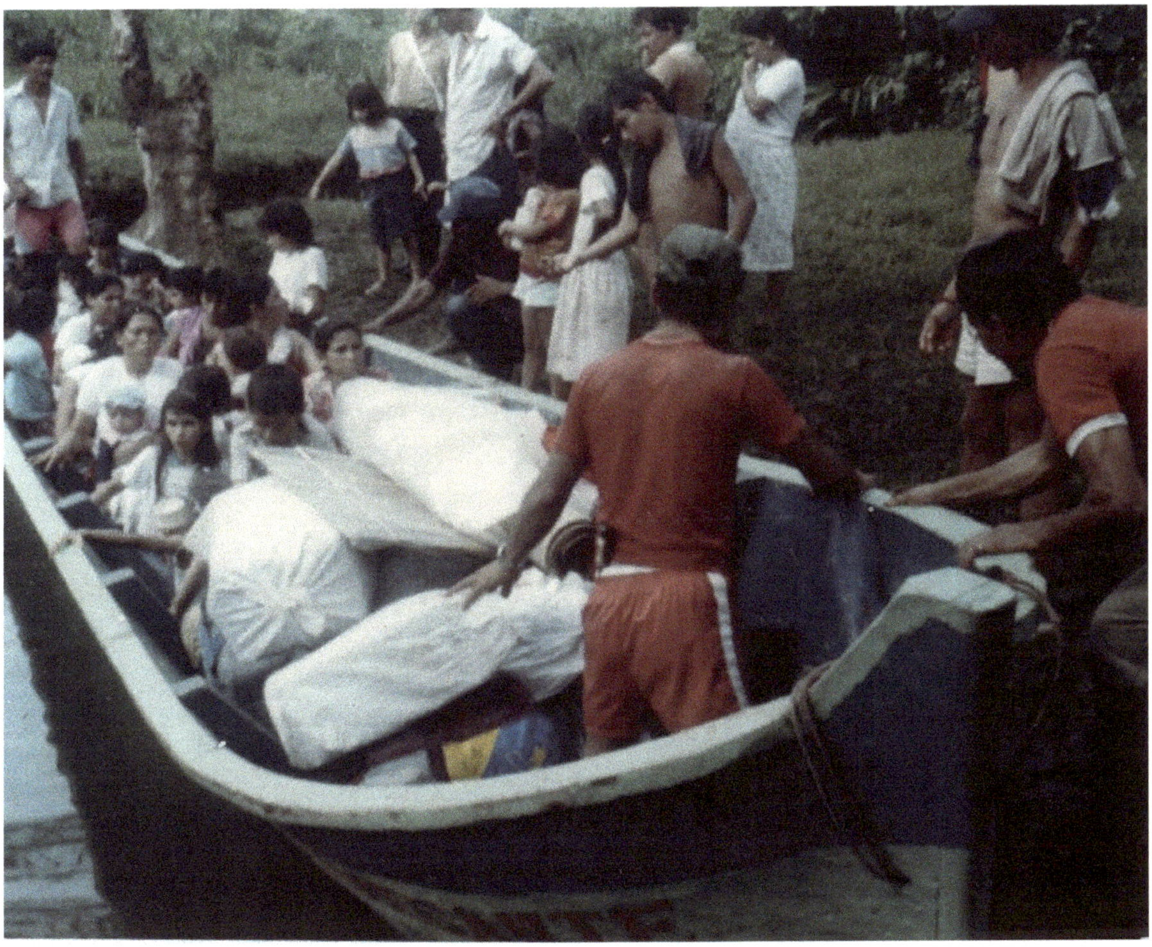

FOTO NO. 32 CAYUCOS, MEDIO DE TRANSPORTE DE LOS SALVADOREÑOS EN PANAMÁ, EN LA COMUNIDAD DE BELÉN CON SUS PROVISIONES [333]

A partir de octubre de 1985, estando de visita en Belén un día de mar calmo, como le llaman los costeños, presenciamos por primera vez la incursión espontánea de un grupo de 15 salvadoreños en cayucos individuales que se dirigían a pescar con cuerda en el mar cercano a la playa. Esta es una actividad que practican tradicionalmente los costeños cuando el mar no está *"grueso"*, es decir cuando no tiene oleajes. Hasta entonces, los salvadoreños no se habían atrevido a hacerlo, pues desde su llegada al Atlántico Central manifestaron profundo temor al mar. Sin embargo, la razón fundamental que los llevó a navegar fue que, durante ese mes de 1985, se había experimentado un retraso en el viaje de la embarcación *"El Viejo"* que les proveía de alimentos

[333] PROESA, circa 1980.

suplementarios y había una escasez en la comunidad. En especial de carne. Muchos de ellos nos comentaron en esa visita nuestra que ya habían observado a los de la costa pescar en el mar y decidieron hacerlo con lo que obtuvieron éxito.

10.8 EL PROBLEMA DE LA DEPENDENCIA ALIMENTARIA

Para 1982, a pesar de que se practicaban casi las mismas actividades productivas de los habitantes locales vecinos, Ciudad Romero aún exhibía alta dependencia de los organismos financieros externos y difícilmente se preveía un cambio en esa situación si se continuaban diseñando y financiando solamente actividades de subsistencia y autoconsumo de la población. Aún en 1985, la alimentación suplementaria asignada a Ciudad Romero por el Alto Comisionado de las Naciones Unidad para los Refugiados (ACNUR) fue del orden de 105,000 Balboas.[334] Un cálculo de 0.59 centésimos de Balboa por 480 personas/diarios en alimentación. Se obtenía, por una parte, comprando excedente de producción a pobladores locales (especialmente de maíz, arroz y café) o ganado (cerdos, alguna res o pescado) y por otra, llevando por mar desde Ciudad de Colón los alimentos. El Consejo Noruego para los Refugiados, donó a PROESA una barcaza para tal fin a la que se nombró como "El Viejo en honor a Omar Torrijos" pues así lo llamaban los pobladores de Belén y Escribano. Con seguridad fue utilizada por países aliados en desembarcos, durante la Segunda Guerra Mundial.

[334] Ver anexo I.

FOTO NO. 33 EL BAUTIZO DE LA BARCAZA "EL VIEJO". SE APRECIA UN TRABAJADOR DE PROESA Y EL PADRE JOSÉ MARÍA MORILLO.[335]

FOTO NO. 34 BAUTIZO DE LA BARCAZA "EL VIEJO". [336]

---

[335] PROESA, circa 1983.

[336] PROESA, circa 1983.

FOTO NO. 35. HUGO GUIRAUD, DIRECTOR DE PROESA EN EL BAUTIZO DE LA BARCAZA "EL VIEJO" [337]

FOTO NO. 36. PERSONAL DE PROESA EN LA BARCAZA EL VIEJO. CÉSAR GUILLÉN (CONTADOR) OSCAR ORTIZ (GEÓLOGO Y PILOTO DE AVIÓN) Y HUGO GUIRAUD (DIRECTOR Y PILOTO DE AVIÓN) [338]

---

[337] PROESA, circa 1983.

[338] PROESA, circa 1983.

FOTO NO. 37 PERSONAL DE PROESA [339]

De acuerdo con un listado que recopilara en 1983 el entonces sacerdote José María Morillo, los alimentos llevados de la ciudad eran los que figuraban a continuación (ver Cuadro no.7).[340]

Los mismos alimentos eran llevados a Ciudad Romero en 1986 de Ciudad de Colón en una embarcación que realizaba un viaje cada dos meses con alimentos. La relación de la disminución de ayuda alimentaria actual podía hacerse de las partidas presupuestarias

---

[339] PROESA, circa 1983.
[340] Morillo, José María y Marisín Dixon. Ciudad Romero programa de colonización dirigida con Refugiados Salvadoreños págs. 51 -52. (Manuscrito).

CUADRO NO. 7 PROMEDIO DE ALIMENTOS Y ENSERES LLEVADOS A CIUDAD ROMERO – 1983

ALIMENTOS Y ENSERES	CANTIDAD
Arroz	57 q
Maíz	144 q
harina de trigo	57 q
frijoles	144 q
sal	29 q
azúcar	35.5 q
aceite de cocinar	304 q
Atún	11,400 latas
carne enlatada	11,400 latas
Spaghetti	57 q
Sopa	11,400 latas
sopa	11,400 sobres
café	712 lbs
Sardinas	11,400 latas
levadura blanca	11400 latas
levadura seca	84 latas
pasta de tomate	5700 latas chicas
pimienta en grano	100 lbs.
cebolla	8 q
Ajo	44 tanques de 5 gal c/u
OTROS ENSERES:	fósforos, papel higiénico, toallas sanitarias y kerosene

La distribución de los alimentos era realizada por la directiva de la comunidad con ayuda del Comité de Amas de Casa. A solicitud del grupo hubo que contratar por un año un Técnico de Nutrición y procesamiento de alimentos para enseñarles a cocinar y adaptarse a los productos locales, cuya costumbre no se tenía.

10.9 LA AGRICULTURA DE LA COMERCIALIZACIÓN

Para proveer a la población de ingresos monetarios de mediano plazo (de 3 a 5 años) y con miras a complementar las actividades productivas de subsistencia, se diseñaron dos programas generadores de ingreso. En un principio los principales programas de producción de alimentos se veían limitados en sus rendimientos por las razones anteriormente descritas. Para el segundo año del asentamiento, se experimentaba un rápido crecimiento de la población infantil como un factor adicional. El grupo de colonos en 1980 era de 353 personas y nacían unas 25 personas por año al punto de que en 1986 la comunidad contaba con 512 personas (unos 115 núcleos familiares)[341].

En 1982 el ACNUR y PROESA idearon la creación de un programa de cultivos comerciales de cacao y coco, en el marco de un plan multianual de financiamiento al asentamiento de los salvadoreños. Ambos organismos consideraron necesario crear fuentes de ingreso para complementar las actividades de producción de alimentos para el consumo. Para estos dos programas hubo reticencias iniciales planteadas por el ACNUR que los financiaría. Esas reticencias obedecían a los altos costos de establecimiento y manutención de los programas pues los cultivos solo iniciarían producción a partir de los tres y siete años luego de plantados respectivamente, periodo de espera que para 1982 parecía al ACNUR bastante lejano. Este organismo consideraba que la inversión inicial de los cultivos era relativamente alta y ameritaba entonces evaluar otras alternativas en la región. ACNUR, hasta ese momento, no había financiado ningún otro programa con cultivos semi-permanentes en la región, debido a su rol de organismo para beneficiarios temporales, mientras durara el status de refugiado, lo que hacía orientar sus programas hacia soluciones a más corto plazo. Por el carácter de colonización rural, de solución durable en una zona con grandes limitantes de orden social y natural a programas de corto plazo, ACNUR optó finalmente por apoyar la siembra de cacao y coco.

A partir de la siembra de estos cultivos semipermanentes PROESA denominó a esta nueva etapa *consolidación del asentamiento*. Los agrónomos de PROESA y la Universidad Nacional de Panamá efectuaron un estudio de los suelos circundantes a la comunidad, y logró identificar las tierras más aptas para el cultivo de cacao en las márgenes del río Belencillo, otro afluente del río

---

[341] El asunto de la natalidad en esta comunidad era de carácter cultural. Los enfermeros y ayudantes de salud proporcionaban información de planificación familiar natural a la población. En el área no había disponibles otros recursos de planificación familiar. PROESA no intervenía en la planificación familiar de la población por considerarlo asunto particular de los pobladores.

Belén, a hora y media de Ciudad Romero navegando en cayuco con motor fuera de borda. (Ver, Mapa No.6). Para plantar cacao en este sitio los colonos se vieron en la necesidad de construir nuevos campamentos colectivos a los que se trasladaban a vivir de lunes a viernes para retornar los fines de semana. Desde mediados de 1984 la fuerza laboral de Ciudad Romero se concentra casi exclusivamente en los programas para comercialización (coco y cacao), y cerca de la misma localidad se producían muchos alimentos. Tomaba en transporte por cayuco dos días (uno de ida y uno de vuelta al pueblo de Ciudad Romero). Se vaticinaba que una vez el cultivo de cacao sobrepasara los tres años se reduciría la demanda laboral.

El programa de cacao de los salvadoreños fue estimado en una superficie de 140 hectáreas. Mientras el coco se localizó en el área de la línea costera de Belén a media hora a pie desde el pueblo de Belén. (Ver, Mapa No. 7).

A partir de 1986 se plantaron 64 hectáreas de cacao y 22 hectáreas de coco. Se estimaba que las primeras 86 hectáreas de cacao se podrían cosechar para el mes de julio. Sin embargo, hubo inundaciones en el área de cacao y mucha pérdida de plantas. Las pérdidas e inundación no fueron contempladas como parte de algo posible en el área pues no había experiencias previas de cultivos para comercialización. Esto afectó las expectativas del grupo acerca del cultivo. En 1990 se esperaba que la plantación de coco empezara su producción y generara ingresos adicionales. Pero para entonces la mayoría del grupo había decidido su retorno a El Salvador. Dado el carácter semipermanente de esos cultivos se había calculado que brindarían ingresos a los salvadoreños por lo menos durante 40 años, vida útil de los cultivos. Ante las dificultades de disponibilidad financiera, el ACNUR iba a reducir la superficie de cacao a 76 hectáreas, y se estimaba que la superficie de coco iba a ser reducida también. El nivel altamente burocrático del ACNUR hizo que, durante los tres primeros meses de cada año, se trabajara sin dinero en la colonización. El pueblo tenía que supeditar sus necesidades, y el calendario propio de la agricultura al calendario de la burocracia.

Un estimado de la producción de ingresos que generarían los programas proporcionaba una idea del impacto en cuanto a cubrir demandas de la comunidad. La pérdida de cacao con inundaciones mermó ese sueño. Sin embargo, antes de las inundaciones se estimaba como ingreso lo siguiente

CUADRO NO.8 VALOR ESTIMADO DE LA PRODUCCIÓN DE CACAO DE CIUDAD ROMERO (ANTERIOR A LAS INUNDACIONES)

Año estimado de producción[342]		**Valor estimado** [343]
64 hectáreas de Cacao híbrido	1986 512 quintales	47, 104
	1987 768	70,654
	1988 960	88,320
	1989 1152	105,984
64has+ 76 adicionales	1990 1760	161,920
	1991 2064	189,888
	1992 2292	210,864
	1993 2520 [344]	231,840[345]
	1994 2520	231,840

--

Del financiamiento otorgado por el ACNUR, el grupo de salvadoreños y PROESA donaron en 1983 a otras comunidades vecinas semillas para establecer 20 hectáreas de cacao divididas entre los pueblos de Guázaro, Concepción, Veraguas y Belén. Lo que significó la primera experiencia de los otros campesinos de la región con esos cultivos.

En cada pueblo se sembró en pequeñas parcelas comunitarias el cacao, mediante organización cooperativa que se servía de la asistencia técnica que se había brindado a los salvadoreños de Ciudad Romero. Esos cooperativistas adelantaron gestiones en 1986 para recibir préstamos del Banco Interamericano de Desarrollo y plantar cacao adicional.

---

342 El estimado de producción del cultivo solo se podía mermar por el ataque de dos enfermedades: la moniglia que no existe en la región y la *"escoba de bruja"* que no existe en Panamá. Al darse la escoba de bruja en Panamá se podrían realizar controles fitosanitarios que solo disminuiría la producción de la planta.

343 Fue calculado en base al precio promedio actual del cacao en Panamá de unos 92.00 Balboas el quintal para 1986.

344 Fue calculado en base al precio promedio actual del cacao en Panamá de unos 92.00 Balboas el quintal para 1986.

345 A partir de 1993 se preveía que la producción se estabilizaría, pudiendo incrementarse aun a unos 20 quintales por hectárea.

10. LA COOPERATIVA "CONQUISTA DEL ATLÁNTICO"

La introducción de los colonos hizo necesario crear medios jurídicos para garantizar la administración y transferencia de responsabilidades. Se pretendía garantizar que los pobladores locales derivaran beneficios de la presencia del grupo salvadoreño en la zona.

Se experimentaron algunos cambios en cuanto a organización y autopercepción. Los pobladores locales se veían como sujetos capaces de modificar y mejorar sus niveles de vida a través de la formación cooperativa.[346]

Para el año de 1982 los pobladores de Belén decidieron formar una Pre-Cooperativa a la que llamaron *"Sol de Belén"*. A partir de ese momento interesaron a otras comunidades de la región a realizar la misma idea. La idea era percibir mayores beneficios de la presencia de los salvadoreños, más allá de los logrados por las ganancias temporales obtenidas en las actividades que los salvadoreños no sabían realizar.[347]

En enero de 1984 obtuvo su personería jurídica la Cooperativa *"Conquista del Atlántico"*, compuesta por ocho comunidades de la región de la siguiente manera:

[346] Castro, Guillermo. *"Sociedad Política y Desarrollo."* Op. Cit. Pág. 103.
[346] Por ejemplo: construir viviendas, derribar árboles con motosierras, pescar en el mar para vender pescado a los salvadoreños, conducir cayucos con motor fuera de borda en el mar y descargar mercancías de barcos en el mar.

CUADRO NO. 9 COOPERATIVA *"CONQUISTA DEL ATLÁNTICO"* R.L. POBLACIÓN POR COMUNIDAD Y NÚMERO DE ASOCIADOS INSCRITOS- 1985

COMUNIDAD	HABITANTES	NO. DE ASOCIADOS
Calovébora	255	32
Guázaro	219	22
Concepción	251	23
Veraguas	179	17
Belén	131	25
Calle Larga	125	32
Coclé del Norte	979	19
Ciudad Romero	490	1[348]

348 Ciudad Romero participaba comunitariamente en la cooperativa a través de un representante asociado de la comunidad a la cooperativa e incluía como capital de esta las actividades de la tienda de consume y cultivos de cacao y coco. Panamá: IPACOOP, 1985.

FOTO NO. 38 COOPERATIVA "LA CONQUISTA DEL ATLÁNTICO" [349]

[349] PROESA, circa 1983.

Las actividades de la *Cooperativa Conquista del Atlántico R.L.* se limitaron con los salvadoreños a la creación de tiendas de consumo en cada uno de los pueblos que las componían. Fueron posibles gracias también a recursos donados por los salvadoreños, en especial por la existencia la barcaza donada a Ciudad Romero por el Consejo Noruego de Ayuda a Refugiados a un costo de 20,000 balboas. Cada dos meses transportaba a Ciudad Romero alimentos para la población y las mercancías de las tiendas de consumo a los otros pueblos, sin costo de transporte o flete. De vuelta a la Ciudad de Colón, permitía transportar sin costo alguno la producción de las comunidades vecinas, en especial la producción de coco, naranjas, y café de los pueblos del litoral comprendidos entre Calovébora (ubicada en el límite de las provincias de Veraguas y Bocas del Toro) hasta Coclé del Norte inclusive.

En 1985 ACNUR había estimado de modo preliminar, para las necesidades financieras productivas futuras de Ciudad Romero, un monto de $650,000 dólares [350], a sabiendas de que esta comunidad no sería autosuficiente hasta por lo menos el año de 1991. En 1986 nos hacíamos la pregunta de si los salvadoreños podrían cubrir sus costos hasta que produjeran los cultivos comerciales, más aún con la extrema limitación de accesibilidad física del pueblo. La colonización fue sumamente costosa. Resultaba entonces prever el futuro de los salvadoreños en Panamá asimismo el de los pobladores del Atlántico Central, así como la factibilidad de la llamada etapa de crecimiento y desarrollo auto sostenido de la región Atlántica. En Ciudad Romero para 1986, un cuarto de los pobladores había nacido en Panamá.

Considerábamos que, a partir de la finalización de la ayuda internacional del ACNUR, los cambios que generaría Ciudad Romero seguirían siendo producto del nivel y tipo de desarrollo que se propusieran los involucrados: los campesinos y en especial el Estado Panameño si mantuviese su política de conquistar el Atlántico central, garantizando a los colonos condiciones óptimas para optar por permanecer en Panamá.

10.1 PREGUNTAS FINALES DE CIUDAD ROMERO EN PANAMÁ

Hasta aquí exploramos las distintas actividades sociales económicas a las que se dedicaron los colonos salvadoreños en Panamá. Pudimos considerar algunos hechos que no eran del todo

---

[350] Según, Christian Koch. Ciudad Romero-Panamá. Rural Settlement Review (23-29 September, 1985) ACNUR. Special Support Unit (SSU) Mission Report 85/11. ACNUR, 1985. Págs. 26 y 27.

concluyentes dado el carácter reciente de la experiencia de colonización considerando que la mayor parte de este escrito tuvo lugar en 1986. En esa fecha considerábamos que Ciudad Romero ameritaría ser evaluado en fechas posteriores.

Los ámbitos más exitosos de Ciudad Romero lo fueron en lo humano y lo social. La colonización misma brindó una alternativa más digna que la vivida hasta entonces por esos campesinos en su país de origen y en su primer sitio en La Estancia, Honduras. En este país no se les garantizaba siquiera su sobrevivencia física. Los servicios ofrecidos a los colonos salvadoreños en Panamá permitieron que sus condiciones de salud y educación fueran muy superiores a los que poseían en su país de origen, e incluso mejores que los de muchos de sus vecinos de la cuenca del río Belén en el Atlántico Central. La buena recepción y solidaridad de los pobladores del Atlántico Panameño a la existencia de esta comunidad de extranjeros merece destacarse. Así también los beneficios que de estos servicios derivaron a los panameños vecinos. Fue el objetivo el no hacer del pueblo de los salvadoreños una comunidad cerrada.

Se puede considerar también sumamente positivo que la presencia del grupo de los salvadoreños contribuyera al incremento del nivel de disposición hacia el desarrollo y formas organizativas grupales, tanto en los colonos como en sus vecinos. No obstante, nos preguntábamos en ese entonces, qué quedaría de los logros de la colonización dado el alto grado de dependencia de organismos externos.

Los óptimos avances en materia de educación y salud fueron posibles gracias al apoyo y supervisión especial del Estado panameño y ACNUR. Pero ¿Qué pasaría cuando esta ayuda terminara? ¿Continuaría siendo óptima la relación entre panameños y salvadoreños una vez cesara la ayuda externa?

Resultaba en ese momento sumamente contradictorio el hecho de que, a pesar de la gran disposición de los colonos al desarrollo organizativo en función de su comunidad, los organismos financieros, en especial ACNUR, limitaran la participación de los beneficiarios en el manejo de los recursos donados. Se consideraba que el programa seguiría siendo administrado por PROESA debido a los recursos de infraestructura y personal para dar respuesta a los informes de progreso y administración en la zona ya que la población de la cooperativa de Coclesito no tenía la capacidad de responder a los requerimientos financieros de la cooperativa ante el BID sin la ayuda del personal de PROESA. Solamente algunos salvadoreños eran miembros de la cooperativa. No podían administrar del barco para comprar los insumos en Ciudad de Colón pues ello requeriría tener habitación en Colón, un capitán de barco y conocimiento de mercados dónde comprar en cada viaje de abastecimiento, así como vehículos para transportar dicho abastecimiento hasta el barco.

FOTO NO. 39 MERCADOS DONDE SE COMPRABA PARA LOS SALVADOREÑOS [351]

FOTO NO. 40 OTROS MERCADOS PARA COMPRAS DE CIUDAD ROMERO [352]

---

351 PROESA, circa 1983.

352 PROESA, circa 1983.

En el plano económico, hasta 1986 fecha de este estudio, los inmigrantes no pudieron generar una producción que les permitiera autoabastecerse de alimentos y menos aún contar con excedentes para comercializar y obtener ingresos. Los salvadoreños en Panamá eran dependientes hasta la fecha que se trasladaron de Panamá de vuelta a El Salvador.

¿A qué se pudo atribuir los parcos resultados de las actividades? Paradójicamente se quería evitar la prolongación de la dependencia de los salvadoreños de dichos organismos por la vía de construir sólidas bases de administración y autodirección de la colonia. Una de las más importantes razones era el total desconocimiento de estos colonos, procedentes de las secas y áridas zonas salvadoreñas, respecto a las realidades ecológicas del Atlántico Panameño. Muy poco de su experiencia previa les era de utilidad en el nuevo medio que les tocó vivir en situación de emergencia. Tuvieron que aprender nuevas formas de cultivar y alimentarse. Otra causa lo fue el aislamiento de su colonia de los centros de mercadeo; y los elevadísimos costos de transporte. Al mismo tiempo, la asistencia técnica que se les proporcionó tuvo serias limitaciones pues los técnicos agrícolas panameños desconocían en su mayoría, alternativas económicas para los hábitats húmedos tropicales. Falla ésta que se origina en los sistemas educativos y del sistema educativo y la capacitación de cuadros técnicos para el sector agropecuario. Finalmente, en las pocas alternativas a explotaciones rentables de los trópicos húmedos que nuestro Estado brinda a los campesinos de esos lugares. Sin embargo, mucho se aprendió en el Atlántico Centro-Occidental Panameño en términos de cultivos apropiados para la región. Agrónomos y técnicos experimentaron con cultivos nuevos como el cacao y el coco en plantaciones comerciales. Hubo muchos obstáculos de todo tipo, especialmente el financiero.

Se suscitaron serios obstáculos administrativos por parte de PROESA y ACNUR, instituciones que desde un principio no se percataron de la verdadera magnitud de los obstáculos inherentes a un proceso de adaptación humana en un medio tan difícil, que no necesariamente se daría en el tiempo esperado y de acuerdo con el alcance de la disponibilidad financiera. El ACNUR quería reducir paulatinamente la ayuda financiera año a año y PROESA tenía dificultades financieras para asumir las demandas con presupuestos cada vez más reducidos. Por otro lado, las extintas Fuerzas de Defensa no apoyaban en recursos ni logística como lo hacía en tiempos del General Torrijos y el General Rubén Darío Paredes. En ocasiones, el profesor Hugo Guiraud tuvo que hacer segundas hipotecas de su residencia para pagar la planilla de PROESA. El ACNUR disminuía paulatinamente los presupuestos sin considerar que algunos recursos humanos eran aún más necesarios por el crecimiento de población de la comunidad y sus recursos básicos. Asumían que la producción de la comunidad o el apoyo de PROESA o algún organismo sin fines de lucro podría proporcionarlos, pero no prestaba ayuda técnica, ni logística en obtenerlos.

Nos preguntábamos en 1986 ¿Cuál sería la política que asumiría el Estado panameño hacia el nuevo frente de colonización que se promovió en la cuenca del río Belén? ¿Estaría en capacidad de impulsar nuevas inversiones de alto costo económico, promoviendo la generación de bienestar y beneficio social a largo plazo para convertirlo en un centro de desarrollo socioeconómico como en el caso de Coclesito? A pesar de esas interrogantes, esta colonización de tipo dirigido pudo aportar unos elementos para otros procesos de este tipo en caso de que se establecieran en el Atlántico Central o incluso en otra región del país que poseyera características similares a este pueblo. Las próximas secciones de este escrito sumarizan lo que sucedió a los salvadoreños posterior a mi partida del proyecto como coordinadora.

11. SALVADOREÑOS DE CIUDAD ROMERO EN PANAMÁ SE ACOGEN A REPATRIACIÓN. UNA FASE EXPULSIVA DEL FRENTE DE COLONIZACIÓN

11.1. DESTRUCCIÓN DE RECURSOS DE PROESA Y DESMANTELAMIENTO DE LA CONQUISTA DEL ATLÁNTICO

Entre los años de 1987 y 1990 los salvadoreños estuvieron supervisados por Oscar Ortiz, Geólogo de profesión y co-piloto de avioneta de PROESA, y por Rosario Ramos, ingeniera agrónoma que ACNUR-Costa Rica contrató en consultoría para supervisar el programa de Ciudad Romero en Panamá. La ayuda financiera de este organismo disminuyó. Las partidas presupuestarias de PROESA disminuyeron. El estatus semi-gubernamental de PROESA hacía difícil obtener recursos para continuar con el programa. Dejé el proyecto en diciembre de 1987 fecha en que me trasladé a los Estados Unidos donde me establecí, hasta hoy día. Mi esposo, Bruce Thompson es arqueólogo náutico y visitó Belén y Ciudad Romero en busca de una de las carabelas de Cristóbal Colón en su cuarto viaje por el río Belén, *La Gallega,* búsqueda solicitada por Patrimonio Histórica del Instituto Nacional de Cultura. Esa fue mi última visita a esta comunidad y también la del que sería mi esposo. En el grupo de se encontraban Carlos Fitzgerald, Ernesto Barillas, Mark Myers, y Rick Hajowski (quien actuó como traductor) así como el arqueólogo marino encargado de la búsqueda, Bruce Thompson quien hizo el reconocimiento del área. El grupo de Ciudad Romero hizo una fiesta para recibirlos. Meses más tarde otro grupo de arqueólogos náuticos de INA, Texas A&M con el grupo *"Ships of Discovery"* continuó buscando la carabela de Cristóbal Colón de manera infructuosa.

No tuve comunicación con el grupo refugiado desde mi partida hasta que los encontré en 2013 de modo virtual por medio de la red social *Facebook*. Supe por historias de familiares y amigos que se habían repatriado en el año de 1990.

Los últimos años en Panamá para los salvadoreños de Ciudad Romero fueron difíciles pues con las inundaciones la producción de cacao mermó. Se dieron en toda la cuenca del río Belén y afectaron las plantaciones ubicadas río arriba en las áreas de cultivo del Río Belencillo. Un programa de renovación fue previsto por el agrónomo especialista en cacao Francisco Jiménez. Sin embargo, el ACNUR reducía el presupuesto y muchos insumos como alimentación, equipo o ropa hacían falta. PROESA tenía que esperar los desembolsos de presupuesto de ACNUR para poder abastecer a la comunidad de alimentos y sin el respaldo de los militares, la dificultad era obvia. Muchos de los salvadoreños debido a la falta de comida, en especial proteína animal, tuvieron que migrar temporalmente como asalariados a otras comunidades cercanas. Muchos veían la posibilidad de obtener empleo casándose con panameñas. La Oficina de Migración les dio estatus de residentes en Ciudad Romero y muchos no estaban seguros si ello significase que no tendrían permisos para empleos en otros puntos del país, si su carné de residencia tenía asignada una comunidad de colonos en el Atlántico únicamente. Sin embargo, no había limitación de movilizarse a otras comunidades del área, ni a ningún punto del país. Una fragmentación de la población se dio parcialmente con algunas familias que se ubicaron arriba del río Belén en una comunidad llamada *"Los Canadienses"*. La fundaron y la llamaron así por los familiares que descubrieron tenían Canadá y que habían contactado mediante cartas recientemente.

ACNUR redujo presupuestos asignados a vestimenta y en alimentación suplementaria. Se asumía que los ingresos esperados de los cultivos permanentes podrían cubrir esas necesidades, pero no fue así. Para entonces el programa ganadero con un hato vacuno no estaba todavía en condición de suplementar la dieta de los pobladores. El desconocimiento de los funcionarios internacionales de la realidad del trópico húmedo y su agricultura era obvio. Cuando las plantaciones de cacao se establecieron río arriba, ACNUR en sus visitas planteaba mover el pueblo a la localidad de las plantaciones a sabiendas de que estas eran temporales. En varias ocasiones se discutía sobre presupuestos y financiamiento para campamentos temporales de trabajo, cuando ACNUR enviaba documentación especificando la relocalización del pueblo, cosa que nunca fue planteada por PROESA. Era un desconocimiento total de la agricultura del trópico. El campesino no necesariamente vive donde trabaja. La comunidad continuaba residiendo a las orillas del Río Caño, pero se trasladaba en épocas de gran demanda de trabajo (fertilizar, podar, y hacer cuidados de mantenimiento) río arriba a las plantaciones de cacao donde construyeron campamentos temporales y comunales. ACNUR interpretaba esto como un segundo asentamiento o movimiento de la infraestructura del pueblo. Empezaba a cuestionar el por qué no se habían hecho muestras de suelo previas al asentamiento de Ciudad Romero, afirmando que las tierras más fértiles eran río arriba. Sus funcionarios no planificaron nada relativo a muestras de suelo en el área con anticipación y en el período de la etapa de emergencia no había experiencia en un asentamiento en el trópico húmedo.

Las pérdidas de cacao se debieron a la crecida desmedida del río donde estaba plantado, en los bajos de las inmediaciones del río Belencillo a pesar de que PROESA manejaba records nacionales de pluviosidad general del área. La elección de los suelos se hizo a base de muestras de suelo, pero no había record local de inundaciones que hubiesen descartado estas tierras como inundables. Los niveles de pluviosidad en la zona son casi de los más altos de la República y en el hemisferio Oeste y sin marcada estación seca, sumados a los cambios a nivel global por los efectos del cambio climático. Los habitantes locales junto con los agrónomos ayudaron a establecer qué "bajos" (áreas inundables y de siembra) en el área general de las plantaciones de cacao serían inundables de acuerdo su experiencia y conocimiento previo, aunque no había certeza. La mayoría de los agrónomos en el país trabajan en zonas no tropicales por la falta de personal experto en agricultura en la jungla y agronomía selvática. El muestreo de terrenos para el cacao, coco y otras áreas se recolectaba con muestras de suelo hechas por los pobladores y enviados para su análisis a centros de la ciudad o extra-regionales por los laboratorios del MIDA.

La comunidad ya no tenía ropa y zapatos usables en los últimos años del asentamiento en Donoso, (Colón) en 1987. Los útiles escolares que en tiempos del General Omar Torrijos donaban miembros de la institución castrense, ya no llegaban. Tampoco tenían medicinas más allá de las que el centro de salud proporcionara. En años anteriores la comunidad tenía tantas medicinas de modo gratuito que las donaban al centro de salud. Una de las últimas dotaciones de medicinas, lámparas de luz, enseres domésticos, comida, vestimenta, fue acopiada por el General Rubén Darío Paredes en 1983. Con el ascenso al poder del General Manuel Antonio Noriega no se recibían donaciones ni ayuda de las Fuerzas de Defensa. Noriega visitó la comunidad en una ocasión y no regresó después según documenta Nohé Reyes en su libro[353]. Mientras tanto Hugo H. Guiraud intentaba negociar mayor ayuda al proyecto de PROESA a través de su nueva posición como legislador en la asamblea de diputados una vez se dio la apertura política en el país. Sin embargo, tal como lo documenta el libro de Nohé Reyes mucha ayuda no se consiguió de la nueva dirigencia de las Fuerzas de Defensa[354]. ACNUR trató de resolver poniendo una ingeniera agrónoma a cargo en Panamá en la persona de Rosario Ramos que luego pasó a ser directora de ONPAR, organismo que estaba a cargo de los refugiados en Panamá. Su contrato duró hasta el cambio de gobierno producto de la invasión norteamericana. En los últimos años, cuando PROESA hacía propuestas al ACNUR, se contemplaba en un plan financiero discutido con la comunidad en base a sus necesidades. Estos planes provenían de la directiva de trabajo. Se confeccionaban en la comunidad y se solicitaba la ayuda. Mucha negociación requería este trabajo, pues ACNUR devolvía presupuestos asignados en los que había carencia de recursos. ACNUR tenía proyecciones de corte de ayuda basados en lo que se había estimado como ingreso de los cultivos semi-permanentes. En PROESA la ingeniera Magali de Pacheco realizó las proyecciones de los ingresos esperados de cultivos permanentes y semi-permanentes con el consultor agro financiero contratado por el ACNUR Miguel Ángel Castro. Como resultado del corte de ayuda en rubros como vestido y zapatos, las actividades de costura del Comité de Mujeres de la comunidad se intensificaron ya que hubo que alterar la ropa que llegaba donada de organizaciones de ayuda internacional y de la Misión de Padres Claretianos Vicariato de Colón y Darién. Mucho fue beneficioso, pero algunas agencias de ayuda donaban abrigos, inútiles en el trópico. Las donaciones se enviaban en *"El Viejo"*[355] barcaza de PROESA, y la comunidad las distribuía por medio de sus propias organizaciones. Se intentaba buscar más ayuda de organizaciones internacionales y no se contaba con un directorio de estas fundaciones en la oficina de PROESA. Propuse conseguir donaciones con ayuda de Magali de Pacheco en varias organizaciones, pero no se tenían las direcciones de esas organizaciones. Era una época de pre computadora e internet y no se contaba una base de datos de financiamiento y organizaciones que donaran enseres básicos. Panamá en general no tenía muchas ONG de ayuda como lo tiene en la actualidad.

---

[353] Reyes, Nohé. Ciudad Romero: Llenos de Vida. Jilisco, Usulután, Bajo Lempa. 29 de agosto 2006.p. 77
[354] Reyes, Nohé. Ciudad Romero: Llenos de Vida. Jilisco, Usulután, Bajo Lempa. 29 de agosto 2006. P.77
[355] Al barco se le llamó *"El Viejo"* pues así llamaban los pobladores al General Omar Torrijos.

En 1987 se compraron de nuevo botas para los salvadoreños. Cada actividad requería que la comunidad diera un listado de tamaños de calzado de los trabajadores y de vestido para ser encargadas en compañías como Productos Melo y compradas al por mayor. Se compraban gorras de béisbol que eran vitales en el trópico húmedo de Panamá por la pluviosidad y el sol. En ocasiones la misión de Padres Claretianos organizaba donaciones de ropa a la comunidad. Los presupuestos necesitaban ser detallados y se pasaba por mucha burocracia. Otro problema no previsto con detalle en materia de insumos eran las herramientas: motosierras, pieza para reparación de motores fuera de borda, machetes, hachas y otras que tenían sin duda una depreciación y vida más corta en el trópico de la esperada y establecida en los presupuestos. La reparación requería transporte engorroso. La magnitud de uso productivo de las maquinarias las hacía depreciar rápidamente sin posibilidades de comprar constantemente nuevas maquinarias debido a que los presupuestos de ACNUR solo contemplaban reparación. Las reparaciones de las máquinas requerían su traslado a la ciudad y devueltas al campo y en muchas oportunidades significaba reemplazo por nueva maquinaria pues no era posible su reparación. Durante el mandato del General Paredes había donaciones de medicina y se hicieron giras de Sanidad Militar que atendía a la población. El problema mayor de salud es que no contaba con presupuesto permanente ni para el Enfermero de Salud ni una nutricionista que laboró en la comunidad. Si se requería que estos cargos se hicieran permanentes por necesidad PROESA debería asumirlo y no se contaba con presupuesto para ello.

Muchos de los refugiados empezaron a aprovechar visitas médicas a la ciudad, visitas sociales, y de otro tipo a ciudades como Panamá, Colón, Coclesito, Penonomé, Chitré y Santiago de Veraguas para poder ver si podían asalariarse para suplir la necesidad de los insumos que ACNUR recortaba del presupuesto especialmente a partir del año de 1986. El desconocimiento de leyes cooperativistas de los salvadoreños era evidente. Existía también en ellos ciertos prejuicios acerca del cooperativismo. Sin embargo, el IPACCOP realizaba giras y seminarios. No todos los del grupo asistían a aquellos eventos sino sus representantes que eran unas 15 personas ante la Cooperativa *"Conquista del Atlántico"*. Ciudad Romero fue añadido mediante un miembro colectivo. Había tanto discriminación en esta política por decisión del Instituto Panameño Autónomo de Cooperativas como falta de sentido cooperativista de los salvadoreños, pero aquello se decidió debido a que no se quería que los salvadoreños constituyeran la mayoría (individualmente) en una cooperativa de panameños. Ciudad Romero tenía el mayor porcentaje de rubros en manos cooperativas y con más peso económico (con una propiedad colectiva de los rubros). Los salvadoreños poseían más cultivos semi-permanentes y hectáreas de Cacao que las comunidades vecinas y se temía que si se incluía individualmente a los salvadoreños tendrían mayoría en número y recursos que los panameños. Algunos de los campesinos de Ciudad Romero tenían sin embargo simpatía por cooperativas, pero al verse representados por solo una persona como colectivo, perdían muchas de las charlas de educación cooperativa ofrecidas por IPACOOP. En ocasiones solo alrededor de una docena participaba en las charlas de educación cooperativa regional. Los campesinos de otras comunidades como Belén y Escribano también se vieron beneficiados de cacao, pero en menor cantidad que los salvadoreños. Miembros de comunidades indígenas en las inmediaciones de Belén y Belencillo también substraían sin permiso algunas plantas de Cacao, interesados en este producto al que no tenían acceso. PROESA, los salvadoreños y Beleneños no involucraron a las autoridades por tratarse de indígenas y porque las cantidades de cacao sustraído era poco. Se quería ver la forma de acercar también a los indígenas a la Cooperativa y una acción contraria a ello, como denunciarlos podría ser tomada mal por el colectivo indígena. La demarcación de la futura comarca en esa área no había sido establecida.

FOTO NO. 41 REUNIÓN DE LA COOPERATIVA "*CONQUISTA DEL ATLÁNTICO R.L.*" EN BELÉN [356]

---

[356] En el grupo de la Cooperativa se aprecia el Señor Arturo Sanders presidente de la Cooperativa en Belén. PROESA, circa 1983.

FOTO NO. 42 REUNIÓN DE LA COOPERATIVA "*CONQUISTA DEL ATLÁNTICO R.L.*" EN BELÉN [357]

FOTO NO 43 REUNIÓN DE LA COOPERATIVA "CONQUISTA DEL ATLÁNTICO" EN BELÉN [358]

---

[357] En la fotografía se aprecia a Herminio Mata, capitán de bote de PROESA en Belén y Ciudad Romero. PROESA, circa 1983.

[358] PROESA, circa 1983.

12. REPATRIACIÓN DE SALVADOREÑOS DE CIUDAD ROMERO, A EL SALVADOR. UNA FASE EXPULSIVA DEL FRENTE DE COLONIZACIÓN

12.1 LA INVASIÓN NORTEAMERICANA. CAPTURAR A NORIEGA. DESTRUCCIÓN DE RECURSOS DE PROESA

La invasión de Panamá por los Estados Unidos y la reversión ideológica del gobierno de Endara de calificar los años previos como dictadura molestó a los salvadoreños. No porque tuvieran ningún tipo de posición particular respecto al General Manuel Antonio Noriega, sino porque Omar Torrijos, aquel que el gobierno de Endara y muchos calificaron de dictador había salvado sus vidas y apoyado el proyecto. Se sumaba el hecho de que, en su país, luego de la crisis del proceso de Contadora, se hacían esfuerzos propios por un diálogo, reconciliación y paz. En el Libro de Nohé Reyes, *"Tan Llenos de Vida"*, se detalla que el General Manuel Antonio Noriega solo visito Ciudad Romero en una oportunidad. No había contacto personal ni institucional con él durante los años de su jefatura de las Fuerzas de Defensa entre 1983 y 1989. La falta de recursos de PROESA era también vista en otros proyectos como los de Coclesito aunque con menor impacto. Otras instituciones del Estado ya tenían presupuestos asignados en Coclesito y el director de PROESA decidió también correr como candidato a diputado por la comunidad de Concepción, en Veraguas representando al distrito de Santa Fé. Esta medida era para lograr mayor grado de negociación con autoridades desde su puesto político. Se pensaba que de esta forma se podría atraer mayor ayuda, pues PROESA no tenía personería jurídica, fue creada por Omar Torrijos, los directores y las comunidades. Ello no significaba que no había reconocimiento oficial a su existencia y acciones. La mayoría de las oficinas de gobierno, ausentes en el área, coordinaban con PROESA sus intervenciones. Fue un proyecto de pre-inversión con miras a robustecer la calidad de vida de la población del área. Se perfilaba con los estudios de desarrollo económico, ambiental y bufalino, proyectos para la cuenca del Belén, donde estaban los salvadoreños. El Ministerio de Planificación y Política Económica realizaba en esos entonces programas y estudios de pre-inversión y factibilidad de actividades a nivel nacional para que se enrumbara el desarrollo de zonas de acuerdo con actividades productivas agropecuarias. En el caso del Atlántico Centro-Occidental Panameño, aquellos estudios de factibilidad para el desarrollo de esta región fueron desarrollados por la firma consultora italiana CERPI, S.A. juntamente con el Ministerio de Planificación y PROESA. Se destacaban en la evaluación de CERPI, SA. para la micro región el desarrollo cooperativo en toda la zona costera incluyendo a Ciudad Romero, así como la explotación turística de Belén como parte del desarrollo cooperativo.

Luego de la invasión norteamericana a Panamá, los salvadoreños decidieron repatriarse. De Ciudad Romero a Calle Larga y de allí a Coclesito en una caminata, manifestación pacífica llegaron a Ciudad de Panamá a refugiarse de nuevo en el colegio Las Esclavas. Según narra Nohé Reyes en su libro "Tan Llenos de Vida" "*El 16 de noviembre de 1990, emprendimos una caminata hacia Panamá 120 personas, entre niños y adultos, para exigir nuestro derecho de retornar a El Salvador. La noche anterior habíamos hecho la despedida con una misa y luego una fiesta con don Serapio y su grupo musical.*"[359]

Iniciaron negociaciones con el gobierno panameño y ACNUR para regresar a El Salvador. Hay algunos videos, fotos y artículos de este período en internet y periódicos. Algunos de los líderes naturales de esta comunidad exigieron repatriación a El Salvador y finalmente la obtuvieron producto de negociación con el gobierno de su país de origen, el ACNUR y autoridades panameñas.

Como resultado de las sanciones de los Estados Unidos y luego la invasión norteamericana el proyecto fue transferido a otros directores. El avión Islander de PROESA fue destruido en el aeropuerto de Paitilla por tropas norteamericanas en un bombardeo, pensando erróneamente que quizás Manuel Antonio Noriega pudiese escapar en él. Dejó de contarse entonces con transporte aéreo civil al área del Atlántico que prestaba servicio social a todas las comunidades. La oficina de PROESA ubicada en el edificio de la Contraloría General de la República en el piso 6 sufrió averías y daño a sus archivos. Los salvadoreños tuvieron problemas para recibir alimentos desde la ciudad de Colón y decidieron ir por tierra a Calle Larga, luego a Coclesito y Ciudad de Panamá. Se refugiaron en el Colegio Las Esclavas y decidieron negociar su repatriación a el Salvador.

El gobierno salvadoreño ya había tenido una política de repatriación junto con varios esfuerzos internacionales que ayudaban a una reconciliación de las partes en El Salvador. Muchos de ellos estaban molestos con las concepciones de los medios y gobierno respecto al periodo militar panameño anterior a Noriega, pues para ellos el General Torrijos les salvó la vida, y en ese momento post-invasión muchos medios circulaban una percepción distinta de su accionar y lo

---

[359] Reyes, Nohé. Ciudad Romero: Llenos de Vida. Jilisco, Usulután, Bajo Lempa. 29 de agosto 2006. Pág 132.

calificaban de dictadura. La ingeniera Rosario Ramos nos describió esto cuando visitamos Panamá en unos años posteriores a la invasión norteamericana.[360]

Por otra parte, funcionarios de la Contraloría General de la Republica bajo la administración del Dr. Rubén Darío Carles visitaron el proyecto Coclesito con unos parientes de la familia Carles, argumentando que iban a desmantelar todo lo relacionado con el proyecto e investigarlo. Es de conocimiento general que la familia Carles forma parte de la clase dominante panameña, tenía y tiene vínculos económicos en el área de Coclé y estaban muy interesados económicamente en la región y su desarrollo para beneficio particular. Como producto de la invasión, una investigación patrimonial se abrió a los directores financieros del proyecto iniciando por Hugo H. Guiraud y César Guillén (contador de la oficina). Ambos expedientes fueron sobreseídos posteriormente en 2009. Mientras tanto en Coclesito un poblador se apoderó de hatos de ganado vacuno y tierras. Se apropió arbitrariamente de recursos del Proyecto Coclesito. Varios de los búfalos del proyecto eran secuestrados y encontrados en otros paraderos, así como el ganado vacuno.

En términos más globales y regionales, la repatriación del grupo de colonos de Ciudad Romero inició una fase de expulsión y despoblamiento del Atlántico Centro Occidental Panameño. A pesar de que investigadores como Castro, Montero, Ramírez y Martínez[361]señalan a la Cuenca del río Coclé del Norte en la fase expulsiva de población, esta se dio también en la cuenca de río Belén por otras circunstancias ideológicas y también socio económicas. La invasión de los Estados Unidos dejó a la población de Ciudad Romero atónita y desilusionada. En meses posteriores se dio el fin conceptual del desarrollo del Atlántico tal como se había concebido en la década de 1980. A nivel más general, en la República de Panamá fue el fin de la planificación estatal. El Ministerio de Planificación y Política Económica pasó a ser el Ministerio de Economía Finanzas. La diferencia e impacto fue el reconocimiento de la globalización y la ineficacia de planificar como estado en un mundo globalizado. Los fondos de ACNUR finalizaron sin que la población tuviese capacidad de generar ingresos propios suficientes. Ciudad Romero inició con su repatriación la

---

[360] Ramos, Rosario. Comunicación personal.

[360] Jiménez Montero, Manuel, Benito Ramírez Valverde y Juan Pablo Martínez Dávila. Construcción de los Territorios en Donoso, Panamá, 1990-2008. Historia Comunicación personal.

[361] Jiménez Montero, Manuel, Benito Ramírez Valverde y Juan Pablo Martínez Dávila. Construcción de los Territorios en Donoso, Panamá, 1990-2008. Historia Crítica. No. 48, Bogotá, septiembre-diciembre 2012, 252 pp.. doi: 10.7440/histcrit48.2012.06 Pág: 113.

llamada fase expulsiva de una colonización dirigida que había empezado desde los años 1986-87 cuando los salvadoreños empezaron a asalariarse en la región. ONPAR tuvo la intención de utilizar el pueblo vacío para el establecimiento de otra colonia concentrando la densidad de poblaciones aledañas para utilizar la infraestructura, pero aquello no se concretó.[362]

PROESA también se vio afectada como institución. Auditorías a las finanzas fueron efectuadas y se abrieron expedientes de investigación durante los gobiernos post-invasión. Se dieron sobreseimientos de las investigaciones efectuadas solo hasta el año de 2009.[363]

12.2 REPATRIACIÓN AL BAJO LEMPA, USULUTÁN, EL SALVADOR

El gobierno salvadoreño repatrió el grupo en el Bajo Lempa de El Salvador y pusieron el mismo nombre, Ciudad Romero a su comunidad en Jilisco, Usulután[364]. Muchos migraron a los Estados Unidos, especialmente Texas, California, Atlanta y también a Canadá. Tienen una bonita comunidad organizada en el Bajo Lempa y sus otras localidades. Algunos pocos permanecieron en Panamá, Veraguas, Penonomé, Colón y Ciudad de Panamá. Uno de los que fue niño en Ciudad Romero, Nohé Reyes, decidió escribir un libro acerca de la comunidad en Panamá *"Ciudad Romero: Tan Llenos de Vida"*.[365] Ya en los años que trabajé en PROESA la madre de Nohé, Antolina Granados, hablaba de la importancia de un libro que narrara la historia del pueblo, y señaló a uno de sus hijos (no sé si senaló a Nohé u otro de sus hijos). Dijo- *haré que uno de ellos haga un libro*- cuando conversábamos frente a casa de Fabián Granados un día en 1985. En este libro Nohé mediante entrevistas que realizó a algunos de los pobladores, en especial su madre, relató la experiencia en El Salvador antes de que el grupo se refugiara en Honduras y luego el viaje a Panamá. También cuenta la repatriación a El Salvador.

En 2013 encontré al grupo gracias a Facebook y muchos están dispersos, pero mantienen un carácter solidario con su comunidad y cultura. Muchos de los jóvenes han alcanzado un nivel

---

362 (N.de A) La trabajadora social Olimpia Diaz, directora de ONPAR post invasión en el Gobierno de Guillermo Endara Galimani, me contacto por carta el año seguido de la invasión norteamericana para ver que se podía hacer con el pueblo vacío, y le sugerí ver mi tesis de Licenciatura para otras poblaciones locales y contactar a la Antropóloga Joly, mas no sé si esto pudo hacerse. Sin embargo, ONPAR no contaba con logística ni presupuesto para apoyar esa enorme tarea. Tampoco hubo interés de gobierno a los altos niveles de asistir esa tarea.

363 Resolución Oficial de Descargo No. 24-2008. Dirección de Responsabilidad Patrimonial de la Contraloría General de la República. Panamá: Gaceta Oficial Digital. Diciembre 23, 2008. Mar. 16, 2015.

364 Jilisco. *Wikipedia, The Free Encyclopedia.* 11 junio 2014.

365 Reyes, Nohé. Ciudad Romero: Llenos de Vida. 29 de agosto 2006.

de educación superior y son exitosos. Es notable la increíble capacidad de organización de sus comunidades, envían remesas y suministros a su país de origen apoyando a su comunidad. Algunos que permanecieron en Panamá y Ciudad de Colón hablan de formar una tercera Ciudad Romero en Colón para aglutinar de nuevo a los que se quedaron. Recibí con alegría llamadas telefónicas de la familia Villatoro desde Texas, y de Santiago de Veraguas, Panamá. Era la familia donde siempre residía cuando visitaba la comunidad y hermanos de mi entrevistado Neftalí Velásquez quien falleció en el Salvador. Hay organizaciones de salvadoreños de estas comunidades en sus ciudades en Estados Unidos y Canadá. Veo con satisfacción una comunidad de niños saludables, que cultivan el arte, profesan su fe, y producen ahora en el Bajo Lempa. Ciudad Romero es un ejemplo para el pueblo salvadoreño y panameño que les dio muestras de solidaridad, ejemplo y desarrollo. Pude conectarme con la mayoría a través de las redes sociales. Se nota el alto grado de educación que aquellos niños lograron gracias a los esfuerzos hechos en Panamá y luego en El Salvador luego de repatriación. Carmencita García Villatoro, se quedó a vivir en Santiago de Veraguas con su esposo Ángel Rivas, uno de los maestros de Ciudad Romero cuando trabajaba en las Fuerza de Defensa. Lo más satisfactorio de hacer un libro de esta comunidad es haberlos podido encontrar.

12.3 CIUDAD ROMERO EN EL SALVADOR: EMPEZAR DE UNA COMUNIDAD CON HISTORIA MIGRANTE EN MEMORIA DEL OBISPO MÁRTIR

Según cuenta Nohé Reyes en su libro "Tan Llenos de Vida" el grupo de Ciudad Romero partió de Ciudad de Panamá para El Salvador en abril de 1990. *"cuando la mayoría estaba dispuesta a retornar, se hizo del conocimiento del Organismo Nacional para Atención a Refugiados-ONPAR, la decisión de iniciar un proceso de repatriación en comunidad. Posteriormente se lo comunicamos al gobierno de El Salvador, al ACNUR y al gobierno de Panamá. En julio de 1990, se inició la famosa campaña alineemos el Retorno, con el propósito de ver los problemas que se presentaban para la repatriación y buscarles posibles soluciones. Se realizaron largas jornadas de reuniones, donde se expresaron los mayores problemas, allí se discutía el tema y la mayoría quería regresar, pero siempre había opiniones encontradas: unos decían que no podíamos dejar tanto trabajo botado, pero otros decían que cuando salimos de El Salvador lo perdimos todo y no nos hacía falta; otros decían que el Salvador nos necesitaba y que debíamos regresar para contribuir con la paz de nuestro país. El Servicio Jesuita para*

Refugiados, quienes nos acompañaron durante todo el proceso de repatriaci6n, nos ayudaron a conocer la experiencia de la Comunidad Ciudad Segundo Montes, por haber sido ellos refugiados en Colomoncagua, Honduras. A través de los Jesuitas habíamos establecido contacto con Mabel Reyes, y a través de ella, la comunidad Segundo Montes nos acompañó en todo el proceso de Repatriación."[366]

La población se asentó en el Bajo Lempa con 600 miembros en 1991 y según cuenta Nohé Reyes para el año de 1996 eran aproximadamente *"mil habitantes (220 familias) sin contar los más de 500 que se han marchado a USA. Unos 1,500 romereños y romereñas, más los que ahora han regresado y viven en Panamá."*[367]

Hoy dia, la comunidad cuenta con telefonía celular y fija, escuela pública, centro juvenil, casa comunal, guardería, hospital, canchas de futbol, mercado, electricidad, agua potable, e internet. Como producto de la expropiación de la gran hacienda de Nancuchiname propiedad de dos de las catorce familias pudientes de los años 80 de El Salvador, Los Dueñas y los Regalado[368], se trasladó de toda la comunidad para la Hacienda donde se asentaron. En 1995 construyeron su capilla con mucho apoyo de comunidades en los Estados Unidos y comunidades eclesiásticas.

En 1999 sufrieron inundaciones como producto del huracán Mitch.[369] En El Salvador en 1999 se inauguraron las oficinas de la Coordinadora del Bajo Lempa. En el año 2000 se inaugura un restaurante que lleva el nombre de *Belencillo* con sus reminiscencias panameñas. Ya para marzo 24 de 2008 se inauguró en el pueblo de Ciudad Romero una casa comunal albergue y se presentó por primera vez el libro de Nohé Reyes quien visitara Nueva York en abril de 2016 y también Washington, DC. Nohé me llamó para conversar por teléfono y atestigua que Ciudad Romero de hoy es solo un pueblo de los viejos. La juventud ha decidido regresar a Panamá.

Las comunidades estadounidenses de Romereños se organizaron en abril de 2008.[370]

En abril de 2016 sin embargo aproximadamente 100 personas jóvenes de la comunidad iniciaron su retorno a Panamá. Los salvadoreños de Ciudad Romero cuando viajan a Panamá van

---

[366] Reyes, Nohé. Ciudad Romero: Llenos de Vida. 29 de Agosto 2006. Pág. 121.
[367] Reyes, Nohé. Ciudad Romero: Llenos de Vida. 29 de Agosto 2006. Pág. 255.
[368] Reyes, Nohé. Ciudad Romero: Llenos de Vida. 29 de Agosto 2006. Pág. 159
[369] Iraheta, Óscar. "Estragos por lluvias: Éxodo de las comunidades del Bajo Lempa por las inundaciones." 17 de Octubre de 2011. El *Diario de Hoy.com.*
[370] Reyes, Nohé. Ciudad Romero: Llenos de Vida. 29 de Agosto 2006. Pág. 286

donde sus familiares que se quedaron en la ciudad capital, Chiriquí, Penonomé y Colón y trabajan como informales, con el peligro que ello conlleva.

Se destaca todavía su nivel de organización a pesar de que sufrieron muchos reveses de carácter financiero con los agentes de crédito y organizaciones cooperativas del área. La enfermedad renal, característica de migrantes que entran en contacto con pesticidas los acecha. Entre ellos está mi principal entrevistado quien sucumbiera a esa enfermedad y su convaleciente hermano quien recibió en Atlanta un trasplante de riñón en 2015. Sin embargo, muchos de los que vivieron en el Atlántico lograron educación en Panamá y a su retorno a El Salvador y hacia otros países. Desde 2008 *La Oleada* se le ha llamado en los Estados Unidos a la migración de menores no acompañados por adultos. Ha llevado a los estados de la frontera mexicana más de 70,000 niños y es producto de la expulsión de Centroamérica. Un asunto de reunificación familiar de migración ilegal por la violencia Centroamericana que no termina, más de dos décadas y media después de las guerras de confrontación del Estado y los campesinos. De los migrantes se calcula en la misma fuente de las autoridades migratorias estadounidenses que alrededor de más de 20,000 son de origen Hondureño, Salvadoreño y Guatemalteco. [371] Los políticos conservadores estadounidenses tratan el problema como un asunto de seguridad nacional, no de refugiados y de reunificación familiar. No ven con buenos ojos la reforma migratoria necesaria en los Estados Unidos impulsada el partido Demócrata. Muchos salvadoreños han podido, gracias a *La Oleada,* reunificarse con familiares menores dejados en sus países de origen. La gestión del presidente Barack Obama promete regularizar el estatus de los niños y en ocasiones de los padres de niños de *La Oleada* [372]

El fenómeno migratorio salvadoreño necesita una solución humanitaria, legal y que considere sus experiencias, historias y raíces de la crisis migratoria de sus comunidades en diferentes escenarios, entendiendo el carácter humano de esta población y sus luchas. Los que permanecen en el extranjero en países como los Estados Unidos son víctimas de deportaciones y su destino está en manos del gobierno estadounidense. Producto del crimen organizado exportado de las cárceles norteamericanas a El Salvador muchos temen por sus vidas y quieren migrar a otros países. Las pandillas llamadas Maras, M-13 o Mara Salvatrucha están acechando a todo el pueblo

---

[371] Gordon, Ian. The Child Migrant Surge. Unaccompanied Children Caught in the Border 2008-13. Table source: *US Customs and border patrol*. "70,000 Kids Will Show Up Alone at Our Border This Year. What Happens to Them?" *Mother Jones*. July/August 2014.

[372] Obama, Barack. Inmigración. Establecer Un Sistema Migratorio para el Siglo XXI. 29 de enero, 2013. www.whitehouse.gov/issues/immigracion

salvadoreño. Consistieron en la exportación a El Salvador, de una pandilla o *"gang"* creado en los Estados Unidos durante años de refugio en las cárceles, como método de protección de criminales. En julio de 2015 pandillas criminales organizadas por primera vez atacan la comunidad de Ciudad Romero. Son asesinados tres jóvenes de la comunidad. No obstante, el futuro de la comunidad en el Salvador se prevé con éxito en sus actividades agropecuarias y de organización. El tema de seguridad de la población debido a ataques de pandillas es incierto. Un asunto que coopta a la población es la desconfianza que tienen producto de manipulación de organizaciones en las que han participado en el pasado en donde sienten fueron defraudados de varias maneras por organizaciones cooperativas, organizaciones no gubernamentales y otras. La comunidad en el Bajo Lempa posee muchos programas, infraestructura que les permite residir y trabajar en su misma área sin las peripecias sufridas en el pasado antes de la guerra civil. Ello fue posible a la acción concertada de gobiernos salvadoreños después de los acuerdos de Paz que propiciaron el retorno del grupo y también de la acción política y de organización que desarrollan como comunidad. De acuerdo con información de INSAMI *"En ocasión de un año de iniciado el Plan Frontera Sur, se han detenido 83% de indocumentados que en el mismo periodo del año pasados 57.892 frente a 31.642) y ha deportado un 79% de migrantes (51.565 frente a 28.736), principalmente centroamericanos, según datos oficiales.*[373]

Organizaciones Salvadoreñas tales como Conmigrante, INSAMI, y Renaceres, tienen un impacto en difundir información de migración no sólo en El Salvador, pero también en los Estados Unidos, y toda Centroamérica y Canadá.[374] El futuro de gran parte de los migrantes está nuevamente en manos de las autoridades norteamericanas, mejicanas y otros países que deciden la política de migración a otras partes del mundo como históricamente lo ha sido en el caso de los salvadoreños. Sin embargo, esfuerzos en política y planes para atender a los migrantes de El Salvador como problema son nuevos en el país y su cobertura planea tener impacto en toda la región latinoamericana. Proyectos como el Plan Frontera Sur son implementados en México; en Honduras el Plan Maya-Chortí que criminaliza a inmigrantes. En los Estados Unidos los excandidatos demócratas a la presidencia de los Estados Unidos como Martin O'Malley y Bernie Sanders consideran debe haber un paso a la ciudadanía por los miles de migrantes a los Estados

---

[373] Ríos, Cesar. [Facebook] Junio 24 2015.
[374] Conmigrantes, INSAMI, y Renaceres Identifican Ruta de Trabajo Conjunto. N.d. Julio de 2015.

Unidos. La migración fue uno de los tópicos más debatidos en las campañas a las elecciones presidenciales de los Estados Unidos de 2016 en donde el Partido Republicano tiene serias diferencias con los demócratas. Asimismo, los candidatos demócratas tienen sus diferencias internas en cuanto a las deportaciones masivas que su gobierno ha realizado de niños centroamericanos.

MAPA NO. 9 MIGRACIÓN CENTROAMERICANA. PORCENTAJES DE POBLACIÓN MIGRANTE.[375]

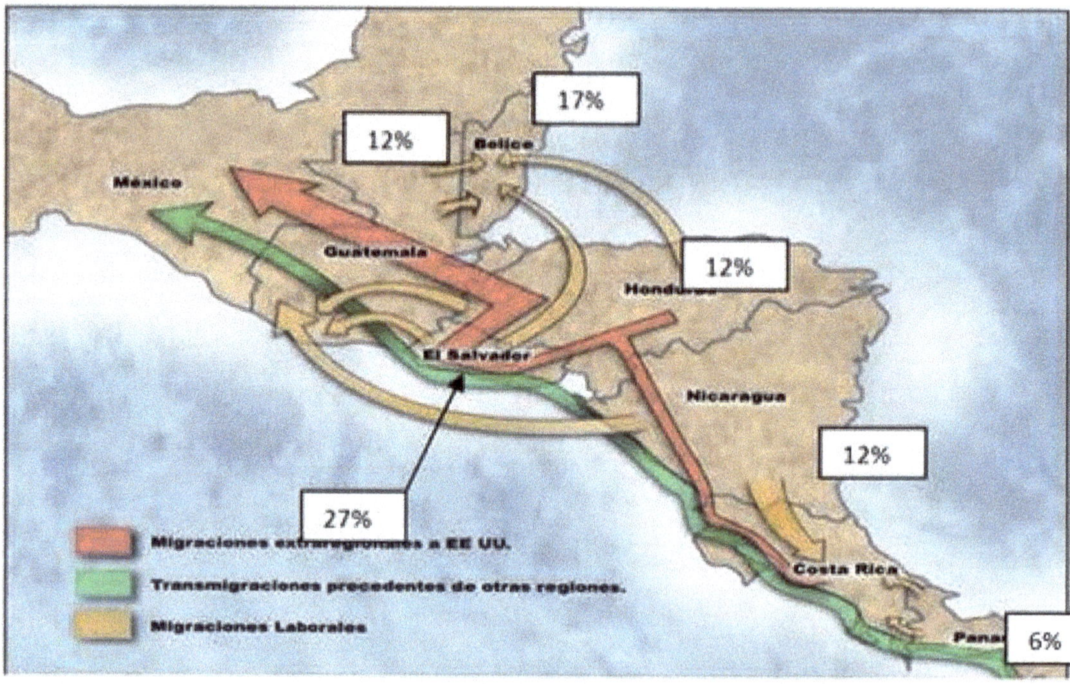

En el caso panameño las Maras, pandillas salvadoreñas exportadas de los *"gangs"* de prisiones de Estados Unidos, han llegado a Panamá para agravar el nivel de confianza que el pueblo panameño tiene en la migración extranjera y la incesante criminalidad que está en auge. [376] El director de la Policía Nacional de Panamá confirmó la presencia de las Maras (pandillas) en Panamá sólo el pasado abril de 2016.[377]

---

[375] Migración y Juventud. *Jesuitas Centroamerica.* 2 de septiembre 2013.
[376]Cañizales, Ángel. "Detectan presencia de Mareros en Chiriquí." *El Siglo.* 7 de abril de 2016.
[377] Pérez, Antonio. "Director de la Policía Confirma Presencia de Maras en Panamá." *El Panamá América.* 18 de abril de 2016.

Los pobladores de Ciudad Romero en Panamá van donde sus familiares que quedaron en el país para refugiarse migrando ilegalmente como visitantes a sus familias y prolongando su estadía en el país como ilegales. Se destacan entre los lugares de residencia las mismas comunidades donde tradicionalmente vivieron en Panamá y hacen contacto a través de las amistades que conocieron. Para los jóvenes, Panamá brinda mejores posibilidades de Paz que su país sumido en la violencia de la criminalidad.

13 EL ATLÁNTICO: COCLESITO Y LA CUENCA DE BELÉN LUEGO DE LA PARTIDA DE LOS SALVADOREÑOS DE CIUDAD ROMERO.

13.1 BELÉN Y ESCRIBANO SUMIDOS EN EL ABANDONO

Hay algunos escritos que recogen la condición de los Beleneños y pueblos aledaños luego de la partida de los salvadoreños. Uno de ellos es el libro de Nohé Reyes *"Ciudad Romero: Tan Llenos de Vida"* en el que se narra con numerosos entrevistados la historia de Ciudad Romero desde el punto de vista de los pobladores.

El Dr. Guillermo Castro Herrera publicó su libro *"El Agua entre los Mares"* en cuyo artículo *"La Cuenca que No Fue "* narra la fase expulsiva de la cuenca del rio Coclé del Norte. Un análisis más detallado de esa fase de expulsión es el escrito de Manuel de Jesús Jiménez Montero, Benito Ramírez Valverde y Juan Pablo Martínez Dávila *"Construcción de territorios en Donoso, Panamá. Período 1970-2008"*. La cuenca del río Belén también inicio su fase de expulsión desde 1986 con migraciones temporales internas y oficialmente una vez más con la partida de los salvadoreños de Ciudad Romero en 1990-91. Esta fecha coincide con el inicio del periodo establecido por Montero, Valverde y Martínez acerca de la desterritorialización de la región producto de acciones mineras y de turismo multinacional producto de las políticas de estado en la década de 1990 al 2000.

El proyecto de PROESA terminó. Hubo desde entonces un vacío de apoyo a la población dentro de un

estatus especial con alternativas ecológico-productivas apropiadas para el Atlántico. Con la invasión estadounidense los aviones propiedad de PROESA sufrieron daños. No fue hasta el año 2008 que se dio una resolución final a la investigación financiera cuyo sumario figura en la Gaceta Oficial de Panamá del Martes 17 de noviembre de 2009 en la resolución Final (Descargo) No 24-

2998 que representaba una auditoría de PROESA y en especial del director de PROESA y el administrador/contable de la institución[378], sin embargo, las auditorías de ACNUR no aparecen consideradas y no formaron parte de la investigación publicada en la Gaceta Oficial en cuestión. Solo a partir de la publicación de Nohé Reyes fue que tuve información acerca de las diferentes filosofías y membresía de pobladores de Ciudad Romero en organizaciones revolucionarias y del ejército salvadoreño durante el conflicto de la Guerra Civil. Como lo explican las entrevistas su libro el reclutamiento de pobladores como parte de las fuerzas armadas salvadoreñas era una conscripción semi obligatoria del gobierno salvadoreño a pobladores del campo como medida preventiva y de represión de la población. Muchos de los del grupo de refugiados y sus parientes dejados en otros campamentos e inclusive en la zona de La Unión fueron simpatizantes y formaban parte de las organizaciones populares, algunas de ellas cristianas y pacifistas y otras organizaciones de izquierda que apoyaron la lucha armada en contra del Estado.

La población inmediata a la colonización de Belén está sumida en el abandono en el presente. De la comunidad
de Ciudad Romero solo queda un potrero en lo que era la localidad y el bosque creció nuevamente.

13. 2 EL PROYECTO COCLESITO

El proyecto Coclesito dio cabida a la creación privada de Minera Panamá en sus inmediaciones. En el área de Coclesito el desarrollo de la minería con *Petaquilla Gold* y otros proyectos de desarrollo en el área mermaron. Sin embargo, Coclesito posee una cooperativa y también un programa de desarrollo turístico para el área bajo la propiedad del abogado y exembajador Humberto López Tirone quien se vinculara más a Coclesito a partir de los años en los que fue Director del IFARHU y la renovación del Centro Escolar de Coclesito. Como director del IFARHU, instituto que otorga becas a estudiantes por parte del Estado panameño, decidió abrir un lugar turístico en Coclesito donde visitantes de otros países y de Panamá visitan la Finca Alternativa de Coclesito.

Gran influencia en el área tiene Minera *Panamá S.A.,* una empresa panameña, subsidiaria de *First Quantum Minerals,* con proyectos de cobre y níquel en Australia, Europa, América del

[378] Gobierno de la República de Panamá. Martes 17 de noviembre de 2009. Descargo No 24-2998. Gaceta Oficial de Panamá.

Sur, África y Panamá. El slogan de Minera Panamá S.A. es *"trabajar de manera socialmente y ambientalmente responsable, garantizando un crecimiento para nuestros accionistas, empleados, las comunidades y la sociedad en general".*[379] Numerosas han sido las publicaciones acerca de contaminación de suelos y fuentes de agua en el poblado de Coclesito en los medios de comunicación masiva. Sin embargo, las actividades mineras han sido fuente de empleo a la población de esta comunidad, pero las tierras producto de la extracción pasada de minerales, poseen un grado de degradación que contamina las aguas de esta comunidad. Un problema no resuelto es el desarrollo arbóreo de reforestación posterior a la extracción minera de las aéreas boscosas de la región, así como salarios caídos luego de la cierra de Petaquilla Gold que llevó a un proceso de arbitraje por las autoridades del gobierno. Su dueño se vio inmiscuido en el financiamiento de campañas del partido Cambio Democrático y el Partido Panameñista por la cual es investigado por las autoridades actuales, Se le acusa también no pagar a los empleados y obviar las cuotas de la Caja de Seguro Social. Posee vínculos con la pudiente familia Carles del área de Coclé.[380][381]

Petaquilla Minerals "*es productora de oro y opera en su totalidad es dueña de una mina in Molejón en Panamá y posee su producción y extracción de proyectos en España y Portugal" La mina de Molejón inició operaciones comerciales en enero de 2010 y tiene capacidad de aproximadamente 3,500 toneladas por día." "Petaquilla mide 842 kilómetros cuadrados de concesión localizado en el distrito de Donoso, Provincia de Colón, a unos 130 kilómetros al oeste de la ciudad de Panamá. La mina de Molejón es adyacente a la de First Quantum Minerals' mundialmente reconocida por $6.2 billones del proyecto de cobre de Capex Cobre Panamá que es desarrollada por Minera Panamá, S.A. (MPSA)"*[382]

Los búfalos, legado del gobierno de Omar Torrijos y PROESA, requirieron de mejoramiento genético, así como la prevención de la incidencia de brucelosis y la leukosis.[383] desde 2010, luego de que por décadas constituyeran el mismo pie de cría descendientes de los búfalos originales.

---

[379] Somos Minera Panamá. Minera Panamá 2014.
[380] Tasón, Jessica.'Coclesito' Pide Ayuda tras Cierre de Petaquilla Gold . *La Estrella de Panamá.* 24 de noviembre de 2014.
381 Fernandez, Ricardo. "Petaquilla Financió la Campaña de CD y del Panameñismo". La Estrella de Panamá. 31 de marzo, 2016.
[382] Welcome to Petaquilla. Petaquilla Minerals. S.f.p. Abr. 3, 2015.
[383] Villarreal, José. "Los Búfalos, la otra Herencia de Torrijos en Coclesito." *La Estrella de Panamá.* 18 de agosto 2014.

13. 3 LA COSTA DE VERAGUAS Y BELÉN

Otra compañía transnacional con vínculos nacionales que ha publicitado interés de desarrollar actividades en la costa Abajo de Colón es la compañía Caribbean Riviera. Su interés es el turismo. En el estudio de factibilidad hecho por la firma CERPI como parte de los estudios de factibilidad para la habilitabilidad del Atlántico central realizada por PROESA y Ministerio de Planificación ya se preveía la actividad potencial de turismo para el área de Belén con el señalamiento de posibles actividades turísticas como la posible existencia de hoteles turísticos de base cooperativa no transnacional y privada. Se preveía el potencial del turismo ecológico para el área como parte de un componente cooperativo. Sin embargo, en años cercanos a la publicación de este libro se perfilan proyectos de inversión con la firma Caribbean Riviera para la Costa Abajo, de inversión extranjera y panameña con capital privado.[384] De la página de web de Caribbean Riviera se lee lo siguiente:

"Costa Abajo" se extiende sobre un área de 80 kilómetros (50 millas) de la boca norte del Canal de Panamá hasta el borde de la Provincia de Veraguas. Los primeros 20 kilómetros (12.5 millas) de costa son inaccesibles vía la carretera pavimentada que termina en la comunidad de Miguel de la Borda. El resto de la costa es inaccesible y requiere otros modos de transporte incluido botes y helicópteros, hasta que el sistema de carreteras se expanda, situación que ocurrirá en los próximos años. A pesar de ser una de las zonas más prístinas y áreas sin tocar es hogar de una selva tropical que termina en playas blancas arenosas, el número de visitantes y inversionistas de la región es menor que en la costa arriba. Esta es un área que la sociedad Audubon recordó como el segundo más alto de biodiversidad en fauna de aves en el mundo."[385] Acerca de la Costa Caribe de Veraguas "*está llena de abismos y ríos con meandros que están en una costa de playas blancas arenosas bordeadas por palmeras. Esta área es accesible por vehículo desde Calovébora en vehículo 4x4. Calovébora es el punto focal de un plan de desarrollo regional y el área se está convirtiendo en un lugar turístico cuando la infraestructura y el acceso mejore.*" [386]

---

[384] Caribbean Riviera. Land Investment Portfolio. Caribbean Riviera.
[385] Caribbean Riviera. Land Investment Portfolio. Caribbean Riviera.11 de junio, 2014.
[386] Caribbean Riviera. Land Investments. Panamá.11 de junio, 2014

Los Beleneños siguen sumidos en el abandono. Asumo que la comunidad de Belén o algunos de sus pobladores o tal vez la Cooperativa *"Conquista del Atlántico"* tomó posesión de las plantaciones de coco en las inmediaciones de Río Escribano que pertenecían a Ciudad Romero. En la comunidad de Belén se centró un proyecto turístico de carácter privado para el turismo de pesca de pez espada y otras especies marinas. Proyectos multinacionales asociados al turismo ven esta área como potencial turístico, así como toda la costa atlántica. Se prevé que con la penetración y extensión de la carretera norte costeña la inversión de capital extranjero

y en el área crezca sin que haya ayuda concertada para apoyar las comunidades antes de que capital foráneo multinacional compre sus tierras. La compañía de pre-inversión piensa desarrollar un turismo residencial en toda la costa. Su página de web es ahora solo vista solo por los inversionistas y su video público fue retirado del acceso público. Se prevé que capital transnacional turístico, minero y de puertos agudizará la dependencia de la región en actividades generadas en la zona tránsito y despojará a sus nativos de tierras debido a los intereses transnacionales. El Estado no ha generado una política de logística sistemática y de desarrollo para el área. Esfuerzos todavía en el área de Coclesito realizados por la juventud de la comunidad hacen relevante el conocimiento de la zona en redes sociales, como *"Coclesito Virtual"* con presencia en las comunidades de la región. Los salvadoreños de Ciudad Romero se vinculan a estas redes y ven con añoranza su pasado en Panamá, y en ocasiones visitan el área.

El cuarto puente sobre el canal de Panamá agudizará la penetración de capital transnacional especialmente el de bienes raíces y turístico a gran escala. Los científicos sociales debaten aún sobre conservacionismo vs. potrerización selvática sin alternativas socioeconómicas para solucionar la pobreza de los pobladores de la región. Hace falta ver si el búfalo de agua se perfila en realidad como una alternativa socioeconómica y ecológica de desarrollo para el área con impacto real, o si científicos sociales dudan que la ganadería de búfalo sea menos perjudicial que la vacuna adaptada a la región selvática y opten por la recomendación conservacionista de dejar la región en reserva hasta su repartición de tierras a transnacionales por el turismo de bienes raíces residenciales y hotelero a gran escala y exclusivo. Muchos conservacionistas son escépticos de actividades mineras y pecuarias, y ven con recelo alternativas de comercialización frutal arbórea, mientras que los pobladores de Coclesito han hecho un *Festival Anual del Búfalo* los 8 de agosto en la comunidad para dar más a conocer este tipo de animal en Panamá y su adaptabilidad a la selva tropical. En junio 2016 el Distrito de Donoso recuperó su estatus de reserva en la legislación panameña, pero la región posee población foránea ilegal trabajando en minas ilegales e improvisadas, trabajo infantil y otras penurias sociales y humanas mientras los medios de prensa y las autoridades solo hacen referencia a los animales silvestres, los recursos minerales y boscosos como si esta fuera una zona inhabitada en donde la población no vive en extrema pobreza.[387]

La crisis del agua y en especial las demandas del Canal Interoceánico y el Canal Ampliado incorporan cada día más cuencas de la Costa Abajo Caribe de importancia en las demandas de la zona de tránsito debido al cambio climático. Los pobladores de centros como los de Coclesito se encuentran en engorrosas situaciones de viajar a Ciudad de Panamá o Colón en cayuco, por mar hasta la cabecera del distrito para hacer los trámites más simples. Proponían la creación del Distrito de Omar Torrijos en Coclesito para facilitar las tareas de este centro como puerta de entrada a la región. Recientemente se evidencia en varios artículos en medios de prensa panameña la ilegal apropiación y especulación de tierras de extranjeros (especialmente venezolanos) y sociedades anónimas en el distrito Donoso con la complicidad de funcionarios en oficinas de gobierno en una pirámide ilegal y especulativa de tierras llevada por extranjeros que pretenden ser agricultores de subsistencia en Donoso acaparando tierras vendidas a precios irrisorios.[388] El Atlántico Centro-Occidental, donde se encontraban los salvadoreños está en despoblamiento. Muchas actividades delictivas son frecuentes en toda la Costa Abajo y Costa Arriba, sin que haya alternativas de producción a la subsistencia y recolección como actividades. Lamentablemente incluyen un gran tráfico de drogas especialmente proveniente de Colombia, que no coadyuva a un turismo local de importancia, cuando la presencia gubernamental es más bien de lanchas patrulleras antidrogas. No hay presencia gubernamental de respuesta a las demandas productivas, de mercado, sociales, económicas y principalmente de servicio a la población de la región que habita en ella, como lo hubo bajo los programas de la vilipendiada *"Conquista del Atlántico."*

---

[387] Arcia Jaramillo, O'Higgings. Donoso Recupera su Categoría de Reserva Natural. *La Estrella de Panamá.* 15 de junio de 2016.
[388] Prieto-Barroso, Ereida. *Terrenos de Donoso fueron 'Vendidos' a Sociedades y Fundaciones.* La Prensa. 17 de noviembre de 2016.

BIBLIOGRAFÍA

ACNUR. *Evaluación Nutricional Semestral de los Niños de Ciudad Romero.* 1ero de enero-julio 1985. ACNURNAL: 226. San José, 5 septiembre 1985. Impreso.

ACNUR. *Manual Ayuda de Emergencia y Proyectos de Solución Durable.* ACNUR, Cruz Roja Internacional y Caritas Costa Rica. San José: s.f.p. Págs. 13.

ACNUR. *Manual para Situaciones de Emergencia.* Alto Comisionado de Naciones Unidas para los Refugiados. Segunda Edición. ACNUR, 2002.

ACNUR. *Refugiados.* No. 10, octubre, 1985.

Arcia Jaramillo, O'Higgings. "Donoso recupera su categoría de reserva natural." *La Estrella de Panamá.* 15 de junio de 2016.

Banco Interamericano de Desarrollo. *Progreso Económico y Social de América Latina: Integración Económica.* BID, 1984.

Barkin, David y Timothy King. *Desarrollo Económico Regional: Enfoque por Cuencas Hidrológicas de México*. Siglo XXI.

Browning, David. *El Salvador: Landscape and Society.* Oxford UP, 1971.

Camargo, Marcela. "La Migración Azuereña en el Regimiento de Tambo, Distrito de Penonomé, 1971." Stanley Heckadon-Moreno y Alberto Mackay, eds. *Colonización y Destrucción de Bosques en Panamá.* Págs. 119-132. Asociación Panameña de Antropología, 1984.

Conmigrantes, INSAMI, y Renaceres Identifican Ruta de Trabajo Conjunto. N.d. Julio de 2015.

Cardoso, Ciro F. "Sobre los Modos de Producción Coloniales en América Latina." *Estudios Sociales Centroamericanos*, págs. 45-82. Mayo-agosto 1972. CSUCA.

Caribbean Riviera. Land Investment Portfolio. Caribbean Riviera.11 de junio, 2014.

Carmurob. Zonas Geográficas de El Salvador. *Wikimedia Commons*. 30 julio 2019.

Cañizales, Ángel. "Detectan presencia de Mareros en Chiriquí." *El Siglo.* 7 de abril de 2016.

Castillero Calvo, Alfredo. *Estructuras Sociales de Veraguas.* Impresora Panamá, 1967. Impreso.

Castro, Guillermo. *El Desarrollo del Atlántico Panameño: Elementos para una Estrategia.* PROESA-UEP, 1981. Impreso

Castro, Guillermo. "Sociedad y Política y Desarrollo en el Atlántico Central de Panamá." Guillermo Castro, Ligia Herrera y Carmen Miro. *Medio Ambiente y Sociedad en el Atlántico Centro Occidental de Panamá.* BNP-PROESA, 1985. Págs. 93-109. Impreso.

CEPAL, FAO y OIT. *Tenencia de la Tierra y Desarrollo Rural en Centroamérica.* EDUCA, 1973.

Cohen, Saul, B., ed. *The Columbia Gazetteer of the World.* Columbia UP, 2001- 20014.May 22, 2014

Cooke, Richard. "El Hombre y la Tierra en el Panamá Prehispánico." No. 13. *A Random Selection of Papers.* STRI 1977.

Cooke, Richard. *Prehistoria e Historia de los Guaymíes de Habla Ngawbere y Buglere hasta 1750.* STRI, s.f.p.

Conmigrantes, INSAMI, y Renaceres Identifican Ruta de Trabajo Conjunto. N.d. Julio de 2015.

Cuevas, Agustín. *El Desarrollo del Capitalismo en América Latina.* Siglo XXI, 1977.

Chapin, Mac. "A Few Comments on Land Tenure and the Course of Agrarian Reform in el Salvador." s.l.p. June, 1980. (Manuscript). Págs. 1-39 en Anexo II A. United States International Development Cooperation Agency. *El Salvador, Project Paper. Agrarian Reform Organization. Project number 59-0262.* AID/LAC/P-060. Sep. 25, 1980

De la Peña, Sergio. *El Capitalismo en Cuatro Comunidades Rurales.* Siglo XXI, 1981.

Díaz Polanco, Héctor. *Teoría Marxista de la Economía Campesina.* Juan Pablo Editor, S.A., 1977.

Diegues, Antonio Carlos. *El Mito Moderno de la Naturaleza Intocada.* Abya-Yala, 1999.

Diegues, Antonio Carlos. "Experiencias del ACNUR en la Planificación de Asentamientos Rurales para Refugiados en África." *1er Seminario Regional para Centroamérica de Planificación de Asentamientos Rurales en San José, Costa Rica.* ACNUR-Specialist Support Unit, 1982.

Diegues, Antonio Carlos. *The Myth of Untamed Nature in the Brazilian Rainforest.* NUPAUB-Research Center on Human Population and Wetlands, 1998.

Dixon Silvera, Marisín Isabel. "Una Experiencia de Colonización Dirigida: El Caso de Ciudad Romero." Tesis de Licenciatura en Sociología. Universidad Santa María La Antigua., 1986.

Dixon, Marisín. "Ciudad Romero: Primera Colonización Dirigida con Campesinos Salvadoreños en Panamá." *Memorias del I Seminario Regional para América Latina en Planificación de Asentamientos Rurales.* ACNUR, Managua, Nicaragua. Octubre, 1984. ACNUR,1985.

Dixon, Marisín. "Orígenes y Formación de Ciudad Romero: Una Colonización Dirigida con Campesinos Salvadoreños en la Costa Debajo de Colón." en Castro, Dixon, Joly, Linares. *Situación de la Costa Atlántica.* Series: Realidad Nacional. No.1, págs. 31-44, Universidad de Panamá, 1986.

Durham, William. *Scarcity and Survival in Central America: Ecological Origins of the Soccer War*. Stanford P, 1979.

"El Salvador." *The World Factbook 2010. CIA's 2009* Potomac Books, Inc. Poole 2010.

Fals Borda et al. *Investigación Participativa y Praxis Rural: Nuevos Conceptos en Educación y Desarrollo Comunal.* Mosca Azul, 1981.

Feder, Ernest. *Violencia y Despojo del Campesino: el Latifundismo en América Latina.* Siglo XXI, 1978.

Fernandez, Ricardo. "Petaquilla Financió la Campaña de CD y del Panameñismo". La Estrella de Panamá. 31 de marzo, 2016.

Fudi. New Genes for Buffalos. *The Panama Digest.* September 4, 2010.

Gobierno de la República de Panamá. Martes 17 de noviembre de 2009. "Descargo No 24-2998." Panamá: *Gaceta Oficial de Panamá.*

González Casanova, Pablo. *La Hegemonía del Pueblo y la Lucha Centroamericana.* U of Texas P, Nueva Nicaragua, 1986.

Guerrero. Javier. Algunas Consideraciones sobre las Economías Primitivas. Taller Abierto, 1979.

Gordon, Ian. The Child Migrant Surge. Unaccompanied Children Caught in the Border 2008-13. Table source: *US Customs and border patrol*. "70,000 Kids Will Show Up Alone at Our Border This Year. What Happens to Them?" *Mother Jones.* July/August 2014.

Harrington, Joseph. The Emergency of Rubber Program in Relation to the Economy of Panama. Social and Economic Research, 1941.

Heckadon Moreno, Stanley. "La Colonización Campesina de los Bosques Tropicales en Panamá." Publicado originalmente en *Estudios Rurales Latinoamericanos.* Vol. 4, No. 13. Págs. 287-306. 1981.

Heckadon-Moreno, Stanley. *De selvas a potreros: la colonización santeña en Panamá, 1850-1980.* Exedra Books, 2009.

Heckadon-Moreno, Stanley. "La Ganadería Extensiva y la Deforestación: los Costos de una Alternativa de Desarrollo." *Agonía de la Naturaleza.* Stanley Heckadon-Moreno y Jaime Espinosa Gonzales, eds., 1970.

Heckadon-Moreno, Stanley. "Tello, de Macaracas a Lago Gatún". *El Panamá América.* Junio 26, 2016.

Hernández, Alejandro. "Migración de los colonos en Darién." 1. *Hombre y Cultura* 2(1), 81-95. Universidad de Panamá, 1970.

Herrera Jurado, Ligia. *Regiones de Desarrollo Socioeconómico de Panamá: 1970-1980.* s.l.p. 1984.

Inventario Forestal del Distrito de Donoso. FO: SF/PA6 Informe Técnico No. 5. RENARE-FAO, 1971.

Iraheta, Óscar. "Estragos por lluvias: Éxodo de las comunidades del Bajo Lempa por las inundaciones." 17 de octubre de 2011. El *Diario de Hoy.com*

Jilisco.. *Wikipedia, The Free Encyclopedia.* 11 junio 2014.

Jiménez Montero, Manuel, Benito Ramírez Valverde y Juan Pablo Martínez Dávila. Construcción de los Territorios en Donoso, Panamá, 1990-2008. Historia Crítica. No. 48, Bogotá, septiembre-diciembre 2012, 252 pp. doi: 10.7440/histcrit48.2012.06

Joly, Luz Graciela. "La Migración de los Interioranos a la Costa Abajo." Stanley Heckadon-Moreno y Alberto McKay, eds. *Colonización y Destrucción de Bosques en Panamá.* Págs. 63-80. Asociación Panameña de Antropología, 1984.

Joly, Luz Graciela. *One is None, Two are One: Development from Above and Below in North Central Panama.* Dissertation. University of Florida, 1981.

Koch, Christian. "Ciudad Romero-Panamá. SSU Report Mission." *Rural Settlement Review* 23-29. Septiembre, 1985. ACNUR. Special Support Unit (SSU), 1985.

Linares, Olga. "Adaptive Strategies in Western Panama." *World Archaeology Review.* 8(3), 204-319. Routledge and Kegan Paul, eds. Febrero, 1977.

MacKay, Alberto. "Colonización de Tierras Nuevas en Panamá." *Colonización y Destrucción de Bosques en Panamá.* Stanley Heckadon-Moreno y Alberto MacKay, eds. Págs. 45-62. Asociación Panameña de Antropología, 1984.

Maltez, Horacio, Franklin Clavel y Luis C. Roquebert. *El Búfalo de Agua una Alternativa para el Desarrollo Socioeconómico del Atlántico Panameño.* PROESA-UEP, 1981.

Mayntz Holm, Hubner. *Introducción a los Métodos de la Sociología Empírica.* Alianza Editorial, 1975.

Menéndez Rodríguez, Mario. *El Salvador: Una Auténtica Guerra Civil.* EDUCA, 1980.

Michie, Michael. "The role of culture brokers in intercultural science education: A research proposal. Centre for Research in Science and Technology Education." University of

Waikato. Paper presented at the 34th annual conference of the Australasian Science Education Research Association held in Melbourne, 10-12 July 2003. May 30, 2014.

Milenioscuro. "Mapa de Panamá en 2015." *Wikimedia Commons.* 23 febrero, 2018.

Ministerio de Planificación y Política Económica. *Plan de Desarrollo Provincial de Colón y Estrategia Espacial de la Provincia de Colón.* MIPPE, Dirección Provincial de Colón,1982.

Migración y Juventud. *Jesuitas Centroamerica.* 2 de septiembre 2013.

Morillo, José María y Marisín Dixon. *Ciudad Romero Programa de Colonización dirigida con Refugiados Salvadoreños.* Panamá, 1982. Manuscrito.

Nelson, Michael. *El Aprovechamiento de las Tierras Tropicales en América Latina.* Siglo XXI, 1977.

Obama, Barack. Inmigración. Establecer Un Sistema Migratorio para el Siglo XXI. 29 de enero, 2013. www.whitehouse.gov/issues/immigracion

Organización de Estados Americanos. "Situación Demográfica, Estado y Movimiento de la Población." *América Latina en Cifras.* OEA 1972.

Pacheco, Magali Rojas de. *Coclesito Puerta de Entrada.* PROESA-UEP, 1980.

Pérez, Antonio. "Director de la Policía Confirma Presencia de Maras en Panamá." *El Panamá América.* 18 de abril de 2016.

Polhamus, Loren. *Rubber: Botany. Production and utilization.* Leonard Hill Books Limited and Interscience Publishers, Inc. 1962.

Prieto-Barroso, Ereida. *Terrenos de Donoso fueron 'Vendidos' a Sociedades y Fundaciones.* La Prensa. 17 de noviembre de 2016.

Proyectos Especiales del Atlántico. *Encuesta realizada a los salvadoreños de Ciudad Romero a su llegada a Panamá.* PROESA, 1981.

Proyectos Especiales del Atlántico. *Borradores de Estatutos de una Asociación de Productores de Coclesito.* PROESA-Proyecto Coclesito, 1985.

Prebish, Raúl. "El Desarrollo Económico de América Latina: Algunos de sus principales Problemas." *CEPAL* 7(1). Febrero, 1961. 1-64 págs. Comisión Económica para América Latina, 1961.

Prieto-Barroso, Ereida. Terrenos de Donoso fueron 'vendidos' a sociedades y fundaciones. *La Prensa.* Panamá, 17 de noviembre de 2016.

Reyes Nohé. *Llenos de Vida. La Comunidad de Ciudad Romero en el Bajo Lempa.* Nohé Reyes. 29 de agosto 2006

Ríos, Cesar. *Nota de Facebook.* Junio 24 2015.

Río Lempa." *Columbia Gazetteer of the World Online*. 2014. Columbia U P. 22 May. 2014.

Rodríguez, Octavio. *La Teoría del Subdesarrollo de la CEPAL.* Siglo XXI, 1980.

Salamín, Marcel. *El Salvador: Sin Piso ni Techo.* Ediciones 9 de enero, 1980.

Sarmiento Chia, Marta Cecilia. "Metetí: Una Comunidad que abre la Selva del Darién." Págs. 63-84. *Agonía de la Naturaleza.* Stanley Heckadon-Moreno y Jaime Espinosa, eds.1970.

Sarmiento Chía, Marta Cecilia. "*Metetí: Formación de una Comunidad de Colonos Campesinos en Darién.*" Tesis. Universidad Santa María La Antigua, 1984.

Shori, Pierre. "El Dilema Centroamericano." *Nueva Sociedad,* 52. Págs. 7-22. 1981.

Somos Minera Panamá. Minera Panamá 2014.

Stavenhagen, Rodolfo. "Relaciones Interétnicas y Relaciones de Clase en Mesoamérica." *Las Clases Sociales en las Sociedades Agrarias.* Págs. 193-263. Siglo XXI, 1980.

Stelita. Localización El Salvador, C.A. *Wikimedia Commons.* N.d.

Stein, Stanley J. y Barbara Stein. *La Herencia Colonial en América Latina.* Siglo XXI, 1980.

Tasón, Jessica. "'Coclesito' pide ayuda tras cierre de Petaquilla Gold." *La Estrella de Panamá.* 24 de noviembre de 2014.

Torres, Ibarra Moisés. "La Integración Centroamericana: Antecedentes, Trayectoria y Perspectivas." *Nueva Sociedad.* 19-20, julio-agosto y septiembre. Págs. 121-133. Nueva Sociedad, 1975.

Torres Rivas, Edelberto. *Interpretación del Desarrollo Social Centroamericano.* EDUCA, 1981.

Villarreal, José. "Los búfalos, la otra herencia de Torrijos en Coclesito." *La Estrella de Panamá.* 18 de agosto 2014.

Welcome to Petaquilla. Petaquilla Minerals. S.f.p. Abr. 3, 2015.

Wolf, Eric. *Una Tipología del Campesinado Latinoamericano.* Nueva Visión, 1977.

Zamora, Rubén. *The Export State: Contradictions and Political Struggle in El Salvador.* Thesis. Essex, University of Essex, 1978.

ANEXO I

LISTADO DE LOS JEFES DE FAMILIA DE CIUDAD ROMERO EN PANAMA, 1985.[389]

Úrsulo Villatoro Avelar (n. 1928)
Juana Mejía Sabala (n. 1943)

José Antonio Villatoro Jiménez (n. 1952)
Rosa Digna Alvarado Velásquez (n. 1959)

Jorge Adalberto Villatoro García (n. 1961)
Teodora Mancilla Mancilla (n. 1959)

José Santos Villatoro Villatoro (n. 1962)
María Alicia Mancilla (n. 1961)

Evelio Velásquez Maldonado (n. 1958)
Blanca Lidia Jiménez Alvarado (n. 1958)

Gregorio Vásquez García (n. 1922)
Natividad Ramírez Reyes (n. 1930)

Natividad Vásquez Yáñez (n. 1961)
Francisca Rubio Núñez (n. 1956)

Dimas Fuentes Velásquez (n. 1941)
Fermina Ramírez Cruz (n. 1942)

Neftalí Velásquez García (n. 1950)
Maura Villatoro Umanzor (n. 1950)

Ismael Velásquez García (n. 1950)
Etelvina Gómez Avelar (n. 1967)

Agustina Velásquez Reyes (n. 1942)

Martiniano Velásquez Guzmán (n. 1957)
Santos María Villatoro Mejía (n. 1964)

José Simón Guzmán Velásquez (n. 1952)
María Apolonia Fuentes Velásquez (n. 1956)

Justino Velásquez Guzmán (n. 1948)
Santos Rubén Velásquez (n. 1955)

Rene Sorto Velásquez (n. 1953)
Berta Méndez (n. 1955)

Fabián Granados Bonilla (n.1930)
Secundina Romero Morales (n. 1942)

---

[389] Las fechas de nacimiento de los pobladores no reflejan las defunciones ni divorcios. Fechas de nacimiento fueron obtenidas por mi persona en 1985 en Ciudad Romero, Panamá. Los pares de nombres corresponden a los cónyuges en 1985 fecha de esta lista. La persona listada solo (a) cónyuge es listada sin él o ella. En algunos casos listados corresponde a miembros de la misma familia como lo son hermanos (as) así como padres e hijos (as).

Gonzalo Granados Reyes (n. 1962)
Justina Ordoñez (n. 1965)

José Alberto Granados (n. 1965)
Santos Rosibel Jiménez (n. 1966)

Francisco Granados Ventura (n. 1935)
María Ángela Villatoro Alvarenga (n. 1937)
Cristóbal Granados Alvarenga (n. 1957)

Catalina Castellón (n. 1932)

Isidro Castellón Reyes (n. 1932)
Flora Rivera Ruiz (n. 1958)

Felicito Castellón Reyes (n. 1940)
Ana María Alvarado Vásquez (n. 1946)

Desiderio Castellón (n. 1948)
Justina Jiménez (n. 1950)

Juan de Dios Castellón (n. 1934)
Francisca Reyes Bonilla (n. 1933)

José Santos Castellón (n. 1926)
Arcadia Maldonado (n. 1929)

Lucindo Castellón M. (n. 1963)
Olga Noemí Reyes Velásquez (n. 1966)

Edelio Avelar Velásquez (n. 1940)
Francisca Gómez (n. 1951)

Rodolfo Avelar Velásquez (n. 1955)

Cristino Gómez Escobar (n. 1948)
Amalia Avelar Velásquez (n. 1950)

Medardo Gómez Flores (n. 1932)
Silveria Alvarado Vásquez (n. 1936)
Mauro Gómez Reyes (n. 1943)

María Epifania Castellón Maldonado (n. 1961)

Gerardo Rubio Villatoro (n. 1933)

Gerardo Rubio Yánez (n. 1962)
Etelvina Reyes Granados (n. 1964)

Jacinto Rubio Villatoro (n. 1933)
María Sebastiana Núñez Álvarez (n. 1933)

Julio Arias Ramírez (n. 1953)
Silvia Fernández Molina (n. 1965)

José Antonio Amaya Argueta (n. 1942)
María Salomé Ramírez Maldonado (n. 1952)

Lucio Romero Canales (n. 1928)
Eulalia Ramírez Salmerón (n. 1924)

José Bartolo Romero Hernández (n. 1948)
María de la Cruz Romero Hernández (n. 1949)

Vicente Romero Ramírez (n. 1961)
Ana Rubenia Ordoñez Sorto (n. 1967)

Ponciano Sorto Bustillos (n. 1933)
Jacoba Ramírez Cruz (n. 1949)

Eugenio Santos Bustillos (n. 1924)
Ernestina Ramírez Cruz (n. 1955)

Félix Reyes Maldonado (n. 1910)
Tomasa Maldonado Mancilla (n. 1917)

Pedro Reyes Maldonado (n. 1939)

Ángel Maldonado Reyes (n. 1958)

Santana Mancilla Sosa (n. 1927)
Antonia Mancilla Ventura (n. 1974)

Lucio Mancilla Sosa (n. 1929)
Teodora Mancilla Ramírez (n. 1926)

Pedro Mancilla Sosa (n. 1948)
Martina Reyes Bonilla (n. 1962)

Catalino Mancilla Sosa (n. 1953)
Juana Fernández Molina (n. 1958)

Calixto Mancilla Sosa (n. 1958)
Mercedes Domínguez Escoto (n. 1964)

Jesús Mancilla Sosa (n. 1962)
Teresa de Jesús Castellón Alvarado (n. 1965)

Lorenzo Mancilla Ramírez (n. 1930)

Serbando Mancilla Ramírez (n. 1928)
Gumercinda Reyes Maldonado (n. 1932)

Rómulo Mancilla Reyes (n. 1962)
Florinda Granados Alvarenga (n. 1968)

Alfonso Gómez Reyes (n. 1940)

Ladislao Gómez Escobar (n. 1933)

Valeriano Gómez Maldonado (n. 1964)
Santos Ramírez (n. 1963)

Concepción Reyes Mejía (n. 1961)

Victorio Reyes Jiménez (n. 1962)
María Cándida Santos (n. 1967)

Julio Reyes Jiménez (n. 1958)
Zoila Ramírez (n. 1960)

Eduardo Salmerón Reyes (n. 1962)
Aminta Ordoñez Villatoro (n. 1967)

Jesús Fuentes Reyes (n. 1955)
Isabel Romero Ramírez (n. 1966)

María Nicanor Reyes Villatoro (n. 1942)
Miguel Ángel Reyes Turcios (n. 1964)

Enemecio Reyes Velásquez (n. 1942)
Antolina Granados Bonilla (n. 1947)

Faustina Reyes Reyes (n. 1922)
Juan Pablo Velásquez Castellón (n. 1939)

Nicanor Reyes Umanzor (n. 1935)
María Antonia Granados Bonilla (n. 1939)

Hilario Pérez Reyes (n. 1943)
Gregoria Bustillos Mancilla (n. 1944)

José Antonio Reyes Bonilla (n. 1956)
María Angélica Granados Morales (n. 1955)
Macario Reyes Bonilla (n. 1935)
Bartola Bonilla Reyes (n. 1937)

Serapio Reyes Molina (n. 1923)
Seferina Jiménez Reyes (n. 1939)

Isabel Ordoñez Vásquez (n. 1941)
Isidra Villatoro Mancilla (n. 1941)

Julio Ordoñez Cruz (n. 1939)
Lidia Sorto Velásquez (n. 1944)

Antonio Ordoñez Villatoro (n. 1964)
María Irma Avelar Gómez (n. 1966)

Wilfredo Ordoñez Villatoro (n. 1964)
Eugenia María Reyes (n. 1968)

Cornelio Ramírez (n. 1935)
María Canales Bonilla (n. 1945)

Juana Ramírez Cruz (n. 1939)

Esteban Ramírez Maldonado (n. 1954)
Juana Sosa Mancilla (n. 1954)

Antonio Ramírez López (n. 1930)
Anselma Hernández Reyes (n. 1934)

Cristino Ramírez López (n. 1930)
Guillermina Reyes Reyes (n. 1967)

Eugenio Jiménez Castellón (n. 1957)
Santos Pastora Reyes (n. 1967)

Vicenta Jiménez Castellón (n. 1954)
María del C. Velásquez (n. 1970)

Feliz Jiménez Maldonado (n. 1954)
Santos Alfonso Jiménez (n. 1968)

Isidro Jiménez (n. 1954)
Isidora Ramírez Reyes (n. 1959)

Valentín Jiménez Reyes (n. 1937)
Basilia Ramírez (n. 1942)

Ponciano Sorto (n. 1946)
Carmen Cruz Sorto (n. 1954)

Fidelia Ramírez (n. 1931)

José Antonio Gómez (n. 1931)
Antonia Reyes Maldonado (n. 1945)

Ángel María Gómez Reyes (n. 1954)
Santos Jiménez Reyes (n. 1951)

Andrés Alvarado Velásquez (n. 1955)
Marcelina Granados (n. 1963)

Norberto Alvarado Amonguilla (n. 1919)

Virginia Argueta García (n. 1937)

Bernarda Alvarado Jiménez (n. 1916)

Rafael Alvarado (n. 1949)

Fermín Alvarado Vásquez (n. 1935)
Diopoldo Alvarado Gómez (n. 1943)

Alfredo Alvarado Maldonado (n. 1960)
Marta Mejía Gálvez (1961)

Justo Rufino Yánez Mejía (n. 1948)
Adriana Aminta Mejía Gálvez (n. 1951

www.ingramcontent.com/pod-product-compliance
Lightning Source LLC
LaVergne TN
LVHW070755051026
849558LV00013B/361